SDGs時代の地方都市圏の交通まちづくり

辻本勝久 著

学芸出版社

はじめに

本書が想定する主な読者は、大学で「交通まちづくり」について研究する学生や、都市・地域交通分野の研究者、交通事業者、公務員、市民等である。

交通まちづくりとは、「まちづくりの目標に貢献する交通計画を、計画立案し、点検・評価し、見直し・改善して、繰り返し実施していくプロセス」注1である。要するに、どんな素敵なまちにしたいのかを考え、交通の課題を見つけ、対策を練って実行に移し、出来映えをチェックし、改善を図っていくのが交通まちづくりである。安全なまちにしたい、環境に優しいまちにしたい、観光客がたくさん来るまちにしたいなど、まちづくりの目標はさまざまであるが、ほぼすべての課題には移動や交通が絡んでくる。交通面から何ができるか、何をしなければならないか、を考え実行に移すことは、とても重要なのである。

より良い交通まちづくりの展開を考えるにあたって、必ず念頭に置いておきたいのがSDGs（持続可能な開発目標）である。本書では、第1部において、交通の現状をSDGsの目標やターゲットと照らし合わせながら説明してゆく。続く第2部ではSDGsを達成するための交通まちづくりを理論・実践の両面から述べてゆく。このような構成の交通書は、少なくとも和文では初めてである。

本書は2009年に出版した『地方都市圏の交通とまちづくり』を、SDGs、MaaS、CASE、スマートシティ、脱炭素化、新型コロナウイルスといった新しいテーマを盛り込んで抜本的に改訂したものである。執筆にあたっては、独自の写真や図表をなるべく多く盛り込み、読みやすい内容とするように心がけた。

本書には、国内の交通まちづくりの事例を意識的にたくさん盛り込むようにした。これにはコロナ禍と円安によって海外の先進事例視察を実施できなかったことも関係しているが、それ以上に、筆者が研究や実務で実際に関わってきた国内事例を取り上げたほうが、オリジナリティと説得力のある内容にでき、かつさらに深く学びたくなった読者による現地調査も容易であろうと考えたためである。

なお、『広辞苑第7版』によると、地方は「首府以外の土地」である。したがって本書が主な対象とする「地方都市圏」とは、首都以外の都市とその圏域であると幅広く捉えていただきたい。

2023年3月　　辻本勝久

目 次

序章

「誰ひとり取り残さない」ために

自動車は、「本質的に望ましく便利な交通手段が、それが解決した問題以上に、多くの新しい問題を生み出しているという矛盾」[注1]をはらむ存在である。つまり、とても便利な乗り物であるが、使いすぎることで都市の拡散、中心市街地の衰退、二酸化炭素排出量の増大といった問題を引き起こし、私たち自身にも交通安全、健康などのさまざまな問題をもたらしてしまう。本書が主な対象とする地方都市圏においては、既にかなりの程度まで自動車利用を前提としたまちづくりが進められてきており、その中で「自動車依存シンドローム」ともいうべき「やまい」が見受けられるようになっている。

さて、「やまい」に悩む都市に対して、「健康的」な都市とは、何をもってそう言うのであろうか。そして健康的な都市を支える交通システムとはどのようなものだろうか。筆者は、そのヒントはSDGs (Sustainable Development Goals：持続可能な開発目標) にあると考えている。

SDGsは、2015年9月の国連サミットにおいて、2030年までに「誰ひとり取り残さない」持続可能で多様性と包摂性のあるより良い世界を目指すための国際目標として、全会一致で採択された。そのため、環境省 (2020) が「先進国・途上国すべての国を対象に、環境・社会・経済の3つの側面のバランスが取れた社会を目指す世界共通の目標」[注2]であるとしているように、SDGsは2030年に向けた世界の目標であるとか、世界の共通言語であるといった理解がなされている。

SDGsには17の目標があり、その下に169のターゲットや231の指標が設定されている。17の目標は、次のとおりである。

目標1　貧困をなくそう

目標2　飢餓をゼロに

目標3　すべての人に健康と福祉を

目標4　質の高い教育をみんなに

目標5　ジェンダー平等を実現しよう

目標6　安全な水とトイレを世界中に

目標7　エネルギーをみんなに　そしてクリーンに

目標8　働きがいも経済成長も

目標9　産業と技術革新の基盤をつくろう

目標10　人や国の不平等をなくそう

目標11　住み続けられるまちづくりを

目標12　つくる責任、つかう責任

目標13　気候変動に具体的な対策を

目標14　海の豊かさを守ろう

目標15　陸の豊かさも守ろう

目標16　平和と公正をすべての人に

目標17　パートナーシップで目標を達成しよう

SDGsの17の目標は、さまざまな形に分類することができる。その主なものの一つが、国際連合による「5つのP」である注3。これは17の目標をPlanet（地球）、People（人間）、Prosperity（豊かさ）、Peace（平和）、Partnership（パートナーシップ）に分類する考え方である。

主な分類方法のもう一つが、パートナーシップを除く16の目標を生物圏・社会・経済の「3つの層」に分類し、それらをパートナーシップで実現していく「SDGsウェディングケーキモデル」である（図序・1）。これはストックホルム・レジリエンス・センターのJohan Rockström氏らによって提唱されたモデルで、私たちの世界はBiosphere（生物圏）を土台とし、その上にSociety（社会）やEconomy（経済）が乗る形で成り立っていることを示している。本書では、人類の活動という視点に立って、生物圏を環境と読み替えることにする。

表序・1に示すように、「SDGsウェディングケーキモデル」では、環境（生物圏）には**目標6** **安全な水とトイレを世界中に**、**目標13** **気候変動に具体的な対**

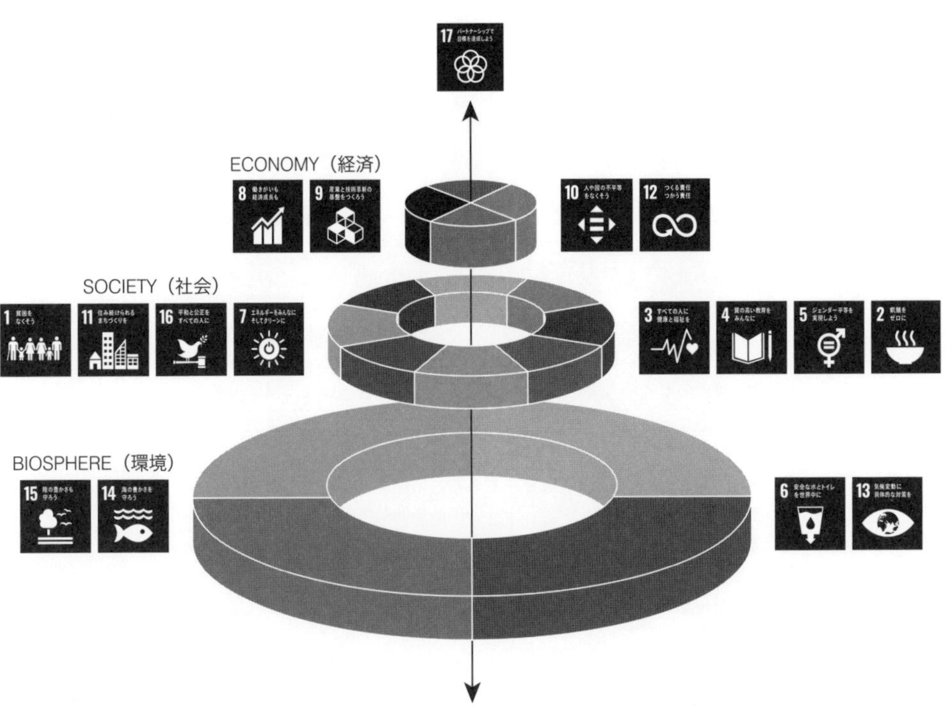

図序・1　SDGs ウェディングケーキモデル
出典：Azote for Stockholm Resilience Centre, Stockholm University（CC BY-ND 3.0.）より作成

策を、目標14 海の豊かさを守ろう、目標15 陸の豊かさも守ろうの四つが入る。

また、社会には**目標1 貧困をなくそう、目標2 飢餓をゼロに、目標3 すべての人に健康と福祉を、目標4 質の高い教育をみんなに、目標5 ジェンダー平等を実現しよう、目標7 エネルギーをみんなに　そしてクリーンに、目標11 住み続けられるまちづくりを、目標16 平和と公正をすべての人に**の八つが入る。これらは人に優しい社会をつくろうという目標と考えることができる。

経済には**目標8 働きがいも経済成長も、目標9 産業と技術革新の基盤をつくろう、目標10 人や国の不平等をなくそう、目標12 つくる責任、つかう責任**の四つが入る。

なお、SDGs の**目標17** は「**パートナーシップで目標を達成しよう**」が掲げられている。つまり国や地方自治体、民間企業、NPO といった各種組織と私たち自身といったすべてのステークホルダーが手を携えて、それぞれに尊重し合い、

表序・1　SDGsの目標と分類

分類	目標と標語	目標の説明
環境	**目標6　安全な水とトイレを世界中に**	すべての人々の水と衛生の利用可能性と持続可能な管理を確保する
	目標13　気候変動に具体的な対策を	気候変動及びその影響を軽減するための緊急対策を講じる
	目標14　海の豊かさを守ろう	持続可能な開発のために海洋・海洋資源を保全し、持続可能な形で利用する
	目標15　陸の豊かさも守ろう	陸域生態系の保護、回復、持続可能な利用の推進、持続可能な森林の経営、砂漠化への対処、ならびに土地の劣化の阻止・回復及び生物多様性の損失を阻止する
社会	**目標1　貧困をなくそう**	あらゆる場所のあらゆる形態の貧困を終わらせる
	目標2　飢餓をゼロに	飢餓を終わらせ、食料安全保障及び栄養改善を実現し、持続可能な農業を促進する
	目標3　すべての人に健康と福祉を	あらゆる年齢のすべての人々の健康的な生活を確保し、福祉を促進する
	目標4　質の高い教育をみんなに	すべての人に包摂的かつ公正な質の高い教育を確保し、生涯学習の機会を促進する
	目標5　ジェンダー平等を実現しよう	ジェンダー平等を達成し、すべての女性及び女児のエンパワーメントを行う
	目標7　エネルギーをみんなにそしてクリーンに	すべての人々の、安価かつ信頼できる持続可能な近代的エネルギーへのアクセスを確保する
	目標11　住み続けられるまちづくりを	包摂的で安全かつ強靱（レジリエント）で持続可能な都市及び人間居住を実現する
	目標16　平和と公正をすべての人に	持続可能な開発のための平和で包摂的な社会を促進し、すべての人々に司法へのアクセスを提供し、あらゆるレベルにおいて効果的で説明責任のある包摂的な制度を構築する
経済	**目標8　働きがいも経済成長も**	包摂的かつ持続可能な経済成長及びすべての人々の完全かつ生産的な雇用と働きがいのある人間らしい雇用（ディーセント・ワーク）を促進する
	目標9　産業と技術革新の基盤をつくろう	強靱（レジリエント）なインフラ構築、包摂的かつ持続可能な産業化の促進及びイノベーションの推進を図る
	目標10　人や国の不平等をなくそう	各国内及び各国間の不平等を是正する
	目標12　つくる責任、つかう責任	持続可能な生産消費形態を確保する
パートナーシップ	**目標17　パートナーシップで目標を達成しよう**	持続可能な開発のための実施手段を強化し、グローバル・パートナーシップを活性化する

注：訳は外務省「JAPAN SDGs Action Platform」による

役割を果たしあい、定期的にフォローアップもしながら、より良い社会づくりに取り組んで行くことが大事である。

さて、SDGsが世界目標であるとするならば、本書で扱う地方都市圏の交通やまちづくりについても、SDGsを拠り所として展開していくことが望まれる。

つまり、環境と人に優しく、経済活力にもつながるような交通システムを、関係者が協力しながら整備し、維持し、継続的に改善することを通じて、より良いまちを実現していくこと。それが「SDGs時代の地方都市圏の交通まちづくり」の基本的な方向性になってくる。

第 1 部

SDGs から見た
交通の現状

第1章

環境から見る

1・1　環境系のSDGsと交通関連のターゲット

序章で述べたように、SDGsの17の目標のうち、環境に関連するものは、目

表1・1　環境系のSDGsと交通関連のターゲット

目標と標語	目標の説明	交通関連のターゲット
目標 6 **安全な水とトイレを世界中に**	すべての人々の水と衛生の利用可能性と持続可能な管理を確保する	6.3　2030年までに、（中略）水質を改善する 6.6　2020年までに、（中略）水に関連する生態系の保護・回復を行う
目標 13 **気候変動に具体的な対策を**	気候変動及びその影響を軽減するための緊急対策を講じる	13.1　すべての国々において、気候関連災害や自然災害に対する強靭性（レジリエンス）及び適応力を強化する 13.2　気候変動対策を国別の政策、戦略及び計画に盛り込む 13.3　気候変動の緩和、適応、影響軽減及び早期警戒に関する教育、啓発、人的能力及び制度機能を改善する
目標 14 **海の豊かさを守ろう**	持続可能な開発のために海洋・海洋資源を保全し、持続可能な形で利用する	14.2　2020年までに、（中略）海洋及び沿岸の生態系の回復のための取組を行う
目標 15 **陸の豊かさも守ろう**	陸域生態系の保護、回復、持続可能な利用の推進、持続可能な森林の経営、砂漠化への対処、ならびに土地の劣化の阻止・回復及び生物多様性の損失を阻止する	15.1　2020年までに、（中略）陸域生態系と内陸淡水生態系及びそれらのサービスの保全、回復及び持続可能な利用を確保する 15.4　2030年までに（中略）生物多様性を含む山地生態系の保全を確実に行う 15.5　自然生息地の劣化を抑制し、生物多様性の損失を阻止し、2020年までに絶滅危惧種を保護し、また絶滅防止する（後略）

注：訳は外務省「JAPAN SDGs Action Platform」による

標6 安全な水とトイレを世界中に、**目標13 気候変動に具体的な対策を**、**目標14 海の豊かさを守ろう**、**目標15 陸の豊かさも守ろう**の四つである。

これらの目標のターゲットの中で、交通関連のものは表1･1のとおりである。

1･2 気候変動の状況

目標13 気候変動に具体的な対策をのターゲットの中では、「13.1 すべての国々において、気候関連災害や自然災害に対する強靭性（レジリエンス）及び適応力を強化する」「13.2 気候変動対策を国別の政策、戦略及び計画に盛り込む」「13.3 気候変動の緩和、適応、影響軽減及び早期警戒に関する教育、啓発、人的能力及び制度機能を改善する」が交通と強く関連しているものと考えられる。

つまり、13.1 の達成に向けては、激甚化する自然災害に対して、しなやかに対応できる交通の実現が重要となる。13.2 の達成に向けては、交通政策や交通計画における気候変動対策が求められる。13.3 の達成に向けては、地球環境への影響を考慮しながら交通手段をかしこく選択できる人材の育成や、組織や社会全体として交通面から環境対策に取り組む状況の構築が重要となる。

気候変動に対する交通面からの具体的対策については後の章で述べるとして、ここでは気候変動の状況や気候変動に交通が及ぼす影響について見ておきたい。

気象庁によると、産業革命期の1891年から2022年にかけて、世界の年平均気温は100年あたり0.74℃のペースで上昇している（図1･1）。ここ数年は特に気温が高く、この期間における年平均気温のトップ9は2014年から2022年に集中している。また、ほぼ地球全体の地上において、1891年以降の気温の上昇傾向よりも、1979年から2022年までの気温上昇傾向のほうが大きい。

このように地球温暖化が進行する中、国連の専門家組織であるIPCC（Intergovernmental Panel on Climate Change：気候変動に関する政府間パネル）は、2021年から2022年にかけて発表した三つの報告書において、「産業革命前からの気温上昇が2021～40年に1.5℃に達する可能性が高い」「人間起源の気候変動は自然や人間の適応能力を超えて不可逆的な影響をもたらしている」「気温上昇を1.5℃以下に抑えるには、温室効果ガス排出量を2025年までに減少に転じさせる必要がある」などとした（表1･2）。

IPCCの報告書によると、産業革命期の1850年から1900年に対する世界平均気温の変化から、1950年から2020年にかけての急激な気温上昇は2000年以上前例がないものであり、自然起源の要因のみでは説明できない。そのため、報告書は「人間の影響が大気、海洋及び陸域を温暖化させてきたことには疑う余地がない。大気、海洋、雪氷圏及び生物圏において、広範囲かつ急速な変化が

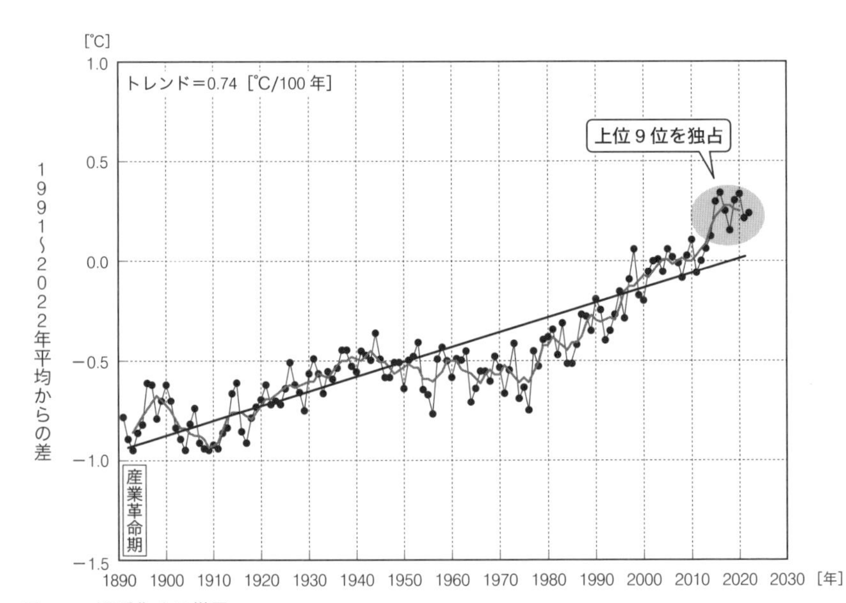

図1･1　温暖化する世界

出典：気象庁「世界の年平均気温」より作成
https://www.data.jma.go.jp/cpdinfo/temp/an_wld.html（2023年2月21日最終閲覧）

表1･2　IPCC第6次評価報告書の要点

地球温暖化の自然科学的根拠	・人間の影響による大気、海洋、陸域の温暖化は疑う余地がない ・産業革命前からの気温上昇が2021〜40年に1.5℃に達する可能性が高い
地域や生態系への影響	・人間起源の気候変動は自然や人間の適応能力を超えて不可逆的な影響をもたらしている ・世界人口約78億人のうち33〜36億人は、極端な高温や水害の影響を受けやすい状況にある
緩和策	・気温上昇を1.5℃以下に抑えるには、温室効果ガス排出量を2025年までに減少に転じさせる必要がある ・排出量を2030年までに43%減、2050年までに84%減とする必要がある

出典：気象庁「IPCC第6次評価報告書（AR6）」
https://www.data.jma.go.jp/cpdinfo/ipcc/ar6/index.html（2022年10月5日最終閲覧）

現れている」と断定している注1。

表1･2に「1.5℃」という数字が並んでいるのは、IPCCが、「地球温暖化を（産業革命前に比べて）2℃、またはそれ以上ではなく1.5℃に抑制することには、明らかな便益がある」注2としているためである。その理由は、1.5℃の上昇と2℃の上昇では、気象、生態系、人間の生活などに与える影響が大きく違うからである（表1･3）。しかしながら2022年現在、産業革命期に比べて既に1℃以上の気温上昇が観測されている。残された気温上昇の余地は0.5℃未満なのである。

2022年10月26日に国連気候変動枠組み条約事務局は、各国が温室効果ガスの排出削減目標を達成した場合でも、今世紀末までに気温が産業革命前より約

表1･3　気候変動の影響・リスクに関する1.5℃上昇と2℃上昇の比較

現象	1.5℃上昇と2℃上昇の比較
極端な気温	1.5℃では、中緯度域の極端に暑い日が約3℃昇温するが、2℃では中緯度域の極端に暑い日が約4℃昇温する
森林火災	2℃に比べて1.5℃の地球温暖化においての方がリスクに伴う影響が低い
侵入生物種の広がり	2℃に比べて1.5℃の地球温暖化においての方がリスクに伴う影響が低い
生物種の移動と生態系に対する損傷	1.5℃の地球温暖化は多くの海洋生物種の分布をより高緯度に移動させるとともに、多くの生態系に対する損傷（ダメージ）の量を増大させる。それは、沿岸資源の消失を引き起こし、（特に低緯度において）漁業及び養殖業の生産性を低減させる。気候に起因する影響のリスクは1.5℃に比べて2℃の地球温暖化においての方が高くなる
	多くの海洋及び沿岸域の生態系の不可逆的な消失のリスクは地球温暖化に伴って拡大し、特に2℃以上で大きくなる
サンゴ礁の消失	1.5℃では、さらに70～90%が減少するが、2℃では99%以上が消失する
生物種の損失	1.5℃の地球温暖化に伴うCO_2濃度の増加がもたらす海洋酸性化のレベルは、昇温による悪い影響を増大させ、2℃においてはさらに増大し、広範な種（すなわち、藻類から魚類まで）の成長、発達、石灰化、生存、従って個体数に影響を及ぼす
健康への影響	2℃に比べて1.5℃の地球温暖化においての方が、暑熱に関連する疾病及び死亡のリスクが低減する
食料安全保障への影響	2℃に比べて1.5℃に昇温を抑えると、その結果、特にサハラ砂漠以南のアフリカ、東南アジア、及びラテンアメリカにおいて、トウモロコシ、米、コムギ、及び潜在的にその他の穀物の正味収量の減少、並びにCO_2濃度に関連して生じる米とコムギの栄養の質の低下が抑えられる
複合的なリスクへの曝露	1.5℃と2℃の地球温暖化の間では、複数かつ複合的な気候に関連するリスクへの曝露が増加し、そのように貧困に曝されその影響を受けやすい人々の割合はアフリカ及びアジアにおいてより大きくなる

注：確信度が高い予測結果から抜粋
出典：環境省（2019）「IPCC『1.5℃特別報告書』の概要」より作成

2.5℃上昇する恐れがあるとの報告書を公表した注3。これは193カ国・地域の2030年の温室効果ガスの排出削減目標を分析したものであるが、仮に各国が排出削減目標を達成した場合でも、2030年の温室効果ガスは2010年比で10.6%増えてしまう。主要国の温室効果ガス削減目標は、日本が2030年度に2013年度比46%減で2050年に実質ゼロ、米国が2030年に2005年比50〜52%減で2050年に実質ゼロ、EUが2030年に1990年比55%減で2050年に実質ゼロ、英国が2035年に1990年比78%減で2050年に実質ゼロ、中国が2030年に減少に転じさせ2060年に実質ゼロである注4。このように主要国は脱炭素に向け、2050〜60年のネットゼロエミッションを目標に取り組んでいる。しかし、気温上昇を産業革命前より1.5℃ に抑えるためには、排出削減目標の抜本的な練り直しが求められる。

IPCCによると、地球の気温は放っておくとこれからどんどん上昇し、2100年には産業革命前に比べて最大4.8℃のプラスになると予測されている（図1･2）。世界の二酸化炭素排出量を2025年までに減少に転じさせた場合でも、気温上昇を1.5℃に抑えることは厳しい状況である。この予測によれば、火力発電所や工場などからの排気ガスに含まれるCO_2を分離・回収し、資源として作物生産や化学製品の製造に有効利用したり、地下の安定した地層の中に貯留する

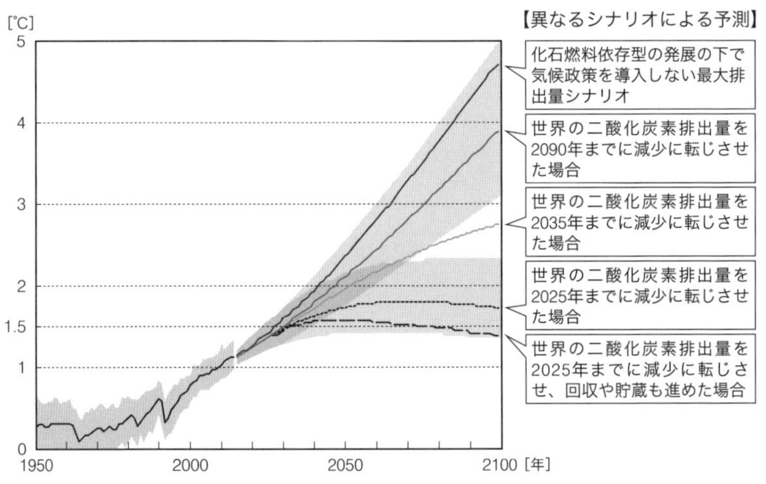

図1･2　産業革命期に比べた世界平均気温の変化の予測（1850〜1900年比の上昇）
注：陰影は不確実性の幅を示す
出典：IPCC第3作業部会報告書より作成

というCCUS（Carbon dioxide Capture, Utilization or Storage：二酸化炭素の回収・有効利用・貯留）も実施することで2050年頃に気温上昇が止まり、1.5℃の達成が見えてくるとされている。

世界気象機関（WMO）によると、2021年の二酸化炭素濃度の世界平均は観測史上最高の415.7 ppmとなり、産業革命前の1.5倍に相当となった。濃度は最近10年間で年平均2.46 ppm増加しているという[注5]。

気温の上昇などの気候の変化は、日本にも大きな影響を及ぼす。環境省は、地球温暖化に伴って日本国内で起こる影響を予測し、2020年12月「気候変動影響評価報告書」を公表した。この報告書は地球温暖化の影響に関する1261本の学術論文等をもとにまとめられたものである。その内容は深刻であり、21世紀末にかけて、たとえばコメの収量が減少して品質も低下すると予測されているほか、乳牛や食肉用鶏などは十分に成長しなくなる地域が広がり、世界全体で漁獲可能量が減少し、洪水を引き起こす大雨が増加し、高潮や高波の被害が拡大し、東京や大阪では日中に屋外労働可能な時間が現在よりも30～40%短くなる、といった予測がなされている。このように地球温暖化はわが国のさまざまな分野に重大な影響を及ぼすことが懸念される。

つまり気候変動は私たち自身の生活にも直接的間接的に影響するものであり、「我がこと」と考えて、温暖化防止等に協力することが大事である。

1･3　気候変動と交通

気候の変動に、自動車依存型の交通システムは大きく関与している。

地球の温暖化をもたらす温室効果ガスには、二酸化炭素、メタン、一酸化二窒素、ハイドロフルオロカーボン、パーフルオロカーボン、六ふっ化硫黄等がある[注6]。これらのうち、わが国が排出する温室効果ガスの約91.4%（2019年度）までもが二酸化炭素である[注7]。

図1･3は、2020年度のわが国の二酸化炭素排出量を排出部門別に示したものである。産業部門の排出割合が最大であるが、運輸部門の割合も大きく、2020年度には17.7%を占めている。なおこの数字はコロナ禍前の2019年度には18.6%であった。運輸部門の排出量の大半は自家用乗用車をはじめとする自動

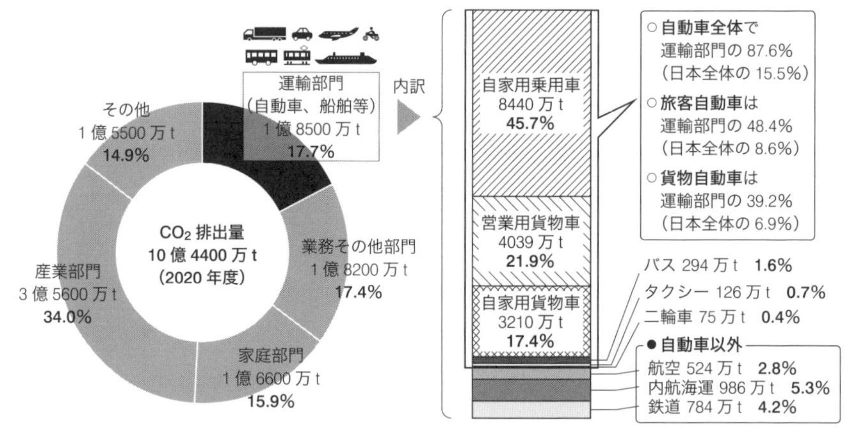

＊端数処理の関係上、合計の数値が一致しない場合がある
＊電気事業者の発電に伴う排出量、熱供給事業者の熱発生に伴う排出量は、それぞれの消費量に応じて最終需要部門に配分
＊温室効果ガスインベントリオフィス「日本の温室効果ガス排出量データ（1990〜2020年度）確報値」より国交省環境政策課作成
＊二輪車は2015年度確報値までは「業務その他部門」に含まれていたが、2016年度確報値から独立項目として運輸部門に算定

図 1･3　わが国の各部門別二酸化炭素排出量と運輸部門排出量
出典：国土交通省「運輸部門における二酸化炭素排出量」より引用
https://www.mlit.go.jp/sogoseisaku/environment/sosei_environment_tk_000007.html（2022 年 10 月 24 日最終閲覧）

車によるものであり、2020 年度のわが国の全二酸化炭素排出量のうち実に 15.5%（2019 年度は 16.0%）が自動車由来となっている。2005 年度の 17.5%に比べると小さくなってはいるものの、今なおわが国の二酸化炭素排出量のうち 6 分の 1 弱が自動車由来なのである。

図 1･4 と図 1･5 は、わが国における旅客輸送機関および貨物輸送機関の二酸化炭素排出原単位を表したものである[注8]。二酸化炭素排出原単位とは、ある輸送機関が一人の人を 1km 運ぶために排出する二酸化炭素量のことであり、ここでは炭素に換算して「g-CO_2/ 人 km（または t･km)」という単位で表している。たとえば 5km 離れた職場へ自家用車で通勤すれば、往復で 131 × 5 × 2 = 1310g の二酸化炭素を排出することになる。一方、通勤手段を自家用車から鉄道に変えたとすれば、往復の二酸化炭素排出量は 28 × 5 × 2 = 280g となる。両者の差は 1310 − 280 = 1030g であるが、これは 40 年生のスギ林約 450m^2 が 1 日に吸収・固定する平均的な二酸化炭素量と同じである（表 1･4）。

このように、自動車は主要な二酸化炭素排出源であり、脱炭素に向けて自動車の使用の抑制や、燃費向上、後述のクリーンエネルギー自動車への転換とい

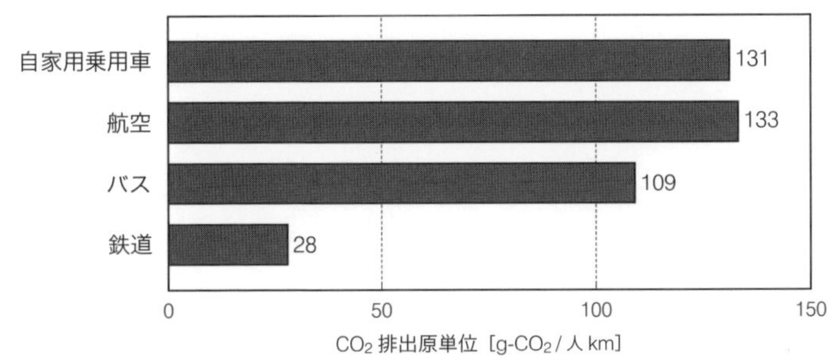

図 1・4　旅客輸送機関の二酸化炭素排出原単位（1 人を 1 km 運ぶために排出する二酸化炭素量）（2020 年度）

注：コロナ禍で数値が上昇した。2019 年度は自家用乗用車が 130、航空が 98、バスが 57、鉄道が 17 であった
出典：国土交通省「運輸部門における二酸化炭素排出量」より引用
https://www.mlit.go.jp/sogoseisaku/environment/content/001513823.pdf（2022 年 10 月 24 日最終閲覧）

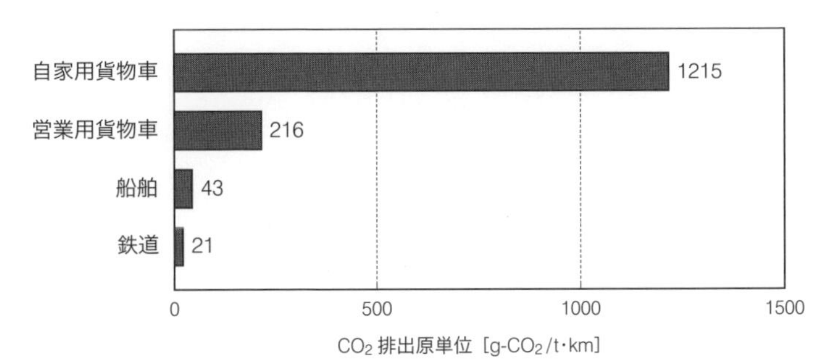

図 1・5　貨物輸送機関の二酸化炭素排出原単位（1 t の貨物を 1 km 運ぶために排出する二酸化炭素量）（2020 年度）

出典：国土交通省「運輸部門における二酸化炭素排出量」より引用
https://www.mlit.go.jp/sogoseisaku/environment/sosei_environment_tk_000007.html

表 1・4　森林の林木（幹、枝葉、根）が 1 日で吸収・固定する平均的な二酸化炭素量

［単位：kg-CO_2/1 万 m^2・日］

樹種 / 林齢	スギ	ヒノキ	天然林広葉樹
20 年生前後	33.2	31.2	14.0
40 年生前後	23.0	20.0	10.1
60 年生前後	11.0	11.0	3.0
80 年生前後	8.0	3.0	1.1

注：吸収量は、同じ樹種であっても地域、立地環境等の要因により異なる。本表の値はあくまでも平均的な値である
出典：森林総合研究所「森林による炭素吸収量をどのように捉えるか～京都議定書報告に必要な森林吸収量の算定・報告体制の開発～」より作成
http://www.ffpri.affrc.go.jp/research/ryoiki/new/22climate/new22-2.html（2023 年 2 月 21 日最終閲覧）

った取組が必要である。

図1･6は、わが国の都道府県庁所在都市および政令指定都市のDID（人口集中地区）の人口密度と、人口1人あたりの年間ガソリン消費量との関係を示したものである。言うまでもなくガソリンは主として自動車の燃料として使用されている。この図から、人口密度の低い都市ほど、人口あたりのガソリン消費量が多く、地球環境に対する負荷が大きいことがわかる。

内閣府が2020年度に実施した「気候変動に関する世論調査」によると、「日常生活で行っている脱炭素社会の実現に向けた取組」について、「移動時に徒歩・自転車・公共交通機関の利用」に「積極的に取り組みたい」または「ある程度取り組みたい」とする人の割合は1623人中の35.2%となっている。この数値は大都市で444人中の51.8%、中都市で678人中の32.2%、小都市で359人中の26.5%、町村で142人中の19.7%となっている[注9]。脱炭素に向けて、徒歩・自転車・公共交通の利用など、交通面から取り組む人をさらに増やすことが必要であるが、この課題は人口規模の小さい市町村ほど難しいと言える。

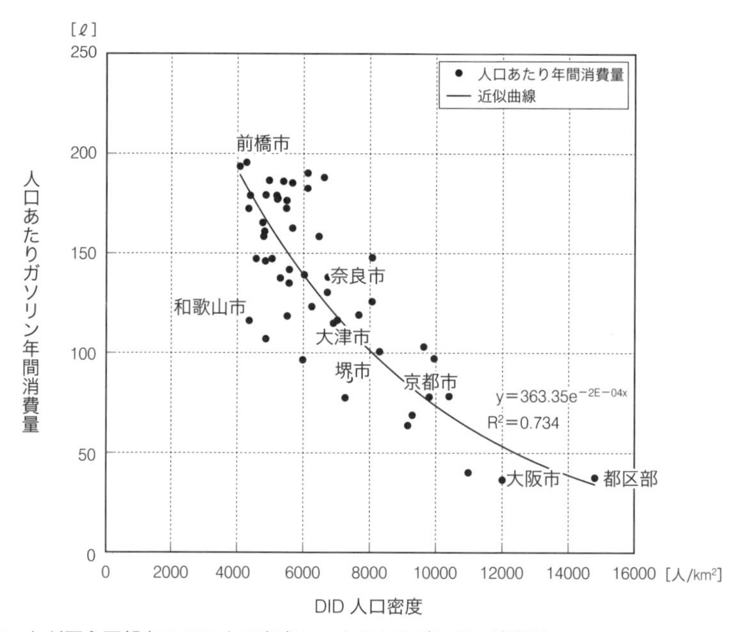

図1･6　わが国主要都市のDID人口密度と1人あたりガソリン消費量

出典：人口密度は平成27年国勢調査、人口あたりガソリン年間消費量は令和2年1月1日住民基本台帳人口・世帯数および資源エネルギー庁『石油製品価格調査　給油所小売価格調査　都道府県別　2020/1/14』より作成

このような中で各国はクリーンエネルギー自動車（低公害車）の導入を進めている。クリーンエネルギー自動車とはプラグインハイブリッド自動車（PHV）、天然ガス自動車（NGV）、電気自動車（EV）、燃料電池自動車（FCV）のように、二酸化炭素や窒素酸化物等の排出が少ないかゼロであり、エネルギーの利用効率が高い自動車のことである。表1･5は各国の乗用車の電動化動向を示したものである。

EVはバッテリー性能の飛躍的改善や政府による環境規制の強化等で2010年代から脚光を浴び、各国が相次いで脱炭素目標を表明した2020年以降この流れが一段と強まっている。この表は各国の乗用車の電動化状況を示したものである。ここにいう電動車は電気自動車、プラグインハイブリッド自動車、燃料電池自動車のことで、ハイブリッド自動車は含まれない。日本は0.5%にとどまっており、中国、米国、欧州主要国などより低い。ノルウェーでは既に17%程度にまで達している。ノルウェーでは2021年の乗用車の新車登録台数でEVとPHVの割合が9月末までに84%超で、その背景に政府の強力支援策がある。たとえばEVには25%の付加価値税と重量税などが免除され、商業施設やマンションには充電設備を義務づけている[注10]。

表1･5　各国の乗用車の電動化状況

	乗用車の台数［万台、2020年末］	電動の乗用車の台数（EV、PHV、FCVの計）［万台、2020年末］	乗用車に占める電動車の比率［%］
中　国	22691	451.4	2.0
米　国	11626	178.7	1.5
ドイツ	4825	63.4	1.3
ノルウェー	282	48.5	17.2
イギリス	3508	43.5	1.2
フランス	3229	41.7	1.3
日　本	**6219**	**29.7**	**0.5**
オランダ	911	29.1	3.2
カナダ	2376	20.9	0.9
スウェーデン	494	17.9	3.6
世界計	110979	1022.8	0.9

出典：矢野恒太記念会編集･発行（2022）『世界国勢図会 2022/23』、日本自動車工業会『日本の自動車工業 2022』および Statistics Norway より作成
https://www.ssb.no/en/transport-og-reiseliv/landtransport/statistikk/bilparken（2023年3月5日最終閲覧）

表 1･6　各国の電動化目標

	ガソリン車をどうするか	EV、HV、PHV、FCV
日　本	2035 年までに新車販売で電動車（EV、HV、PHV、FCV）100%	2030 年の販売目標： EV、PHV 比率 20 ～ 30%、FCV 比率 3%まで
英　国	2030 年に販売禁止 （HV は 2035 年に販売禁止）	2030 年の販売目標：EV 比率 50 ～ 70%
ドイツ	国としての目標なし	2030 年の保有台数：EV・FCV 700 ～ 1000 万台 （参考：乗用車台数 4772 万台（2019 年））
フランス	2040 年に販売禁止 （HV の扱いは非公表）	2028 年の保有台数：EV 300 万台・PHV 180 万台 （参考：乗用車台数 3213 万台（2019 年））
米　国	国としての目標なし（一部州あり）	国としての目標なし
中　国	国としての目標なし	2025 年の販売目標：EV、PHV、FCV 比率 20%

出典：資源エネルギー庁（2021）「2050 年カーボンニュートラルの実現に向けた検討」、総合資源エネルギー調査会基本政策分科会（第 36 回会合）

表 1･6 は各国の電動化目標である。次世代自動車の普及促進に関して、日本と各国ではこの表のような電動化目標が設定されている。わが国は 2035 年までに新車販売における電動車の比率を 100%にする目標を持っている。ただ、わが国における電動車の定義には内燃機関を併用するハイブリッド車が含まれており、脱炭素化という意味では 2035 年にハイブリッド車の販売も禁止する英国よりも一歩後退した目標であると言える。わが国の自動車各社も巨費を投じて電動車シフトを強めているが、一方で雇用の懸念もある。ガソリン車では 3 万点の部品が EV では 1 ～ 2 万点に減り、部品に関わる人々の雇用問題になりかねない。

1･4　生態系と交通

1 ── 生態系の危機

SDGs の **目標 6**、**目標 14** および **目標 15** とそれらのターゲットは、生態系に関するものと考えることができる。

生態系とは、日本大百科全書によれば「ある一定の地域で生息しているすべての生物と、その無機的環境とを含めて総合的なシステムとみた場合、それを生態系（エコシステム）という」。林（2010）[注11] は「私たちの生活が、衣食住、そのいずれをとっても、膨大な数の動物や植物の恩恵に浴していることは、誰の目にも明らかである」「国土の中で、森林や平地、海岸沿いなど、さまざまな場所で生息する、小さな昆虫から鳥、魚などの生きものたち、そしてもちろん植物などがつくりあげている生態系が、私たちの生活を支える根幹となっている」と指摘している。

日本は東西・南北にそれぞれ約3000 kmに及ぶ国土を有し、起伏にも富んでいるため、気候の幅が熱帯から寒帯までと幅広い。地球上には生物多様性が特に豊かで、かつ危機に瀕している場所が2022年現在36カ所あり、「生物多様性のホットスポット」[注12]と呼ばれているが、日本も2005年にその一つに選ばれている。環境省によると、わが国の生物多様性は開発や乱獲による危機（第1の危機）、人間による働きかけの不足による危機（第2の危機）、外来生物や化学物質による危機（第3の危機）、気候変動など地球環境の変化による危機（第4の危機）という四つの危機に直面している。

2 ──第1の危機と交通

環境省（2021）[注13]によると、第1の危機の影響は過去50年間において非常に強く、長期的に大きいまま推移している。たとえば高度経済成長期以降に行われた土地利用転換等を目的とした急速で規模の大きな開発により、今では人為的に改変されていない植生は国土の20%に満たないという。図1･7は福岡市の博多港周辺の様子である。この港は1899年に開港指定されて以来、岸壁や防波堤などが次々と整備されて、今の姿となった。海を埋め立てて造成された土地には、工業用地、会議場、ショッピングモールなどのほか、港湾施設、都市高速道路といった交通関連施設が整備されている。

図1･7　臨海部における大規模な開発（福岡市上空、2022年5月）

鉄道や道路、飛行場が生態系に影響を及ぼすこともある。大阪府におけるヒグラシの分布を調査した初宿（2020）[注14]によると、同府の泉南地域では「JR阪和線および阪和自動車道によって、その東側に広がる主要分布エリアから個体群が分断され、ヒグラシは姿を消したと考えてよい」という。

交通に関する開発行為が生態系に及ぼす影響は、可能な限り小さくしなければならない。わが国では環境影響評価法のもとで、道路、鉄道、飛行場、港湾といった交通関連事業等に関する環境アセスメントが実施されている[注15]。

3 ――第2・第3の危機と交通

環境省（2021）[注13]は、第2の危機の影響は過去50年間において森林生態系や農地生態系で大きく、長期的に増大する方向で推移しており、例えば人口減少や農林業に対する需要の変化等の中、2015年の耕作放棄地面積が1975年の約3倍になったとしている。人の手を適切に入れることによる生物多様性の保全例としては、関西国際空港の護岸への藻場造成による周辺海域への貢献などがある。

第3の危機について環境省（2021）[注13]は、過去50年間において、特に外来種の侵入・定着の影響が非常に大きく、長期的に増大する方向にあることなどを指摘している。

交通のうち、水上交通は水の生態系との関連性が深い。船舶は、ある程度の積み荷がなければ安定航行ができない。そのため、港に到着して荷物を下ろすと、その「バラスト水」を重しとして積み込む。そして、次の積み出し港まで航行すると、そこでバラスト水を排出し、荷物を積み込む。こうしたことの中で有害水生生物が越境移動し、生態系に影響を与えてしまう。

海上や陸上で排出された汚染物質による生態系への影響も懸念される。わが国では、水質について、人の健康の保護に関する基準（カドミウム、鉛等の重金属類、トリクロロエチレン等の有機塩素系化合物、シマジン等の農薬等）と、生活環境の保全に関する環境基準（生物化学的酸素要求量（BOD）、化学的酸素要求量（COD）、全窒素、全りん、全亜鉛等）が定められている。環境省によると、2020年度の河川、湖沼、海域における人の健康の保護に関する基準達成率は99.1％である。一方で、生活環境の保全に関する基準の2020年度の達成率は、BODまたはCODが河川93.5％、湖沼49.7％、海域80.7％にとどまる。図1･8のように、BODまたはCODの環境基準達成率は、河川においては次第に上昇してきているが、海域や湖沼においては停滞傾向にある。また、全窒素および全りんの基準達成率は、湖沼52.8%、海域88.1%である[注16]。

海上保安庁（2023）[注17]によると、2022年の海洋汚染は過去10年で二番目に多い468件である（図1･9）。うち油によるものが過去10年間で二位の299件、廃棄物によるものが148件、有害液体物質によるものが8件である。

環境省（2022）[注18]によると、海洋ごみは、海洋環境の悪化、海岸機能の低下、景観への悪影響、船舶航行の障害、漁業や観光への影響といったさまざまな問題を引き起こすほか、近年ではマイクロプラスチックによる海洋生態系へ

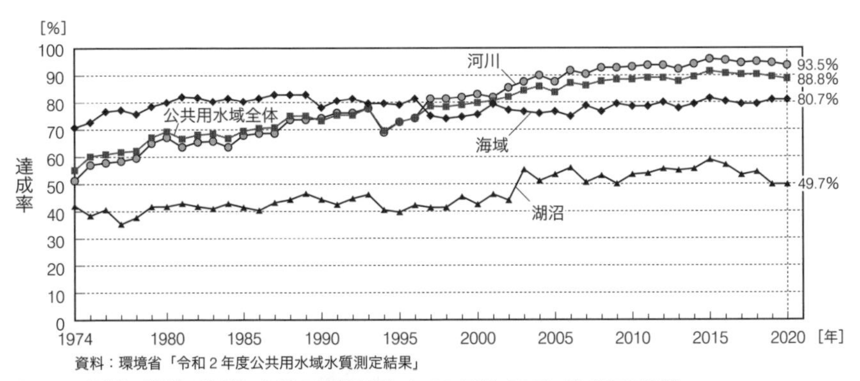

図1･8　河川・湖沼・海域における環境基準（BOD又はCOD）達成率の推移
出典：環境省（2022）『令和4年版　環境・循環型社会・生物多様性白書』p.183より引用

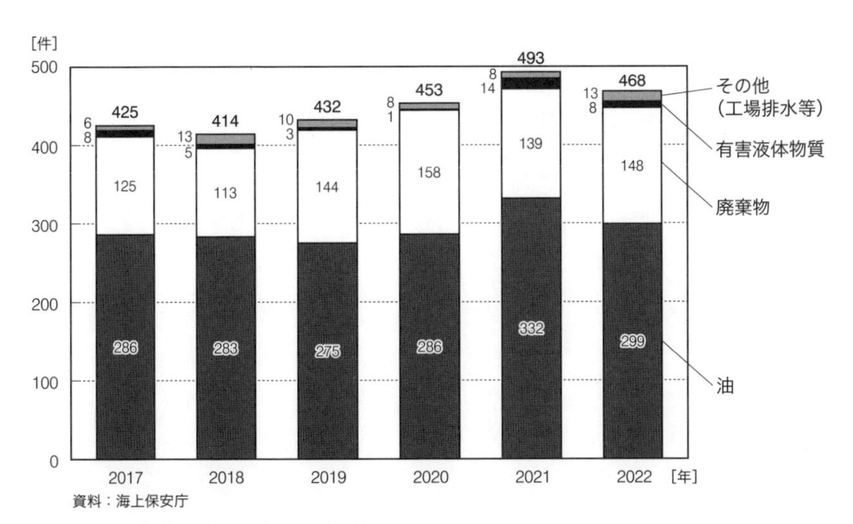

図1･9　海洋汚染の発生確認件数の推移
出典：海上保安庁（2023）「令和4年の海洋汚染の現状（確定値）」より作成
https://www.kaiho.mlit.go.jp/info/kouhou/r4/k230215_3/k230215_3.pdf（2023年2月25日最終閲覧）

の影響が世界的な課題となっている。

陸上交通は、水陸の生態系との関連性が深い。生息域の保全、緑化における地域性苗木[注19]の採用、バラストなどの資材のリユース率の向上、紙や木材の利用量の削減等によって、陸の生態系の保全に貢献することが可能である。また、節水型トイレの導入、車両洗浄水の再利用、トンネルからの湧水や、駅の屋根等が受けた雨水などの活用によって、水の生態系に配慮することもできる。

上岡（2022）[注20]が「自動車は汚染のデパート」と指摘しているように、自動車からはタイヤと路面の摩擦による粉塵、揮発性物質などの有害物質が排出されている。こういった面の対策も重要である。

4 ──第4の危機と交通

第4の危機のうち、気候変動によって、気温や海水温が上昇すると、生態系にはどのようなことが起こるだろうか。気象庁によると、2022年の北極海の海氷域面積は、冬の氷の面積である「年最大値」、夏の氷の面積である「年最小値」ともに1979年の統計開始以来10番目に小さかった（図1･10）。また、1979年から2022年までの減少量は1年あたり8.7万km^{2}におよび、この数字は北海道の面積に匹敵するという。そうすると、ホッキョクグマの絶滅リスクが高まってくる。ホッキョクグマは春先に海氷上などでアザラシなどの獲物を狩って脂肪を蓄え、氷が少なくなる夏を半絶食状態で乗り切り、秋には出産を迎える。そんな中、春先の海氷が少ないと母熊は母乳を作り出すだけの脂肪を蓄えることができず、秋に生まれた子熊の死亡率が高まる。Molnár ら（2020）[注21]によると、気候変動対策がなされない場合、2100年までに北極点に近い地域を除き、ホッキョクグマは絶滅する可能性がある。

気候変動による生態系への影響は、私たちの生活にもさまざまな危機となって現れてくる。そのプロセスは図1･11のとおりである。つまり気候変動は、陸域・淡水域・沿岸・海洋のすべてにおいて生物の分布や個体数の変化をもたらすとともに、ウメやサクラの開花時期を早めるなどの生物季節の変化等ももたらす。そういった影響は生態系サービス（生態系から人間が得ている恵み）にも及ぶ。具体的には食料や木材、衣類、水、医薬品といった衣食住に必要なものの「供給サービス」や、大気や水の浄化や気候の調整、自然災害防止とい

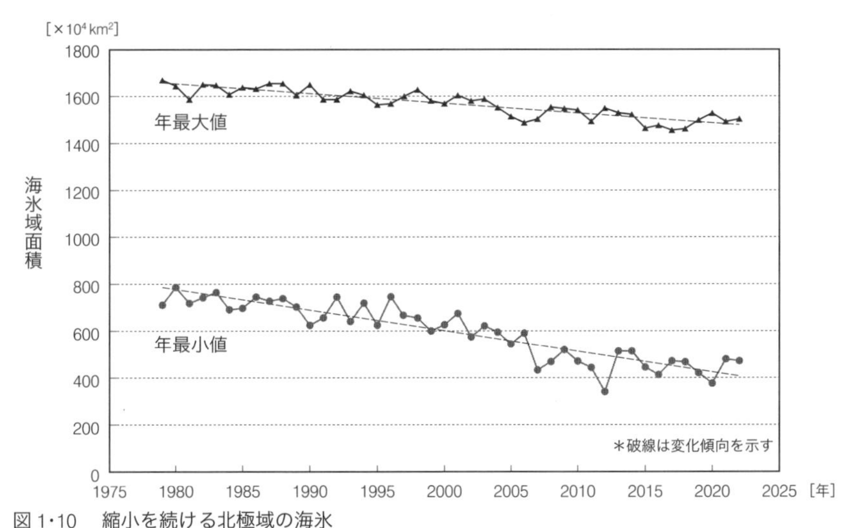

図 1･10　縮小を続ける北極域の海氷
出典：気象庁（2022）『海氷域面積の長期変化傾向（北極域）』より引用

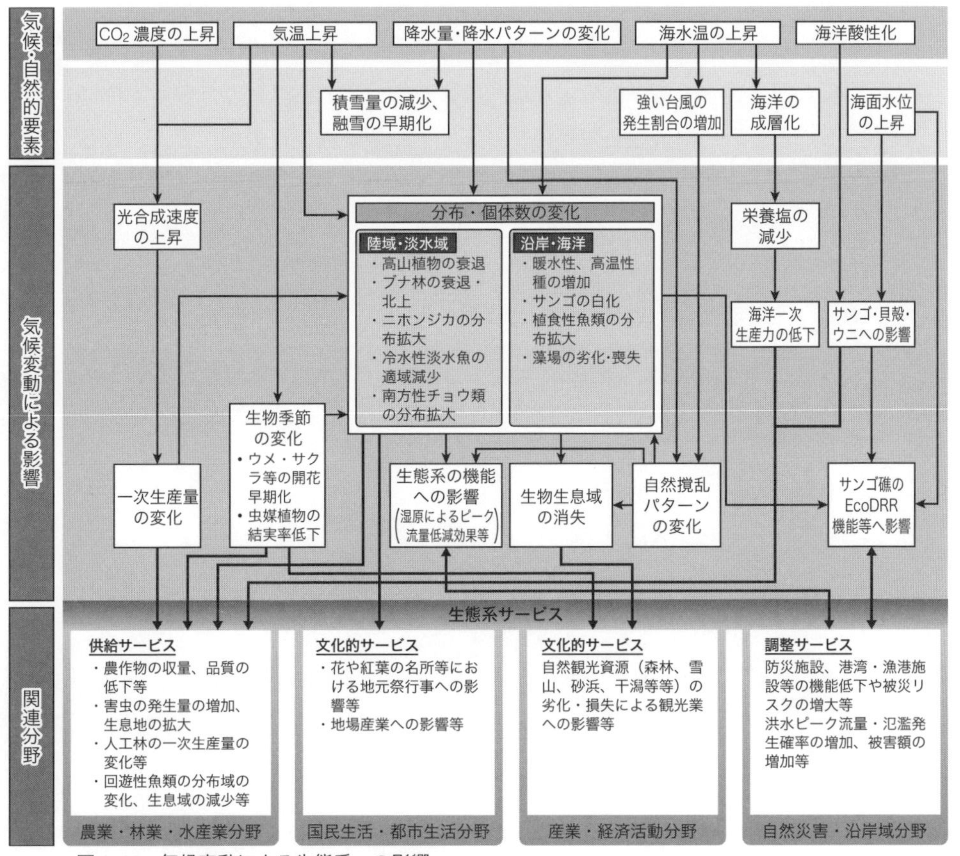

図 1･11　気候変動による生態系への影響
出典：環境省（2020）『気候変動影響評価報告書総説』p.50 より引用

った「調整サービス」、自然を楽しむ観光やレクリエーション、俳句などの文化活動といった「文化的サービス」に影響が波及していくのである。

内閣府が2022年に実施した「生物多様性に関する世論調査」によると、「あなたは、自然について、どの程度関心がありますか」に「非常に関心がある」または「ある程度関心がある」と答えた人は1557人中の75.3%である。また、生物多様性保全活動への取組のうち、「取り組みたい行動はあるが、行動に移せてはいない」との回答が対象者総数1557人中の33.7%となっている。生物多様性保全活動を制限する要因としては「体力や時間がないこと」が51.2%、「何をしたらよいのか、よくわからないこと」が50.7%で2位である[注22]。

生態系の保全は、貴重な生きものを守ることでもあるとともに、私たち自身の生活を守ることでもある。温室効果ガス排出量の少ない交通手段を選ぶことや、交通やまちづくりに関する開発計画に対して市民の立場から意見を提出すること、地産地消を心がけなるべく地元の店に環境に優しい手段を使って買い物に行くこと、選挙で地球温暖化対策や生態系保全を公約に掲げている候補に投票すること、政府や運輸企業等の一員として生態系保全を推進することなど、日常生活や社会生活の中で交通と絡めながら生態系保全に取り組むことのできるチャンスは多い。SDGsな社会づくりに向け、一人ひとりの意識と行動に期待したい。

第2章

社会から見る

2・1 社会系の SDGs と交通関連のターゲット

社会系の SDGs には、**目標 1 貧困をなくそう**、**目標 2 飢餓をゼロに**、**目標 3 すべての人に健康と福祉を**、**目標 4 質の高い教育をみんなに**、**目標 5 ジェンダー平等を実現しよう**、**目標 7 エネルギーをみんなに そしてクリーンに**、**目標 11 住み続けられるまちづくりを**、**目標 16 平和と公正をすべての人に**、の八つがある。

これらの目標（11 を除く）のターゲットの中で、交通に関連すると考えられるものは表2・1のとおりである。なお、目標 11 に関することは3章で述べる。

2・2 日常生活上のアクセシビリティは確保できているか

1 ――SDGs とアクセシビリティ

SDGs には、医療、買い物、緑地、公共スペース、教育といった日常生活上の基礎的なサービスへのアクセシビリティ（到達のしやすさ）の確保に関するターゲット群が盛り込まれている。

目標 1 のターゲット 1.4 は「2030 年までに、貧困層及び脆弱層をはじめ、すべての男性及び女性が、基礎的サービスへのアクセス（中略）についても平等な権利を持つことができるように確保する」であり、そのグローバル指標の一

表2·1　社会系のSDGsと交通関連のターゲット

目標と標語	目標の説明	交通関連のターゲット
目標1 **貧困をなくす**	あらゆる場所のあらゆる形態の貧困を終わらせる	1.4　2030年までに、貧困層及び脆弱層をはじめ、すべての男性及び女性が、基礎的サービスへのアクセス（中略）についても平等な権利を持つことができるように確保する
目標2 **飢餓をゼロに**	飢餓を終わらせ、食料安全保障及び栄養改善を実現し、持続可能な農業を促進する	2.2　（前略）2030年までにあらゆる形態の栄養不良を解消し、若年女子、妊婦・授乳婦及び高齢者の栄養ニーズへの対処を行う
目標3 **すべての人に健康と福祉を**	あらゆる年齢のすべての人々の健康的な生活を確保し、福祉を促進する	3.4　2030年までに、非感染性疾患による若年死亡率を、予防や治療を通じて3分の1減少させ、精神保健及び福祉を促進する 3.6　2020年までに、世界の道路交通事故による死傷者を半減させる 3.8　（前略）ユニバーサル・ヘルス・カバレッジ（UHC）を達成する 3.9　2030年までに、有害化学物質、ならびに大気、水質及び土壌の汚染による死亡及び疾病の件数を大幅に減少させる
目標4 **質の高い教育をみんなに**	すべての人に包摂的かつ公正な質の高い教育を確保し、生涯学習の機会を促進する	4.2　2030年までに、すべての女児及び男児が、質の高い乳幼児の発達支援、ケア及び就学前教育にアクセスすること（後略） 4.5　2030年までに、教育におけるジェンダー格差を無くし、障害者、先住民及び脆弱な立場にある子どもなど、脆弱層があらゆるレベルの教育や職業訓練に平等にアクセスできるようにする
目標5 **ジェンダー平等を実現しよう**	ジェンダー平等を達成し、すべての女性及び女児の能力強化を行う	5.1　あらゆる場所におけるすべての女性及び女児に対するあらゆる形態の差別を撤廃する 5.5　政治、経済、公共分野でのあらゆるレベルの意思決定において、完全かつ効果的な女性の参画及び平等なリーダーシップの機会を確保する
目標7 **エネルギーをみんなに　そしてクリーンに**	すべての人々の、安価かつ信頼できる持続可能な近代的エネルギーへのアクセスを確保する	7.2　2030年までに、世界のエネルギーミックスにおける再生可能エネルギーの割合を大幅に拡大させる。 7.3　2030年までに、世界全体のエネルギー効率の改善率を倍増させる
目標16 **平和と公正をすべての人に**	持続可能な開発のための平和で包摂的な社会を促進し、すべての人々に司法へのアクセスを提供し、あらゆるレベルにおいて効果的で説明責任のある包摂的な制度を構築する	16.6　あらゆるレベルにおいて、有効で説明責任のある透明性の高い公共機関を発展させる 16.7　あらゆるレベルにおいて、対応的、包摂的、参加型及び代表的な意思決定を確保する 16.10　国内法規及び国際協定に従い、情報への公共アクセスを確保し、基本的自由を保障する

注：訳は外務省「JAPAN SDGs Action Platform」による

つが「基礎的サービスにアクセスできる世帯に住んでいる人口の割合」とされている。

目標2のターゲット2.2は「(前略) 2030年までにあらゆる形態の栄養不良を解消し、若年女子、妊婦・授乳婦及び高齢者の栄養ニーズへの対処を行う」である。

目標3のターゲット3.8は「すべての人々に対する財政リスクからの保護、質の高い基礎的な保健サービスへのアクセス及び安全で効果的かつ質が高く安価な必須医薬品とワクチンへのアクセスを含む、ユニバーサル・ヘルス・カバレッジ（UHC）を達成する」であり、そのグローバル指標の一つは「必要不可欠な保健サービスによってカバーされる対象人口の割合」となっている。

目標4のターゲット4.2は「2030年までに、すべての女児及び男児が、質の高い乳幼児の発達支援、ケア及び就学前教育にアクセスすることにより、初等教育を受ける準備が整うようにする」、4.3は「2030年までに、全ての人々が男女の区別なく、手の届く質の高い技術教育・職業教育及び大学を含む高等教育への平等なアクセスを得られるようにする」、4.5は「2030年までに、教育におけるジェンダー格差を無くし、障害者、先住民及び脆弱な立場にある子どもなど、脆弱層があらゆるレベルの教育や職業訓練に平等にアクセスできるようにする」となっており、これらは教育への交通アクセスの確保に関する内容と考えることができる。

以上の他、3章で扱う目標11のターゲット11.7もアクセシビリティ関係のものとなっている[注1]。

このように、日常生活上の基礎的なサービスへのアクセシビリティの確保は、SDGsの複数の目標に関連しており、「誰ひとり取り残さない」というSDGsの理念から見ても極めて重要である。一般的に、生活をする上で必要な基礎は「衣食住」の三要素であるとされてきた。SDGs時代においては、「衣食住」に交通や交流の「交」を加え、「衣食住交」の四要素とするのが適切と考えられる。

2 ──基礎的サービスへのアクセシビリティの現状

(1) 福祉の交通まちづくりの重要性

わが国では基礎的な買い物や医療、教育へのアクセス手段に困る人の存在が注目されている。国土交通省編（2020）[注2]によると、2008年度から2017年度までに約1万3249kmの乗合バスが、また2000年度から2020年度までに約1042kmの鉄軌道がそれぞれ廃止されたといった状況の中、2017年度現在の公共交通空白地域（バス500m圏外・鉄道1km圏外）の面積は3万8710km^2（可住地面積の約33%）、そこに住む人口は767万人（人口の約6%）と推計される。こういった地域に居住する高齢者や障がい者をはじめ、移動においてさまざまな障壁に直面しがちな人の労苦は大きいものと考えられる。

1980年に9.1%であったわが国の高齢化率は、1990年に12.1%、2000年に17.4%、2010年に23.0%と加速度的に上昇し、2020年には28.6%、2022年には29.1%となった（図2･1）。国立社会保障・人口問題研究所は、2030年の高齢化率は31.2%、2040年の高齢化率を35.3%と推計している[注3]。

わが国の障がい者数は、身体障がい、知的障がいおよび精神障がいを合わせて約965万人（一部重複あり）と推計されており、その数は増加傾向にある[注4]。支援や介護を要する人の数も増えつつあり、厚生労働省の資料によると、2020年度末現在の要介護者は約491万人、要支援者は約191万人で、いずれも年々増え続けている（図2･2）。

わが国では今後、人口が減少する中で高齢者や障がい者の割合が相当程度に

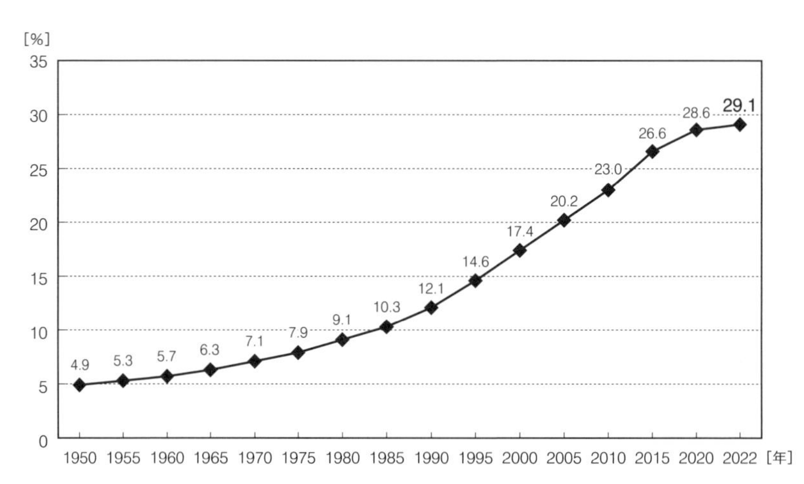

図2･1　わが国の高齢化率の推移

出典：総務省統計局（2022）「統計トピックスNo.132 統計からみた我が国の高齢者－「敬老の日」にちなんで－」
https://www.stat.go.jp/data/topics/topi1320.html（2023年2月22日最終閲覧）

高まるものと考えられる。また、高齢者や障がい者以外にも、妊産婦、子ども、訪日外国人旅行者など、移動の中でさまざまな障壁に直面しがちな人も存在する。そのような中、移動に関するさまざまなバリアをなくすとともに、誰もが等しく生活を送り、社会参加できる仕組みをハード・ソフト両面から構築していく「福祉の交通まちづくり」の重要性がますます高まってくる。後述のように、その推進に向けては、当事者参加を含む関係者のパートナーシップが非常に重要である。こういったことに関しては7章で述べる。

(2) 高齢ドライバーの運転免許更新問題

高齢化が進行する中、わが国では高齢ドライバーの運転免許更新が次第に難しくなってきている。1998年4月には、70歳以上のドライバーに対し、免許証を更新する前に「高齢者講習」を受講することが義務化された。2009年6月には75歳以上のドライバーへの認知機能検査が導入され、専門医の診察によって最終的に認知症と診断されれば運転免許の取り消しまたは停止等がなされることとなった。また、2022年5月13日より高齢者講習制度が変わり、過去3年間に信号無視などの一定の交通違反歴のある75歳以上のドライバーについ

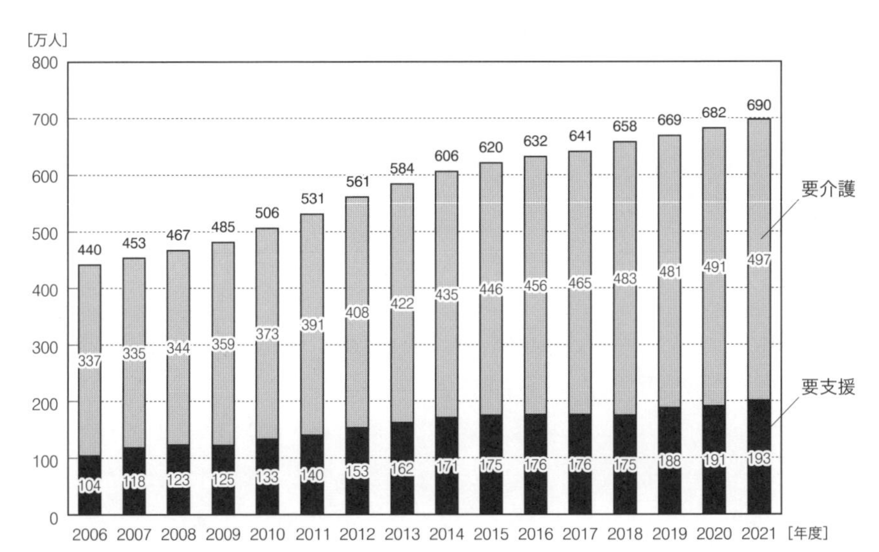

図2·2　わが国の要介護者数と要支援者数の推移
注：2021年度は暫定値
出典：厚生労働省『介護保険事業状況報告』各年度版より作成

て、運転免許証更新時の運転技能検査が義務化され、合格しなければ運転免許証の更新がなされなくなった[注5]。

国立長寿医療研究センターは、「運転を中止した高齢者は、運転を継続していた高齢者と比較して、要介護状態になる危険性が約8倍に上昇する」「運転をしていた高齢者は運転をしていなかった高齢者に対して、認知症のリスクが約4割減少する」[注6]としている。したがって、運転免許返納後の移動を支える交通手段などの充実とともに、高齢者の運転能力を維持するための取組（下肢強化、運転シミュレータ、実車訓練等）や、「限定免許」の導入（一般道限定、居住地域内限定、自動ブレーキ搭載車限定など）といった対策も重要になるものと考えられる。

(3) 買い物へのアクセシビリティ

わが国で地方都市圏では自動車での移動を前提としたまちが構築されてきた。そのような中で、市街地の商店街が衰退し、新鮮な食料品などの生活必需品ですら郊外型大規模小売店舗等での購入しかできない状況が生じ、公共交通網が衰退する中で、高齢ドライバーの運転免許更新問題も加わり、高齢者を中心とした買い物難民の発生が社会問題化している。

2021年度に農林水産省が行った全国市町村アンケートの結果[注7]によると、食料品の円滑な供給に支障が生じる等の「食料品アクセス問題」について、何らかの対策が必要だとしている市町村は、回答のあった1212市町村中の86.4％（1043市町村）で、この数字は2015年度以降増加傾向にある。対策を必要とする背景で最も多いのは「住民の高齢化」で、次が「地元小売業の廃業」、「中心市街地、既存商店街の衰退」となっている。また、人口規模の小さい市町村ほど、対策が必要だと感じている割合が高く、背景として「公共交通機関の廃止等のアクセス条件の低下」を挙げる割合も高い。

バスやタクシーといった公共交通アクセスが用意されていたとしても、金銭的負担や身体的負担から買い物に苦労する場合もある。杉田（2008）[注8]は、「バス・タクシー利用の負担があまりに大きいことが、問われなければならない。それはまず金銭的負担である。地域にもよるし乗車距離にもよろうが、買物のためにバスで往復したら、それだけで晩のおかず代が飛んでしまうこともあろう。これは、どう考えても理不尽である」「歩いて買物に行く代わりにバスを使ったとしても、身体的負担は実は大きい」として、公共交通利用時の金銭的負担や、バス停までの移動やバス停での乗降、車両の揺動、荷物の重さに関する身体的負担の存在を指摘している。

買い物の機会の確保に関しては、移動販売車の導入など、交通政策以外からの取組も行われている。また、地域に根付いたケーブルテレビのリモコンで注文した生活必需品をドローンが配送するといった取組が伊那市で始まり[注9]、香川県三豊市と粟島を結ぶドローン物流航路が開設される[注10]など、新しい技術を活用した対策も進められている。さらには、買い物をしながら運動不足解消や認知症予防を図る「ショッピングリハビリ」という取組も各地で始まっている。これは、2015年に島根県のデイサービス事業者が開始したものとされ、買い物施設内を歩き、必要なものを考え、支払額の計算もすることで頭や身体に刺激を与えるほか、新鮮な食材などをその場で確かめながら購入する喜びもある。和歌山市では、大規模ショッピングセンター「スーパーセンターオークワセントラルシティ」に入居する通所型介護施設「ひかりサロンりゅうじん」が取組を始めている[注11]。

(4) 医療へのアクセシビリティ

医療難民の存在を指摘する見解もある。高田（2013）[注12]は、「買い物難民と同様に、病院が大型化、拠点化することで、住宅との離隔が生じた」ことに加え「マイカーの出現で公共交通機関の経営採算性が問われ、規制緩和の名の下に公共交通機関への補助が減少し、衰退するに至った。それでもマイカーの普及でしのいできたが、送迎できる年齢層の人口が減少し、高齢社会では車を運転できなくなる層が増えることで、医療難民が社会問題化してきている」と指摘している。

金子（2016）[注13]は医療難民や介護難民の増加要因が「少子化する高齢社会」における社会全体の「医療費抑制」への動きにあると指摘している。高田のいう病院の大型化・拠点化の動きも効率化による医療費抑制の一環と捉えることができる。つまり、病院の大型化や拠点化といった医療効率化・医療費抑制の流れに、公共交通衰退の流れが加わることで、「医療難民」問題は一層悪化してきたと考えることができる。

(5) 教育へのアクセシビリティ

教育への交通アクセスにおける課題も多い。次節の内容にも関連することであるが、わが国では危険な通学路の存在が社会問題となっている。2012年4月には京都府亀岡市で集団登校中の児童らの列に車が突っ込み、10人が死傷した[注14]。この痛ましい事故を受けて文部科学省が全国で安全点検を行い、危険な通学路が全国に7万4千カ所程度あることがわかり、2000年末までにその約98%で対策が行われたものの、2021年6月に千葉県八街市において下校中の児童5人が飲酒運転のトラックにはねられて死傷する事故が起きる[注15]など、通学途上での交通事故が後を絶たない。国が2021年10月末時点で実施した全国一斉通学路点検によると、事故の危険性がある箇所は、いまだ約7万2千に上る[注16]。こういった通学路の交通安全も、教育へのアクセシビリティ確保の問題として捉えることができる。

なお、清水が「ドアツードアでスクールバスを利用すると、体育の授業以外に体を動かすことが少なくなる。中山間地域よりも都市部の子どもの方が運動量が多いという以前とは逆の傾向も」[注17]と指摘しているように、教育へのアクセシビリティ確保においては健康への影響を考慮する必要もある。

(6) 新型コロナウイルスによる影響

2019年12月に中国湖北省武漢市で発生が報告された新型コロナウイルス感染症（COVID-19）は、世界そして日本にも急速に拡大した。わが国初の陽性例は2020年1月16日に神奈川県で報告され、2023年2月21日現在の累積陽性者数は3311万7362人、死亡者数は7万1809人となっている。2022年4月30日時点の累積陽性者数は786万59人、死亡者数は2万9599人であったから、わずか1年弱で累積陽性者数が約4.2倍になり、死亡者が約4万2千人増えたことになる[注18]。2011年3月11日に発生した東日本大震災の死者・行方不明者が1万8425人であったことと比べても、コロナ禍の人的被害はさらに甚大である。

新型コロナウイルス感染症への対策として、世界各国で外出制限が行われた。

わが国では、飲食店等への休業要請が可能な「新型コロナウイルス感染症緊急事態宣言（以下、緊急事態宣言）」が2020年4月7日に埼玉県、千葉県、東京都、神奈川県、大阪府、兵庫県および福岡県の区域に出され、同4月16日には対象地域が全都道府県に拡大された。緊急事態宣言は同5月にいったん解除

緊急事態宣言発令中の2020年5月4日（祝）17時頃

すべての緊急事態宣言やまん延防止重点措置が解除された後の2022年4月30日（土）17時頃

図2·3　緊急事態宣言によって制限された外出行動（阪和自動車道和歌山IC～和歌山北IC間）

難波駅地下にある「なんばCITY」

新大阪駅中央口付近

無人の関西国際空港国際線出発フロア

無人のJR在来線特急車内

図2·4　コロナ禍で閑散とした状況（2020年4月の日中）

されたが、翌年の1月から3月にかけて最大11都府県に再発令された。その後も緊急事態宣言の解除や再発令、要請が営業時間の短縮等にとどまる「まん延防止等重点措置」の発令や解除が繰り返されてきた。こうした措置が人々の外出行動の抑制につながった状況の例を図2･3と図2･4に示す。

外出制限の影響は交通システムにも大いに及んでいる。JETRO（2021）[注19]によると、コロナ禍における世界の消費支出で大きく縮小したのは宿泊・外食、交通など、外出や人との接触を伴うサービス業であった。

このような状況下で、日本対がん協会によると、2021年にガン検診を受けた人は2019年よりも1割少なく、約600件のがんが検診を受けられなかったことで見つけられなかった可能性がある[注20]。

また、国が全国の16歳以上の約2万人を対象に行った実態調査（有効回答率59.3%）によると、3人に1人が孤独を感じており、特に若い世代で高い傾向が見られる[注21]。

2･3　外出の機会と生活の質

我々の行動は、常にさまざまな要因によって制約されている。これらの制約要因を大きく二つに分けるとすれば、一つは個々人が持っている能力、もう一つは社会の枠組みとなる。前者には身体の機能や経済力、そして気力などの精神機能がある。社会的な枠組みには、教育、医療、交通等がある。新型コロナウイルス蔓延対策としての外出制限も、社会的枠組みに該当する。言うまでもなく制約要因が少なければ少ないほど、我々は思うがままに生きることができる。交通システムの整備・運営にあたっては、個々人の自由な生き方を支援する、あるいは、一人ひとりの生活の質の向上に資する、という発想が必要になる。それによって、社会環境の発展的維持に対する交通面からの貢献が可能となり、持続可能な都市圏形成への道が開けてくる。

1998年にノーベル経済学賞を受賞したアマルティア・センは、生活の質（福祉[注22]）の程度を、「社会の枠組みの中で、その人が持っている能力を使ってどのようなことができるのか」という可能性で評価しようとした。つまり、その人がしたいことを達成する可能性の大きさによって、その人の福祉の程度を定義しようとしたのである。この方法を潜在能力アプローチという。

センン (1999) [注23] によると、

・生活とは、相互に関連した「機能」(ある状態になったり、何かをすること)の集合
・個人の福祉は、その人の生活の質
・重要な機能は、「適切な栄養を得ているか」「健康状態にあるか」「避けられる病気にかかっていないか」「早死していないか」という基本的なものから、「幸福であるか」「自尊心を持っているか」「社会生活に参加しているか」などといった複雑なものまで多岐にわたる
・潜在能力とは、ある個人が選択可能な機能のすべての組み合わせ。「財空間におけるいわゆる「予算集合」が、どのような財の組合せを購入できるかという個人の「自由」を表しているように、機能空間における「潜在能力集合」は、どのような生活を選択できるかという個人の「自由」を表している」[注24]

また、「すっかり困窮し切りつめた生活を強いられている人でも、そのような厳しい状態を受け入れてしまっている場合には、願望や成果等の心理的尺度ではそれほどひどい生活を送っているようには見えないかもしれない。長年に亘って困窮した状態に置かれていると、その犠牲者はいつも嘆き続けることはしなくなり、小さな慈悲に大きな喜びを見いだす努力をし、自分の願望を控えめな (現実的な) レベルにまで切り下げようとする。(中略) 慢性的に剥奪されているものが望むことすら許されていない潜在能力を過小評価することにな」[注25] るという指摘は、交通の整備や運営のあり方を考える上で、示唆に富むものである。我々は、人々の生活の質の向上を常に考えながら、地域の交通をデザインし、それぞれの立場から関わっていく必要がある。

2・4 道路交通の安全性

目標3 のターゲット 3.6 は「2020 年までに、世界の道路交通事故による死傷者を半減させる」となっている。これは交通安全の向上に関する内容であり、目標年次を過ぎた後も引き続き重要である。

ここでは、わが国の道路交通事故の状況を確認しておきたい。

図2･5は、わが国における道路交通事故の発生件数と負傷者数、死者数の推移を示したものである。死者数は1970年を第1のピークとして減少したが、1981年から再び増加に移り、1992年を第2のピークとしてその後は減少を続けている。2022年の死者数は2610人であり、ここ10年で約41%減少した。負傷者数と事故発生件数は1969～70年をピークにしていったん減少過程に入ったものの、1970年代後半から再び増加し始め、2004年に過去最高を記録したあと再び減少を始めている。2022年の負傷者数は約35.6万人、事故発生件数は約30.1万件となっている。つまり2022年の現在のわが国では、1日あたり825件程度の交通事故が起こり、約千人が負傷し、7人以上が亡くなっているのである。

自動車1億走行kmあたりの死傷者数は、2020年が55.9人である(図2･6)。この数字は1960年代後半をピークとして急減し、近年では横ばい傾向を脱して減少しつつある。これに対して、鉄道の列車1億走行kmあたりの死傷者数は37.2人（2021年度）である[注26]。自動車の乗車人数は1台あたり平均1.33人であるのに対し、鉄道の乗車人数は1列車あたり数百名に及ぶことを考慮すれば、両者の安全性には大きな差があると言ってよい。

このように、現代のわが国でも交通事故、とりわけ道路交通事故は発生頻度

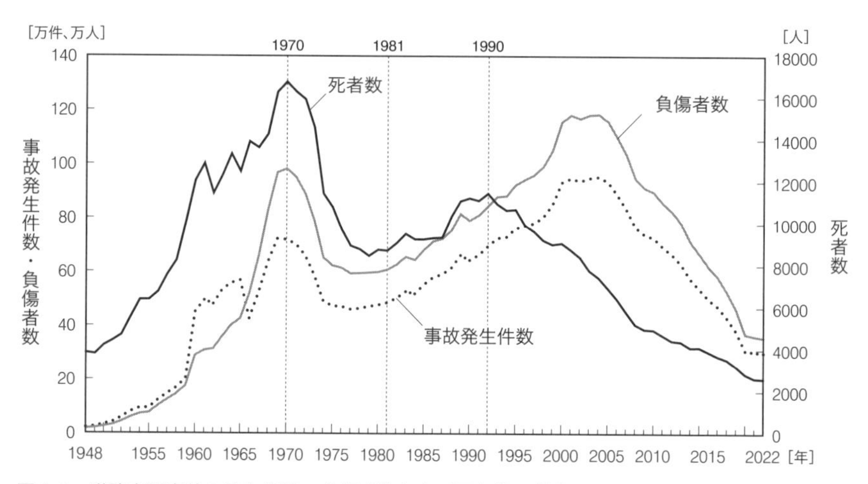

図2･5　道路交通事故の発生件数、負傷者数および死者数の推移

注：各年末現在

出典：警察庁「令和4年中の交通事故死者数について」より作成

https://www.e-stat.go.jp/stat-search/files?page=1&layout=datalist&toukei=00130002&tstat=000001032793&cycle=7&year=20220&month=0（2023年3月5日最終閲覧）

や遭遇確率、被害者数、そして加害者数とも高い水準にある。内閣府（2017）注27の試算によると、2014年度のわが国の交通事故による損失額は、金銭的損失が3.5兆円、非金銭的損失が10.7兆円で、計14.2兆円である。金銭的損失の内訳は物的損失（車両の修理、物損の弁償費用）が1兆8041億円、人的損失（医療費、後遺症による逸失利益、葬祭費）が7670億円、各種公的機関等の損失（事故処理費、保険運営費、裁判費、救急搬送費等）が8290億円、事業主体の損失（死傷者の勤務先に及ぶ労働能力喪失や生産減等）が920億円である。

交通事故による損失は、このように極めて大きい。道路交通をはじめとする各交通手段の安全性を高める努力とともに、より危険な手段の利用を抑制し、より安全な交通手段の利用へと誘導する取組も必要である。

さて、わが国では高齢化が進行しているが、このような中で社会問題化しているのが高齢ドライバーの事故である（図2･7）。65歳以上の高齢者が第1当事者注28となる事故件数は、1993年を100とした指数でみて、2021年には209となっている。この指数は2010年の328をピークとして減少傾向にある。しかしながら全年齢層の指数と比較すると、高齢ドライバーの事故の数値はまだまだはるかに高い。

図2･8は、2021年における免許保有者10万人あたりの交通事故･死亡事故（第一当事者）件数を年齢層別に示したものである。75歳以上になると、運転中に死亡事故を引き起こす危険性が急に増えることがわかる。85歳以上の免許保

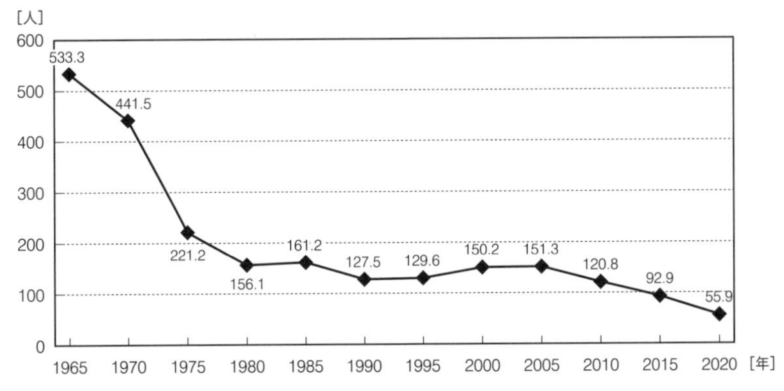

図2･6　自動車1億走行kmあたりの死傷者数の推移

出典：国土交通省『自動車輸送統計年報』と警察庁統計より作成

有者10万人あたりの死亡事故件数は11.8件にもなる。また、16～19歳の交通事故・死亡事故発生率が、65～84歳の高齢者よりもはるかに高い点にも注目すべきである。80～90年の人生のうち、比較的安心して運転できる期間は、せいぜい40年ほどなのであり、シルバーライフやキャンパスライフを充実さ

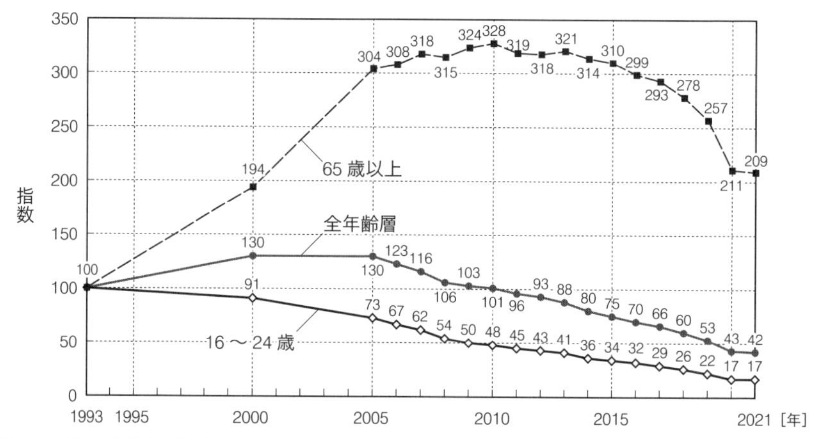

図2･7　第一当事者（原付以上運転者）の若者・高齢者別交通事故件数推移
注：1993年を100とした指数で表示
出典：警察庁「交通事故の発生状況」各年版より作成
https://www.npa.go.jp/publications/statistics/koutsuu/toukeihyo.html（2023年3月1日最終閲覧）

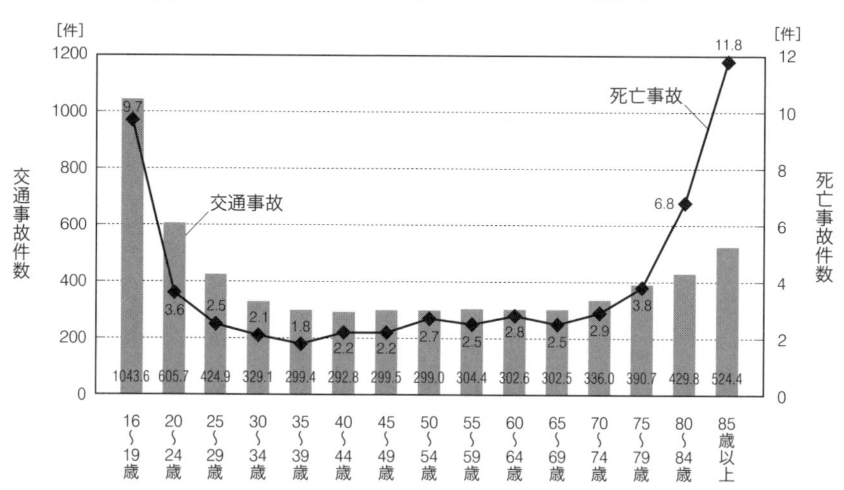

図2･8　年齢層別免許保有者10万人あたり交通事故・死亡事故件数（第1当事者）（2021年）
出典：警察庁「令和3年中の交通事故の発生状況」より作成
https://www.e-stat.go.jp/stat-search/files?page=1&layout=datalist&toukei=00130002&tstat=000001027457&cycle=7&year=20210&month=0（2023年3月1日最終閲覧）

せるためにも、クルマだけに頼らないまちづくりが欠かせない。

内閣府（2022）[注29]によると、わが国の総人口に占める老年人口の割合（高齢化率）は、2030年には31.2%、2040年には35.3%になるものと予想されている。このような中、高齢者の交通事故問題は今後ますます大きくなることが危惧され、十分な対策が必要である。

2・5 交通と健康

目標3のターゲット3.4は「2030年までに、非感染性疾患による若年死亡率を、予防や治療を通じて3分の1減少させ、精神保健及び福祉を促進する」、3.9は「2030年までに、有害化学物質、並びに大気、水質及び土壌の汚染による死亡及び疾病の件数を大幅に減少させる」である。世界保健機関（WHO）[注30]によると、非感染性疾患（NCDs：Non-Communicable Diseases）とは喫煙、運動不足、不健康な食事、飲酒などによって引き起こされる心血管疾患、がん、慢性呼吸器疾患、糖尿病などの生活習慣病の総称である。NCDsで亡くなる人は毎年4100万人で、全世界の死亡者数の74%に相当する。

このような生活習慣病と交通との間には深い関係がある。

表2･2は、通勤･通学等における身体活動の量（エクササイズ［メッツ･時］）を示したものである。「エクササイズ」という単位は耳慣れないものであるが、例えば自転車を一般的な速度で1時間こぐと7.5エクササイズ、平泳ぎを1時

表2･2　身体活動とエクササイズ

身体活動	1時間で得られるエクササイズ［メッツ・時］
乗車（自動車、バス、鉄道）	1.3
自動車の運転	2.5
歩行（通勤や通学）	4.0
野球・ソフトボール（全般）	5.0
ジョギング（全般）	7.0
テニス（一般的な）	7.3
自転車に乗る（全般）	7.5
サッカー（試合）	10.0
水泳（平泳ぎ）	10.3

出典：国立健康・栄養研究所（2012）「改訂版 身体活動のメッツ（METs）表」

間すると10.3エクササイズになる。厚生労働省は、生活習慣病の予防のために、週23エクササイズの「活発な身体活動（3メッツ以上の身体活動）」を行うことを推奨している。例を挙げて説明しよう。ある人が、和歌山市役所付近から和歌山大学まで通勤しているとする。この人が自家用車で通勤すると、所要時間は15～20分ほどであるが、残念ながら表2･2にあるように、自動車の運転は1時間あたり2.5エクササイズであり、「活発な身体活動（3メッツ以上の身体活動）」には該当しない。

しかし、自宅から和歌山市駅まで10分歩き、南海本線に乗って、和歌山大学前駅から研究室まで20分歩くとすれば、往復では60分歩くことになり、その運動量は4エクササイズになる。これを週に5日行えば20エクササイズとなり、ちょうどサッカーの試合に2時間出場するのと同じくらいのエクササイズとなる。ジョギングだと約3時間分である。毎日車で通勤して日曜日に3時間まとめてジョギングするのと、毎日徒歩と公共交通で通勤する中で運動量を稼ぐのとではどちらが楽だろうか。

適度な運動と健康との関係については、近年、さまざまな研究成果が出されている。国立がん研究センターは「メタボリックシンドロームは虚血性循環器疾患（虚血性心疾患および脳卒中のうち脳梗塞）の発症と関係している」[注31]としている。虚血性心疾患とは狭心症や心筋梗塞などのことである。鈴木(2004)[注32]によると、適度な運動習慣によりURTI（上気道感染症）の発生頻度が半減したり、NK細胞活性やリンパ球増殖能、マクロファージ機能等への有効性がある。このように適度な運動が免疫能を高めて感染や癌の予防に有効とされる一方で、過酷なトレーニングは免疫能を弱めるなど、運動と感染リスクの間にはJカーブの関係があるという。つまり、しんどい思いをして運動をするのは逆効果なのである。適度に楽しみながら運動を続けたいものである。自動車を降りて歩いたり、自転車に乗ると、スピードが遅い分だけいろいろな発見があり、感動も長続きする。車では見落としていたものも歩くと見えてきて、発見が一つ二つ増え、日々の感動もまた一つ二つ増えてくる。

図2･9は、和歌山県北部の紀ノ川に沿って整備された「紀の川サイクリングロード」である。このコースは起伏もなく、護摩壇山や龍門山と言った秀峰を眺めながら気持ちよく走行できる。表2･2より、このコースを自転車で普通の

図2･9　紀の川サイクリングロード（和歌山市、2021年4月）

表2･3　通勤・通学・買い物とダイエット

<table>
<tr><td colspan="2">徒歩で　　時間× 3.0 ＝</td><td>……①</td></tr>
<tr><td colspan="2">自転車で　時間× 6.5 ＝</td><td>……②</td></tr>
<tr><td rowspan="1">ダイエット効果</td><td colspan="2">合計（①+②）……③
1ヶ月（30日）の消費kcalに直すと、
③×体重× 1.05 × 30 ＝
kcal……④
（基礎代謝を含まない）
体脂肪に換算すると、
④ ÷ 7.2 ＝　g</td></tr>
</table>

注：基礎代謝（寝ていても消費する基礎的なエネルギー）を含む数値を計算したい時は、徒歩の場合は3.0 ＋ 1 ＝ 4.0、自転車の場合は6.5 ＋ 1 ＝ 7.5を使う

速度で1時間走った場合のエクササイズは6.5（基礎代謝分の1を除く）となる。この運動では66g程度の脂肪燃焼が期待できる（体重70kgの場合、基礎代謝含まず。つまり6.5 × 70 × 1.05 ÷ 7.2)。30日続ければ2kgほどのダイエットになる。日頃の生活スタイルを少し変えるだけで、健康的な身体が手に入るのである。

健康のために、表2･3でチェックしていただきたい。あなたの通勤・通学や買い物などでの移動時間（往復）のうち、自家用車やバイクで通うと、エクササイズはゼロとなる。徒歩や自転車を活用するなどして通勤・通学・買い物などの機会になるべく体を動かすようにしたいものである。

2･6　交通におけるジェンダー平等

目標5のターゲット5.1は「あらゆる場所におけるすべての女性及び女児に対するあらゆる形態の差別を撤廃する」、5.5は「政治、経済、公共分野でのあらゆるレベルの意思決定において、完全かつ効果的な女性の参画及び平等なリーダーシップの機会を確保する」であり、これらは交通分野においても重要なターゲットである。

世界経済フォーラムの2022年のレポート[注33]によると、ジェンダー・ギャップ指数の日本の総合順位は146カ国中116位となっている。この順位は10位のドイツ、15位のフランス、22位の英国といったG7諸国のみならず、99位の韓国や102位の中国よりも下である。

そのような日本で、交通産業は就業者に占める女性比率が特に低い分野となっている。国の「令和3年労働力調査年報」によると、就業者に占める女性比率は、全産業が44.7%であるところ、運輸業・郵便業は21.7%である。中でも鉄道業は11.5%、バス・タクシーなどの道路旅客運送業は9.5%と特に低い状況にある。また、製造業（30.0%）の中の輸送用機械器具製造業が17.9%、サービス業（40.5%）の中の自動車整備業が19.2%、道路等の建設業が17.0%と、交通関連の産業分野の就業者の女性比率は、航空運輸業（50.0%）などを除いて全産業平均を下回っている[注34]。

したがって、わが国では、交通に関する計画策定や施策展開、交通事業の実施などにおいて、女性も男性と同じように参加したりリーダーになったりできるようにする状況づくりが急務となっている。

2・7 交通におけるエネルギー問題への対応

目標7のターゲット7.2は「2030年までに、世界のエネルギーミックスにおける再生可能エネルギーの割合を大幅に拡大させる」、7.3は「2030年までに、世界全体のエネルギー効率の改善率を倍増させる」である。

資源エネルギー庁（2022）[注35]によると、2019年における実質GDPあたりのエネルギー消費でみた場合のわが国の効率は、インドの約5倍、中国の約4倍、韓国の約3倍高く、英国にはやや劣るものの、ドイツ、フランス、豪州、米国、カナダを上回る水準にある。また、その水準は21世紀に入ってから着実に進歩している。

交通等の運輸部門は、2020年度のわが国の最終エネルギー消費のうち22.3%を占めている。21世紀に入り、輸送量の低下や輸送効率の改善などにより、運輸部門のエネルギー消費量は減少に転じている。ただし、1973年と2020年の比較では、日本全体の最終エネルギー消費が1.1倍、産業部門が0.8倍となったのに対し、運輸部門は1.5倍になっている[注36]。

わが国は2020年時点において、一次エネルギー供給の約9割を石油・石炭・

天然ガス等の化石燃料が占め、その供給のほとんどを輸入に頼っている。そのような脆弱性を抱える中で、2022年現在、「新型コロナからの経済回復に、世界的な天候不順、災害、化石資源への構造的上流投資不足が複合的に重なり、天然ガスを始め化石燃料価格が急上昇。ロシアのウクライナ侵略で、価格上昇が加速」[注37]といった厳しい状況の最中にある。

交通分野においても、太陽光、風力、地熱、水力といった再生可能エネルギーの利活用や、充電設備や水素ステーションの全国的な整備、エネルギー消費効率の抜本的な向上といった対策が求められる。

2・8 交通における公正

目標16のターゲット16.6は「あらゆるレベルにおいて、有効で説明責任のある透明性の高い公共機関を発展させる」、16.7は「あらゆるレベルにおいて、対応的、包摂的、参加型及び代表的な意思決定を確保する」となっている。

交通分野においても、計画策定や施策展開などあらゆるレベルでものごとが決められる際、必要とされていることにこたえ、取り残される人がないよう、さまざまな人の参画のもとで進めるようにすることが重要である。

第3章

居住とまちから見る

3・1 住み続けられるまちづくりと交通関連のターゲット

本章では、社会系のSDGsとターゲットのうち、**目標11 住み続けられるまちづくりを**に関することを述べる。

表3・1 住み続けられるまちづくりと交通関連のターゲット

目標と標語	目標の説明	交通関連のターゲット
目標11 **住み続けられるまちづくりを**	包摂的で安全かつ強靱（レジリエント）で持続可能な都市及び人間居住を実現する	11.2 2030年までに、脆弱な立場にある人々、女性、子ども、障害者及び高齢者のニーズに特に配慮し、公共交通機関の拡大などを通じた交通の安全性改善により、すべての人々に、安全かつ安価で容易に利用できる、持続可能な輸送システムへのアクセスを提供する 11.3 2030年までに、包摂的かつ持続可能な都市化を促進し、すべての国々の参加型、包摂的かつ持続可能な人間居住計画・管理の能力を強化する 11.6 2030年までに、大気の質及び一般並びにその他の廃棄物の管理に特別な注意を払うことによるものを含め、都市の一人当たりの環境上の悪影響を軽減する 11.7 2030年までに、女性、子ども、高齢者及び障害者を含め、人々に安全で包摂的かつ利用が容易な緑地や公共スペースへの普遍的アクセスを提供する 11.a 各国・地域規模の開発計画の強化を通じて、経済、社会、環境面における都市部、都市周辺部及び農村部間の良好なつながりを支援する

注：訳は外務省「JAPAN SDGs Action Platform」による

3・2　公共交通機関の確保

目標 11 のターゲット 11.2 は「2030 年までに、脆弱な立場にある人々、女性、子ども、障害者及び高齢者のニーズに特に配慮し、公共交通機関の拡大などを通じた交通の安全性改善により、すべての人々に、安全かつ安価で容易に利用できる、持続可能な輸送システムへのアクセスを提供する」であり、そのグローバル指標は「公共交通機関へ容易にアクセスできる人口の割合（性別、年齢、障害者別）」である。

このように公共交通機関の確保は、SDGs のターゲットの一つとなっているほど、世界的に見て重要な課題なのである。

1 ── 自動車の普及と利用交通手段の状況

わが国の人口 1000 人あたりの自動車保有台数は、1960 年に約 14.5 台であったものが、1970 年に 169.5 台、1980 年に 323.4 台、1990 年 466.8 台、2000 年に 572.4 台、2010 年には 593 台となり、2020 年には 620 台に達している。図 3・1 に示すように、わが国では 1960 年代初頭から自動車の普及が一気に進んだ。

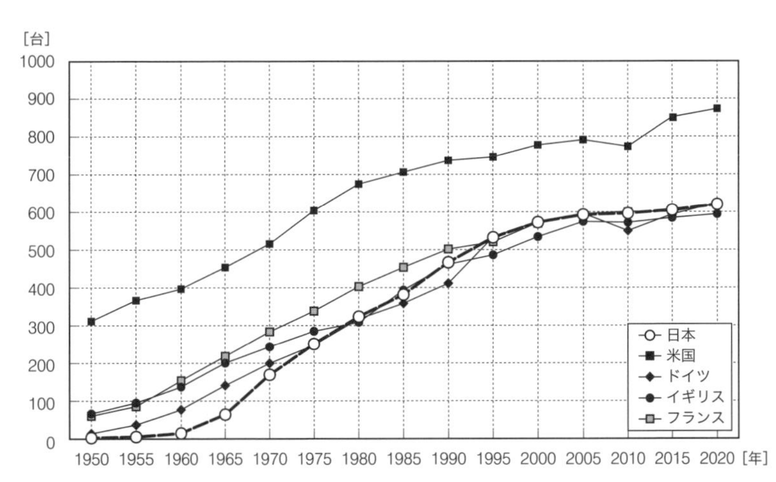

図 3・1　主要国の人口 1000 人あたり自動車保有台数の推移

注：乗用車、トラック、バスの合計である

出典：日本自動車工業会「世界生産・販売・保有・普及率・輸出」(https://www.jama.or.jp/statistics/facts/world/index.html) および『世界国勢図会』より作成

自動車普及率が400台/1000人に達した時期は、米国がわが国より約30年早く、ドイツと英国はわが国とほぼ同時かやや早かった。

主要国の2020年の人口1000人あたり台数は、最多の米国が873台である。英国、ドイツ、フランスが600～700台の水準で、おおむねわが国と同等である。

図3･1には示されていないが、中国は2015年の117台から2020年には190台へ、韓国は2015年の415台から2020年には475台へと、それぞれ大きな伸びを示している。

自動車の普及が進む中で、わが国の公共交通機関にはどのような影響が出ているだろうか。図3･2は、「全国都市交通特性調査（全国パーソントリップ調査）」で2021年の代表交通手段別分担率（以下、分担率）を見たものである。全国的には平日1日あたりの移動の約46%、休日1日あたりの移動の約62%が自動車利用である。この数字は、地方都市圏では順に約61%、約76%と大きくなる。

三大都市圏では、平日1日あたりの移動の約27%、休日1日あたりの移動の約16%を鉄道とバスが担っている。一方、地方都市圏における鉄道･バスの分担率は、平日1日あたりの移動の約6%、休日1日あたりの移動の約4%にとどまっている。

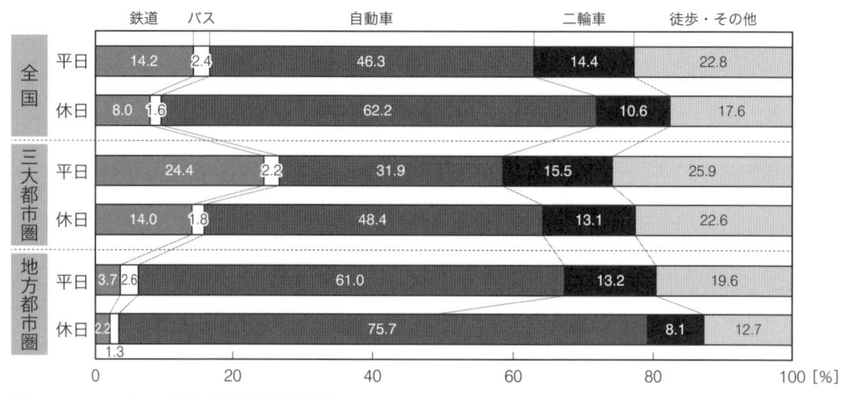

図3･2　2021年の代表交通手段分担率

注：代表交通手段とは、トリップ（人がある目的をもってある地点からある地点へ移動すること）が複数の交通手段からなっている場合に、このトリップで利用した主たる交通手段のことであり、集計上、鉄道→バス→自動車→二輪車→徒歩の順の優先順位となっている。

出典：国土交通省都市局都市計画課都市計画調査室「令和3年度全国都市交通特性調査結果（速報版）」pp.8-10より作成 https://www.mlit.go.jp/report/press/content/001573783.pdf（2023年3月5日最終閲覧）

図3･3で経年変化を見ると、2015年まで鉄道の分担率が全国的に平日、休日とも増加傾向にあった。この傾向は三大都市圏、地方都市圏のどちらにも見受けられる。バスの分担率は全国的に平日、休日ともに2005年まで低下傾向で、その後は2015年まで横ばいないしやや増加傾向にあった。この傾向は三大都市圏、地方都市圏もおおむね同じである。コロナ禍で2021年は全国・三大都市圏・地方都市圏のいずれにおいても鉄道・バスの分担率が下がっている。

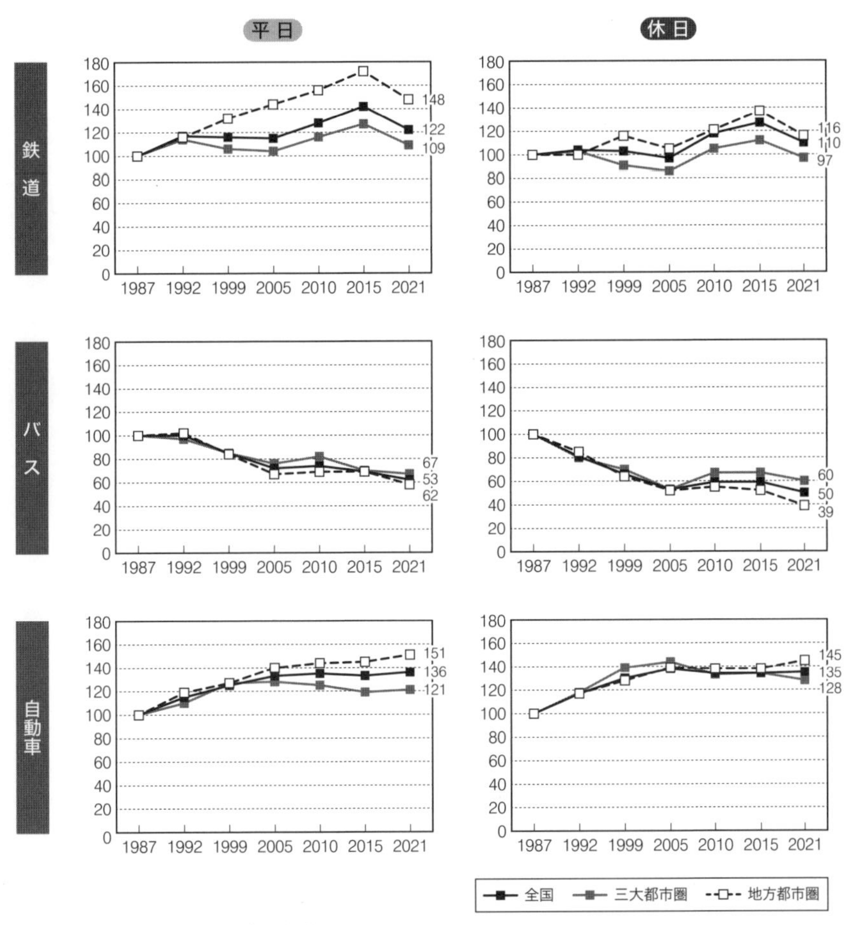

図3･3　代表交通手段分担率の推移
注：2021年は速報値
　縦軸は1987年を100としたときの指数
出典：国土交通省都市局都市計画課都市計画調査室「令和3年度全国都市交通特性調査結果（速報版）」より作成
　https://www.mlit.go.jp/report/press/content/001573783.pdf（2023年3月5日最終閲覧）

自動車の分担率は、三大都市圏では平日で1999年をピークとして2015年まで減少傾向にあった。休日は2005年をピークに低下から横ばい傾向となっている。地方都市圏では平日、休日ともに自動車分担率の伸びが止まりつつあったが、コロナ禍の2021年は増加している。

2 ──鉄軌道の経営状況

2000年3月の鉄道の需給調整規制撤廃から2022年6月までに廃止された鉄軌道は、貨物線を除き約1158kmに上っている[注1]。これは近畿地方から東北地方までや、関東地方から九州地方北部までに相当する長さである。

土居ら（2017）[注2]によると、1990年代以前のわが国では、事業免許制度のもと、公共交通の役割の重要性が広く認識され、鉄道やバスの廃止は認められにくい状況にあった。廃止のためには、沿線自治体の議会の賛成と事業者の労働組合の合意、地域住民の理解を得る必要や、結果を国土交通省に示す必要があるなど、さまざまな手続きをクリアする必要があり、簡単には廃止の結論に至らせない姿勢が明確であった。

しかし、1990年代以降には、新規参入や競争が促進される一方で、廃止のハードルを下げる方向への規制緩和がなされた。道路運送法が改正され、路線バスについては6カ月前に地元の運輸局に廃止申請の届け出を行えば、地元住民からの反発の有無にかかわらず、自動的に廃止が認められるようになった。鉄道についても、1年前に廃止の申請を行えば認められるようになった。こういった規制緩和によって、鉄道や路線バスの廃止が急速に進行したのである。

国の資料[注3]で地域鉄道[注4]の状況を見ると、輸送人員はピークの1991年度から2019年度にかけて2割以上減った。ここ10年ほどは増加傾向にあったが、2019年度までの5年間は横ばいとなり、さらにコロナ禍の影響で2021年度は対2019年度比24%の激減となった。また、鉄軌道を担う社員数は1987年度から2021年度にかけて約29%減っており、輸送人員が減る中、人件費を削って運営を続けてきたことがわかる。さらに、内燃車の耐用年数が11年、電車の耐用年数が13年とされる中、地域鉄道では車齢21年を超える車両の割合が74%にのぼっている。耐用年数を超えたトンネルの割合が約38%、同じく橋梁の割合も約81%に達しているなど、地域鉄道では施設の老朽化が進んで、安全設備更新のための費用が事業継続の重しとなり、バリアフリー化等への投資が難しい状況に置かれている。

そういった中、コロナ禍前の2019年度においても、わが国で地域鉄道を運営する事業者[注4]のうち、鉄軌道事業営業損益が黒字の事業者は22%（95事業者中21事業者）に過ぎなかった。この数字が、コロナ禍の2020年度には、同2%（95事業者中2事業者）にまで減少し、2021年度も同4%（95事業者中4事業者）となっている。

JRや大手民営鉄道の路線の中にも、厳しい環境に置かれたところがある。JR北海道は2016年11月に、単独では維持が困難な10路線13線区を発表し、その後一部の廃線を行った。図3･4は2021年に全線の8割にあたる鵡川～様似間116kmが廃線となった日高本線の例である。

JR四国は2017年8月に、全9路線のうち瀬戸大橋線以外は赤字であり、「自助努力だけでは路線維持は近い将来困難になる」との見通しを表明した。JR九州は2017年7月に、全22路線の輸送密度（1日1kmあたりの利用者数）を公表し、うち12路線で乗客減があるとし、翌2018年のダイヤ改正では民営化以降最大の列車本数削減を実施した。

JR西日本は2022年4月に、利用者の少ない17路線30区間の区間別収支を初めて公表した。対象となったのは輸送密度2000人未満の1360kmで、赤字の総額は約248億円であった。同社は「今回、示した区間は大量輸送という観点で、鉄道の特性が十分発揮できない」「最適な地域交通体系を幅広く議論･検討し、地域と共に実現したい」等とした。これに対して沿線の島根県知事は「鉄道はネットワークとしてつながっていることで最大限の効果を発揮する。JR西日本は多額の国民負担を伴って民営化されており、採算性のみによって、安易に地方路線の見直しを行うことは認めがたい」とし、和歌山県知事は「地方路線の切り捨てありきで見直しを進めるのではなく、地域資源を活用した利用促進等の柔

図3･4　廃線された鉄道（JR北海道旧日高本線鵡川～汐見間、2022年10月）

表 3･2　地方公営交通事業の経営状況

	年度	経常黒字		経常赤字		累積欠損金を有する事業	
都市高速鉄道（地下鉄）	2019	7 事業	721.8 億円	2 事業	29.6 億円	8 事業	1 兆 3194.7 億円
	2020	0 事業	－	9 事業	467.4 億円	8 事業	1 兆 3651.3 億円
路面電車	2019	2 事業	3.7 億円	3 事業	6.8 億円	3 事業	15.4 億円
	2020	0 事業	－	5 事業	18.4 億円	3 事業	28.3 億円
バス	2019	8 事業	17.3 億円	16 事業	42.2 億円	12 事業	510.9 億円
	2020	5 事業	0.8 億円	19 事業	262.1 億円	16 事業	663.1 億円

出典：総務省『令和 2 年度地方公営企業年鑑』より作成

軟な対応を行うべきだ」とした[注5]。

こういった中、国土交通省の有識者会議である「鉄道事業者と地域の協働による地域モビリティの刷新に関する検討会」は、危機的状況にある鉄道路線について、国、自治体、鉄道事業者がバス転換を含めた運行見直しの協議会を設置する新制度を提言した[注6]。「特定線区再構築協議会」（仮称）というこの協議会は、自治体または鉄道事業者からの要請があれば、国が主導して設置するものとされている。協議対象となる危機的鉄道路線は、(1) 路線が複数の都道府県にまたがり、貨物列車や特急列車が走らない、(2) 輸送密度が 1000 人未満、(3) ピーク時の 1 時間あたりの利用者数がどの駅間でも片道 500 人未満、の三つの条件を満たすものとされている。JR 四国は 2023 年春に全路線の運賃を平均 13％値上げするとともに、路線の存廃についても 2025 年度までに沿線自治体や国との協議を開始する意向を示している[注7]。

市営地下鉄、市営路面電車といった地方公営交通事業の状況も厳しい（表 3･2）。総務省の資料[注8]によると、地下鉄などの都市高速鉄道事業の経常損益はコロナ前の 2019 年度が約 692.2 億円の黒字であったが、2020 年度には約 467.4 億円の赤字となり、同年度までの累積欠損金は約 1 兆 3651.3 億円に達している。路面電車事業の経常損益はコロナ禍前の 2019 年度が約 3.0 億円の赤字であったが、2020 年度には約 18.0 億円の赤字となり、同年度までの累積欠損金は約 28.3 億円であった。

3 ── 乗合バスとタクシーの経営状況

乗合バス事業の経営状況も厳しい。わが国では、国民 1 人あたりの年間乗合バス乗車回数が1970年度の96.4回から1990年度には52.8回、2000年度には37.7回、2010年度には32.8回にまで減少し、2019年度は33.5回であった。(図3･5)。近年下げ止まりの傾向を見せているのは、高速乗合バス(いわゆる高速バス)の輸送人員が1990年の約5588万人から、2000年には約6969万人、2010年に1億385万人、2015年に1億1574万人と増加していることの影響などが考えられる。乗合バスの「1人平均乗車km」(バスに乗った場合、そのバスで何km移動するか)は次第に上昇しており、これにも高速乗合バスの発達が影

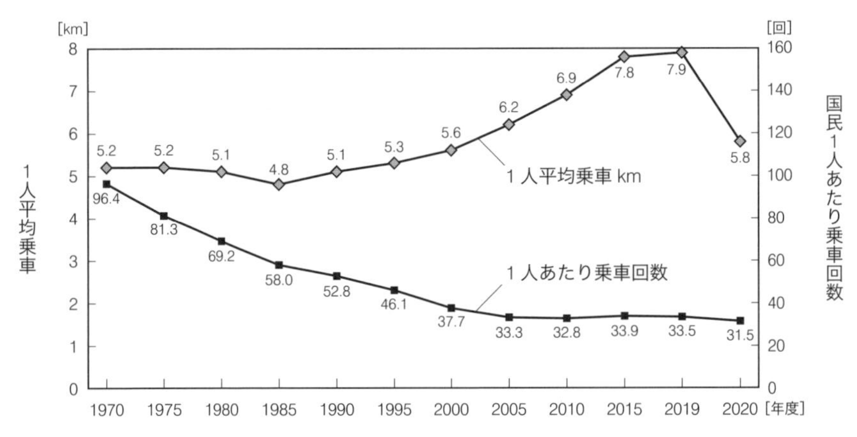

図3･5　乗合バスの1人平均乗車kmおよび国民1人あたり利用回数
出典:国土交通省自動車交通局監修『数字でみる自動車』各年版より作成

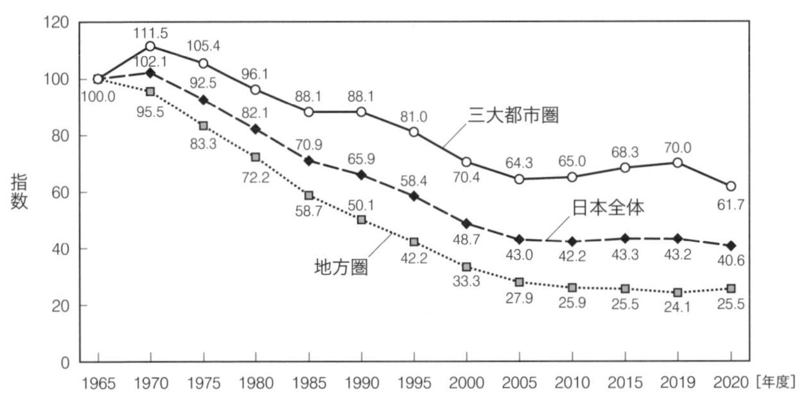

図3･6　乗合バスの地域別輸送人員推移(1965年度を100とした指数)
出典:国土交通省自動車交通局監修『数字でみる自動車』各年版より作成

響しているものと考えられる。

図3･6で1965年を100とした指数で地域別に輸送人員の推移を見ると、地方圏では1970年代から急速な減少が観察され、2019年度には24.1となっている。三大都市圏でも、地方圏よりも緩やかながら減少が続いていたが、近年では盛り返しの傾向が見られる。ただしコロナ禍の2020年度は大きく減少した。

乗合バス衰退の外的要因として、地方圏においては自家用車との競合や少子高齢化の進展等、三大都市圏においては運行頻度の向上や新線整備、新駅設置等による鉄道網の充実や、定時性の悪化、自家用車との競合、駅から周辺地域へのフィーダー輸送における二輪車との競合等を挙げることができる。内的要因としては、利用者減少を受けて、新車投入やバス停設備の改善といった設備投資の抑制や、運賃値上げ、減便、路線休廃止といった対応策

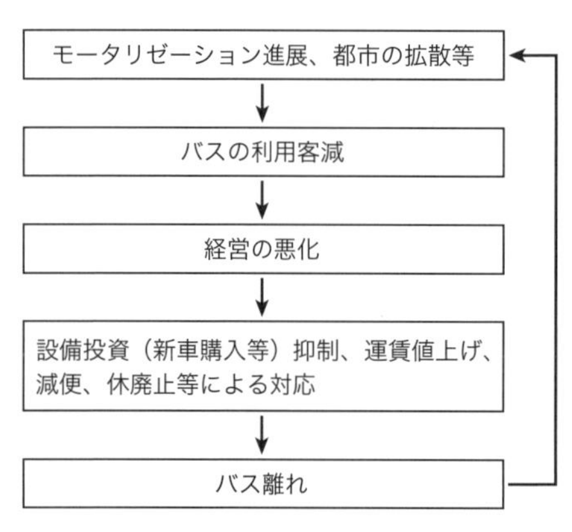

図3･7　バス利用者減少の悪循環

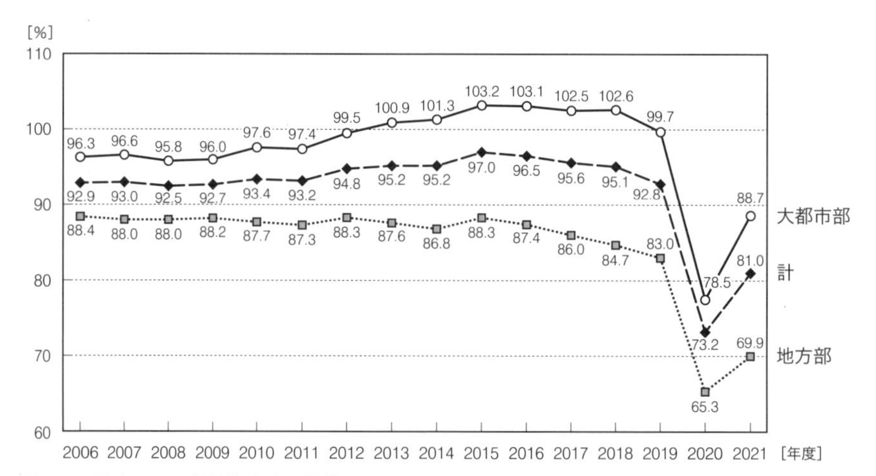

図3･8　乗合バスの経常収支率の推移

注：対象は保有車両30両以上の事業者

出典：国土交通省「令和3年度　乗合バス事業の収支状況について」より作成
https://www.mlit.go.jp/jidosha/content/001574163.pdf（2023年3月5日最終閲覧）

を講じたことで、さらなるバス離れが生ずるといった悪循環に陥ってきたことを指摘できる（図3･7）。

このような中で、保有車両30両以上の事業者を対象とした乗合バスの経常収支率は、2015年度の97.0%をピークとして落ちてきており、2019年度は92.8%、コロナ禍の2020年度は73.2%、2021年度は81.0%となった（図3･8）。この期間に大都市部では経常収支率が103.2%から99.7%、78.5%、88.7%へと推移してきたが、その他の地域では88.3%から83.0%、65.3%、69.9%へと赤字の状況が悪化し、コロナ禍からの回復も弱い。

日本バス協会会長は、コロナ禍で人の移動が抑制され、赤字の路線バスを高速バスや貸切バスの収益で支えるビジネスモデルが成り立たなくなっており、バス業界は戦後最大の危機にあるとしている[注9]。

「小量で機動的な交通機関であり、（中略）重要な交通機関」[注10]とされ、地域公共交通の一翼を担うタクシーも、厳しい状況にある。国土交通省の資料[注11]によると、タクシー（ハイヤーを含む、以下同）の車両数は2016年度の27万3740両をピークに減り続け、2019年度は22万3647両、コロナ禍の2020年度は21万3886両であった。輸送人員は1970年度には約42億8900万人を記録し、バブル時代末期の1990年度は約32億2300万人であったが、2019年度は

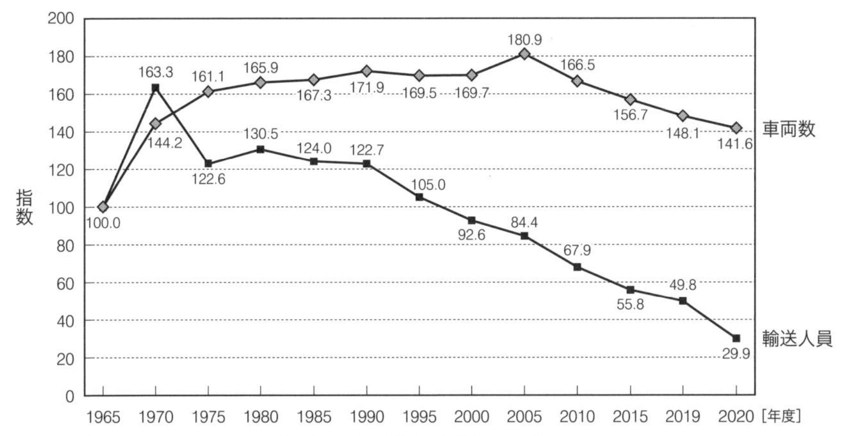

図3･9　タクシー（ハイヤーを含む）の車両数と輸送人員の推移

出典：国土交通省『数字で見る自動車2022』より作成

約13億900万人、コロナ禍の2020年度は約7億8500万人となっている。図3・9は、1965年度（15万1046両、約26億2700万人）を100とした指数でタクシーの車両数と輸送人員の推移を示したものである。太田・青木・後藤ほか(2017)[注12]は、「鉄道およびバスの輸送量が下げ止まっている中で、タクシーのそれは減少し続けている。持続的低迷としか言いようがない」としている。一方で同書[注13]は近年、乗合タクシー、介護タクシー、福祉タクシー、育児支援タクシー、妊婦応援タクシー、観光タクシーといった新しいサービスが展開され、「これらサービスの多くは、タクシー市場全体の需要を大きく底上げするほどの成果はまだ生み出していないが、今後につながる動き」としている。また、タクシー車両を用いたコミュニティバスやデマンド交通の受託運行も各地で実施されている。

2021年4月に国土交通省の「地域公共交通確保維持改善事業」の補助要綱が改正され、乗用タクシー（一般乗用旅客自動車運送事業）の運賃低廉化に関する補助制度が新設された[注14]。これにより、市町村が負担してタクシー運賃を安くする場合も国の補助金（上限100万円等の制限あり）の対象となった。コミュニティバスやデマンド交通の運行をタクシーチケットの配付等に切り替えることで、経費節減と利便性向上の両立が叶うケースも考えられる。

3・3 居心地の良い「私たちのまち」になっているか

1 ——自動車依存と都市の拡散

SDGsのターゲット11.3は「2030年までに、包摂的かつ持続可能な都市化を促進し、全ての国々の参加型、包摂的かつ持続可能な人間居住計画・管理の能力を強化する」であり、そのグローバル指標の一つに「定期的かつ民主的に運営されている都市計画及び管理に、市民社会が直接参加する仕組みがある都市の割合」がある。このターゲットと「11.6 大気や廃棄物を管理し、都市の環境への悪影響を減らす」「11.7 緑地や公共スペースへのアクセスを提供する」「11.a 都市部、都市周辺部、農村部間の良好なつながりを支援する」は、住みよいまちづくりに関する内容と考えることができる。

先述のようにわが国では自動車依存の進行と公共交通の衰退が見られる。それと同時に進行してきたのが市街地の拡散である。ここで、自動車の普及と人口拡散の様子を、地方都市圏の一つである和歌山都市圏を例にして見ておきたい。この都市圏は和歌山市（人口約36万人）を中心とする5市1町、人口約55万人の圏域である。和歌山市のDID（人口集中地区[注15]）面積は、1980年から2020年までの40年間で約25%増加した。しかし、DID人口は約4%の減少となり、結果としてDIDの人口密度は約24%低下した（図3･10）。

和歌山都市圏のみならず、わが国の各地では、高度成長期以降に無秩序な市街地（スプロール）が形成された。図3･11はスプロール化の模式図である。ス

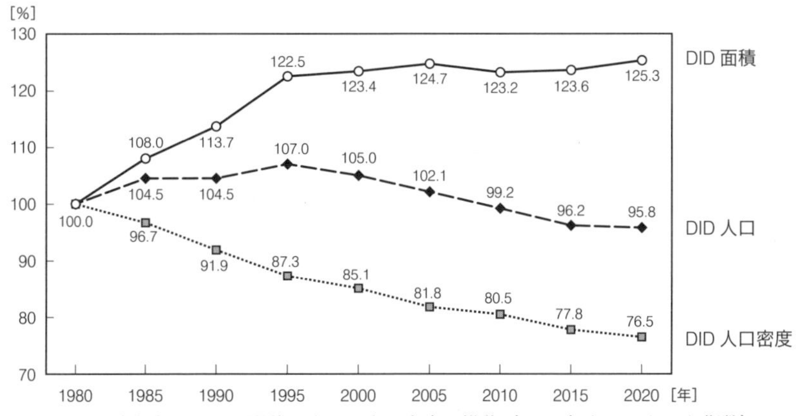

図3･10　和歌山市のDIDの面積、人口、人口密度の推移（1980年を100とした指数）
出典：国勢調査結果より作成

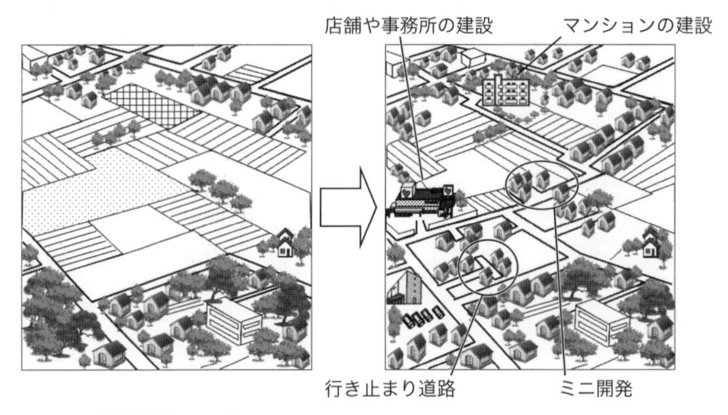

図3･11　都市郊外のスプロール
出典：青山吉隆編（2001）『第2版 図説都市地域計画』丸善、p.15より作成

プロール化は、農地や森林を蚕食しながらの無秩序な都市化であり、次のような欠陥を抱えている。第一に、ミニ開発による低質住宅地の分散立地である。核家族世帯化の進展の中で、居住環境改善のために中心市街地から郊外への転出が進み、30坪程度の宅地に建坪20数坪の住宅が立ち並ぶ景観が形成されてきた。また、田園の中にマンションや事務所が孤立して立地したり、昔ながらの細道を自動車の通る道路として利用するなどの問題点も見られる。また、道路・公園・上下水道といった社会基盤の整備がスプロール進展後に行われるため、市街地整備のコストが結果として高くついてしまってもいる。郊外での住宅団地開発や、公共公益施設や商業施設など各種施設の郊外移転・郊外進出も行われ、人口の拡散に拍車を掛けた。このような人口拡散と同時並行の形で、自家用車の普及が進んできたのである。

2 ──ブキャナンシステム

無秩序な都市開発のもとでは、自動車の利便性と人間の居住環境との間に大きな摩擦が生じることになる。それは渋滞、交通事故、騒音、振動、大気汚染、景観の悪化等となって現れてくる。

1960年代前半の英国では、交通事故死傷者数が年間30万人以上であり、その4分の3が都市内での事故によるものであった。自動車の急激な増加が、道路の慢性的渋滞と市街地の居住環境悪化という社会問題を発生させる中、自動車の利便性と人間の居住環境の間の摩擦を緩和する処方箋の提示が急務となっていた。

図3·12 『都市の自動車交通』
出典：日本都市計画学会ウェブサイトより引用
https://www.cpij.or.jp/com/gp/books_review/328books01.html

そんな中、英国政府「都市における道路と交通の長期的動向とその都市環境への影響を調査する」研究チームによる報告書 *TRAFFIC IN TOWNS*（邦訳『都市の自動車交通』、ブキャナンレポートとも呼ばれる）が1963年に公表された。

TRAFFIC IN TOWNS の表紙の真っ赤で恐ろ

しげなデザインからも、自動車が居住環境にもたらしてきた問題の深刻さをうかがい知ることができる（図3・12)。このレポートについて山田（2001）[注16]は「自動車社会に対して初めて警鐘を鳴らしたものであった。そのため、その後、英国だけでなく世界的な交通計画に大きなインパクトを与え、交通問題の考え方に一つの転機をもたらした」と評価している。そのようなレポートの中で提起されたのが、ブキャナンシステムである。

その要点は、次のようである。まず、都市全体が、幹線道路網の内部に「居住環境地域」を配置した細胞状の構造になっている。また、図3・13のように街路網を機能に応じて段階的に構成

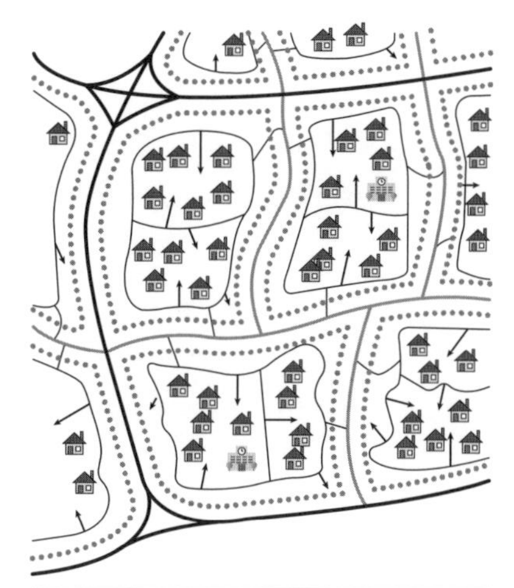

図3・13　ブキャナンの階層概念と居住環境地域

注：各道路の説明は表3・3を参照されたい

出典：ディビッド・スターキー著、UTP研究会訳（1991）『高速道路とクルマ社会　英国の道路交通政策の変遷』学芸出版社、p.53より作成

表3・3　都市の道路の分類

機能に着目した分類	説明
自動車専用道路	比較的長いトリップの交通を処理するため、設計速度を高く設定し、車両の出入り制限を行い、自動車専用道路とする道路である。
主要幹線道路	都市間交通や通過交通等の比較的長いトリップの交通を大量に処理するため、高水準の規格を備え、高い交通容量を備える道路。一般に国道や主要地方道が相当する。
幹線道路	主要幹線道路および主要交通発生源等を有機的に結び、都市全体に網状に配置され、都市の骨格および居住環境地区（近隣住区）を形成する、比較的高水準の規格を備えた道路。各都市が主体となって建設する都市計画道路で、バスが通行するなど、都市内の主要な道路である。
補助幹線道路	居住環境地区と幹線道路を結ぶ道路であり、居住環境地区内での幹線としての機能を有する道路。地区内の自動車をさばくための道路であり、通過交通を排除する工夫が必要である。
区画道路	沿道宅地へのアクセス交通をさばくことを目的にし、密に配置される道路。日常的な生活道路である。
特殊道路	もっぱら、歩行者、自転車等、自動車以外の交通の用に供するための道路である。

出典：青山吉隆編（2001）『第2版 図説 都市地域計画』丸善、 pp.38-39より作成

する。居住環境地域は市街地の基本単位となる日常生活圏であり、自動車の通過交通からは守られるべき「都市の部屋」である。

この都市構造は、大病院の内部構成から類推されたものである。幹線道路網は医師や看護師、患者らが頻繁に行き交う大病院の廊下と同様に、大きな交通量に十分対応できるだけの交通容量を持たねばならない。居住環境地域は、病室内や研究室、手術室と同じく、静粛な環境を保つ必要があるため、用のない交通（通過交通）の進入を防ぐことが求められる。居住環境地域内の街路は、地域内に出入りする交通を処理できるだけの能力があればよく、自動車交通は住民の生活環境を侵さない範囲でのみ許され、歩行者交通が優先される。

このように、ブキャナンシステムでは道路の階層性が重視される。表3･3は、機能に着目して都市の道路を分類したものである。上位の自動車専用道路は自動車をスムーズに流す機能（トラフィック機能）が重視され、主要幹線道路（図3･14）、幹線道路と下るにつれて沿道へのアクセス機能が重視されるようになる。図3･15は新興住宅団地における街路構成の例である。

ブキャナンは、「自動車の利便性改善」と「良好な居住環境の確保」という相矛盾する課題は、幹線道路の整備や市街地再開発への投資額増大によって両立できると考えた。すなわち、都市高速道路に通過交通を受け持たせ、既存の市街地からは交通規制や再開発によって通過交通をできる限り排除し、歩行者の交通安全に配慮した快適な居住環境を創造しようとする考え方であった。これは「ブキャナンの法則」と呼ばれる。

この考え方は、第二次大戦で破壊された都市の再建と、自動車交通量の増大の中にあった当時の英国で受け入れられた。「都市を近代化するために積極的な計画が提案され、大衆の注目の中で続けられたが、このような計画は英国民の自尊心を刺激し、国民が必要とする経済的、精神的高揚をもたらした」注17のである。また、当時英国は比較的高い経済成長の中にあった。1960～65年の成長率が

図3･14　主要幹線道路の例（和歌山市吹上付近、2021年3月）

年率3.3%、1955～60年の成長率が年率2.8%であった。都市高速道路に通過交通を受け持たせ、既存の市街地からは交通規制や再開発によって通過交通をできる限り排除し、歩行者の交通安全に配慮した快適な居住環境を創造しようとする考え方が、ブキャナンレポートから導き出され、以後英国の都市には都市高速道路が導入されることとなった。

ブキャナンシステムの考え方はその後、英国交通省の“Roads in Urban Areas”(1966年)に採り入れられたほか、スウェーデンのSCAFF指針(1968年)、西ドイツの道路設計指針(1981年)など、世界に広まっていった注18。

日本でも、1965年にブキャナンレポートの和訳版である『都市の自動車交通』が出版され、1974年には「都市計画道路の計画標準」が策定され、道路を機能別に分類し、幹線道路に囲まれた住区は近隣住区として補助幹線道路の線形を工夫するなど、ブキャナンシステムの概念が明確に取り入れられることとなった。

ブキャナンシステムを導入した当時のわが国では、欧米に比べてまだ自動車の普及率が低く、自動車が居住環境に及ぼすマイナスの影響に関する理解が進みにくかった。自動車の保有率が豊かさのバロメーターとも見なされる状況の

図3・15　新興住宅団地における街路構成の例(和歌山市北部の「ふじと台」、2014年4月撮影に一部加筆)

中、「居住環境の保全」よりも都市高速道路の導入による「自動車の利便性の改善」が大幅に重視され、都市道路網への投資の理論的背景として利用されることとなった[注19]。

3 ──ブキャナンシステムへの批判

先述のようにブキャナンシステムでは、トラフィック機能重視型の幹線道路から、沿道へのアクセス機能重視型の道路まで、さまざまな階層にある道路がネットワークとして一体的に機能することを理想としている。しかし、このような道路の段階構成を実際の都市で実現しようとすれば、さまざまな困難が生じる。

最大の問題は、幹線系道路の空間確保や、巨額の道路投資に伴う問題である。既存の市街地に幹線道路を通すためには、大規模な都市再開発が必要になり、巨額の費用と時間が必要となる。ブキャナンは、空間確保のため、2階建ての幹線道路（図3･16）や、沿道建物と交通空間を一体化した交通建築（図3･17）、居住環境地区の地下への幹線道路網の配置等を提案している。図3･17のビルは「船場センタービル」といい、1970年3月に竣工したもので、屋上には阪神高速13号東大阪線と大阪市道築港深江線（中央大通）の高架道路がある。船場は大阪市の伝統ある都心地区で、従来は東西方向の幹線道路がなく、狭い道路に面して卸売業の店舗が密集する状況にあった。そのため狭い道路に自動車が入り込み、交通混雑が起きるなどの問題があった。そこで東西方向に幹線道路を通して再開発を行うこととなったが、資金面の問題や立ち退きの問題、道

図3･16　幹線道路の上に構築された都市高速道路（大阪市浪速区、2020年5月）

図3･17　交通建築（大阪市中央区、2021年5月）

路による地区の分断の問題などを考慮した結果、道路と建物とが一体となったビルを建設し、卸売業の店舗を入居させるという事業手法が採用されたものである[注20]。

その他に、自動車を利用できない市民への公平性の問題や、環境保全、エネルギー消費、景観の面からの批判もある（図3・18、図3・19）。英国では、都市高速道路が実際に目前に現れると、その影響に人々は驚き、1970年代から反都市高速道路の運動が全国的に広がった[注21]。

英国では1964年より景気後退局面に入り、投資余力が減少し、一方環境問題への意識が高まり、都市整備の重点も再開発から修復へと次第に変化した。このような中で、ブキャナンシステムの完全な適用は困難となり、「道路の階層性」「居住環境の維持」というブキャナンシステムの優れた考え方を活かしつつ、社会に受け入れられるものへと修正・発展させる必要性が大きくなっていった。この結果、5章で述べる「交通需要マネジメント（TDM）」が開始されるようになった。

わが国でも、全国的な公害訴訟が1966年度の約2万件から1972年度には約8万7000件に増加[注22]するなど、工場公害や自動車公害への批判が高まっていた。このような中で、対策として「歩車分離」が打ち出され、信号や歩道、歩道橋、地下横断道、ガードレール等の整備が推進された。この結果、交通事故死者数が1970年からの10年間で半減する等の効果が出た。しかし、事故死者数は減ったが、需要追随型投資への批判や、環境悪化、自動車利用できない人への不公平、自動車重視型の思想への批判、道路はそもそも子どもの遊び場、

図3・18　伝統ある橋をまたぎ、河川上に建設された都市高速道路（大阪市北区、2021年10月）

図3・19　都市の景観を一変させた高架道路（大阪市浪速区、2021年10月）

立ち話の場といった生活空間ではなかったのか？　人々を狭い歩道や高い歩道橋に追いやって、自動車を我が物顔で疾走させるような社会は正常な社会なのか？　といった批判が残った。結果として、わが国でもブキャナンが提唱した「居住環境地域」の意義に関する認識が広まり、先述の「居住環境整備事業」が開始されるなど、交通需要を適切に管理する取組が始まった。

4 ──わが国における自動車と居住環境

人々の行き交う道路は、コミュニティの中心としての役割を担っていた。「都市に住んでいる勤労者の家族にとっては、自分の家の周囲の道路そのものが、夕涼みの場、ひなたぼっこの場、子供の遊び場、あるいは隣人との話合いの場でもあった」（高橋、1967）注23のである。しかしながら、車社会化が進展し、自動車交通量が増えてくるにつれ、交通事故の危険性や排気ガスの影響への懸念から、道路で遊ぶことなど叶わなくなった。「クルマから出る排気ガスの直撃を受けるのは、背が小さな子どもたちだ。自動車のせいで道路では遊んではいけないといわれるし、毎日の通学においては、母から「車に気をつけて」といわれない日はなかった」（今泉、2008）注24。

図3·20　通過交通による買い物空間の魅力減（京都市東山区、2022年11月）

厚生労働省の「人口動態統計」によると、わが国においては、子ども

図3·21　押し寄せるクルマと歴史的観光地の景観（高野山、2022年11月）

図3·22　クルマを気にせず散策できる通り（伊勢市おかげ横町、2020年6月）

の死因の上位には交通事故を含む不慮の事故がある。2021年には、5～9歳が22人、10～14歳が13人、15～19歳が133人、交通事故で亡くなっている。

生活道路の抜け道化もよく見られる。通過交通がひっきりなく通る商店街では、車が気になり安心して買い物ができない（図3･20）。

道路空間の「クルマの通り道」あるいは「クルマの置き場」としての単一機能化は、わが国の各所で景観への悪影響をもたらしてもいる。図3･21は、歴史あるまちなみに押し寄せたクルマの群れである。両岸をコンクリートで固められた河川や、次々に駐車場化していく鎮守の森や古いまちなみ、頭上を走る何本もの電線、そして道路沿いに林立するけばけばしい広告類……わが国では伝統的な景観がためらいもなく破壊されてきた。図3･20から図3･22を見て、クルマが抑制されたまちや観光地と、クルマが押し寄せる場所のどちらが情緒にあふれ、深呼吸でき、心の底からリラックスできるかを考えてほしい。

5 ── 自動車依存と中心市街地の衰退

わが国の地方都市では、シャッター通りと化した商店街を目にすることが多い。かつては隆盛を誇った中心商店街も、今やこのような状態である（図3･23）。一方、郊外の商業集積は賑わいを見せている（図3･24）。

わが国の地方都市圏では、商業機能だけではなく、居住機能、業務機能、行政機能、大学機能、医療福祉機能といったさまざまな都市機能が中心市街地から郊外へと移転したり、郊外に新設されたりしてきた。和歌山市では和歌山大学が1985年より翌年にかけて中心市街地近傍から郊外に移転したのを皮切り

和歌山市のぶらくり丁商店街（1955年）

同2021年4月3日（土）12時半頃

図3･23　衰退した中心商店街

出典（左）：和歌山大学柑芦会（1987）『名草が原に芦萌ゆる』p.73より引用

郊外に移転した和歌山大学（2021 年 9 月 18 日）

丘陵上に設置された和歌山県立情報交流センター「Big・U」。極めて上質の複合文化施設であるが、公共交通の便がない（2021 年 9 月 8 日）

図 3･25　郊外に移転・設置された都市機能の例

図 3･24　賑わう郊外型大規模ショッピングモール（和歌山市、2021 年 5 月 9 日（日）正午頃）

に、和歌山信愛女子短期大学が 1990 年に、和歌山県立医科大学が 1998 年に、それぞれ中心市街地から郊外へと移転した。和歌山県田辺市では、丘陵上に県立の複合文化施設が設置され、中心市街地から移転した図書館もそこに入居しているが、最寄のバス停まで 900 m 離れており、車利用前提となっている（図 3･25）。

6 ── 自動車依存とコミュニティの衰退

車社会化がわが国以上に進んだ米国では、「“わが家、わが町” と呼べるようなコミュニティとの関わりが減っているという。(中略)ショッピングセンターがコミュニケーションの場を提供するのだが、車で出かける買い物では隣人との触れ合いは薄い」（川村・小門、1995）[注 25]。テレビの普及等も手伝って人間関係が希薄になり、地域への関心が薄れ、集会やボランティア活動への参加率が低下し、治安や福祉といった社会環境の悪化が懸念されている。このような状況に危機感を持ったポートランドでは 1990 年代から、道路交差点などの公共空間を住民交流の場に変えようという市民運動が進められている。「シティリペア」というこの運動では、建物や路面の塗装をカラフルなものとしたり、歩道に環境負荷の少ない材料でつくったベンチを置いたり、循環型の生活を実践するためのパーマカルチャーを設けたり、本棚、伝言板、子どもの遊び場、喫茶スペースを設置するなどの作業が住民自身の手によって行われ、今では市内の約100か所にまで広がっている[注26]（図3･26）。

図3･26　ポートランドのシティリペア運動
出典：The City Repair Project のウェブサイトより引用
https://cityrepair.org/street-painting-examples/（最終閲覧日：2023年1月25日）

こういった場は、人々が対面で緩くつながる「サードプレイス」[注27]としても機能する。サードプレイスは1980年代に米国の社会学者レイ・オルデンバーグが提唱したもので、居心地が良く、誰にでも開かれ、会話を楽しめる場とされる。出入り自由で軽く、緩くつながることのできる「第三の居場所」が都市のあちこちに用意されていることで、人々はお金や地位、モノでは計測できない自分ならではの幸せを見つけることができるのではないか。

第4章

経済から見る

4・1 経済系のSDGsと交通関連のターゲット

SDGsにおける経済系の目標は、目標8 **働きがいも経済成長も**、目標9 **産業と技術革新の基盤をつくろう**、目標10 **人や国の不平等をなくそう**、目標12 **つくる責任、つかう責任**の四つである。表4・1に経済系のSDGsと交通関連のターゲットを整理する。

4・2 交通分野の労働環境

目標8のターゲットのうち、「8.5 2030年までに、若者や障害者を含むすべての男性及び女性の、完全かつ生産的な雇用及び働きがいのある人間らしい仕事、ならびに同一価値の労働についての同一賃金を達成する」「8.8（前略）すべての労働者の権利を保護し、安全・安心な労働環境を促進する」は、交通分野の労働環境の向上に関するものである。

近年、わが国は少子高齢化による深刻な労働力不足に直面している。帝国データバンク（2022）[注1]によると、企業の47.7%で正社員が不足し、28.5%で非正規社員が不足している状況にあり、コロナ禍前の水準に近づいているという。

そういった中でも特に人手不足が深刻なのが輸送業界である。2022年12月の自動車運転の職業の有効求人倍率（パートを含む常用）は2.65倍で、全職業計（1.31倍）の2倍以上の水準にある[注2]。輸送業界のうち乗合バス業界につい

表 4･1　経済系の SDGs と交通関連のターゲット

目標と標語	目標の説明	交通関連のターゲット
目標 8 **働きがいも経済成長も**	包摂的かつ持続可能な経済成長及びすべての人々の完全かつ生産的な雇用と働きがいのある人間らしい雇用（ディーセント・ワーク）を促進する	8.5　2030 年までに、若者や障害者を含むすべての男性及び女性の、完全かつ生産的な雇用及び働きがいのある人間らしい仕事、ならび同一価値の労働についての同一賃金を達成する 8.8　（前略）すべての労働者の権利を保護し、安全・安心な労働環境を促進する
目標 9 **産業と技術革新の基盤をつくろう**	強靱（レジリエント）なインフラ構築、包摂的かつ持続可能な産業化の促進及びイノベーションの推進を図る	9.1　すべての人々に安価で公平なアクセスに重点を置いた経済発展と人間の福祉を支援するために、地域・越境インフラを含む質の高い、信頼でき、持続可能かつ強靱（レジリエント）なインフラを開発する 9.5　2030 年までにイノベーションを促進させることや(中略)すべての国々の産業セクターにおける科学研究を促進し、技術能力を向上させる
目標 10 **人や国の不平等をなくそう**	各国内及び各国間の不平等を是正する	10.2　2030 年までに、年齢、性別、障害、人種、民族、出自、宗教、あるいは経済的地位その他の状況に関わりなく、すべての人々のエンパワーメント及び社会的、経済的及び政治的な包含を促進する 10.4　税制、賃金、社会保障政策をはじめとする政策を導入し、平等の拡大を漸進的に達成する
目標 12 **つくる責任、つかう責任**	持続可能な生産消費形態を確保する	12.8　2030 年までに、人々があらゆる場所において、持続可能な開発及び自然と調和したライフスタイルに関する情報と意識を持つようにする

注：訳は外務省「JAPAN SDGs Action Platform」による

ては、福本（2015）によると「事業者は利用者の減少による減収局面においても従前のサービスを維持すべく、ドライバーの労働量を増加させながら、人件費を削減するという合理化を行ってきた」「こうして人件費を抑制した結果、大型二種免許取得の困難さも相まって、乗合バスドライバーは職業としての魅力を失ってしまった」[注3]という。また、タクシー業界については「利用者が減少し営業収入を得にくくなっているにもかかわらず、車両数や運転者数といった供給側には大きな変化がないため、少ないパイを取り合う状況となっており、歩合制の給与体系が多いことも相まってドライバーの収入減少につながっている」[注4]という。

輸送業界の担い手不足は、地域の公共交通にも影響を及ぼしている。新型コロナウイルスの感染拡大前から「バス 4 社が 19 年度に 10 路線減便、運転手確保厳しく」（琉球新報、2021 年 10 月 17 日付）、「黒字でも運転手不足……、循環バス 3 割減便、盛岡」（朝日新聞、2019 年 5 月 17 日付）、「とさでん交通の働き方改革、土日祝の路面電車を減便へ」（高知新聞、2019年11月21日付）といった状況となっており、NHKも特設サイトで「今、全国の路線バスが大変なことになっています。運転手不足で、赤字路線だけでなく、大都市部の黒字路線までも減便・廃止せざるをえない事態になっているのです」[注5]などと報じていた。こういった状況がコロナ禍でさらに悪化し、「南国交通バス減便、来年3月まで延長、運転手不足が慢性化」（南日本新聞、2022年9月23日付）、「滋賀の路線バス、通常から7%減便、コロナで運転手不足、17～28日平日」（京都新聞、2022年8月5日付）、「熊本県内の路線バスが相次ぎ減便、コロナ感染再拡大、運転手不足」（熊本日日新聞、2022年8月2日付）といった事態になっている。このように労働環境の向上は交通サービスの持続可能性に深く関連している。

4・3 交通基盤の持続可能性や強靱性

1 ──交通基盤の持続可能性や強靱性に関するターゲット

目標9 のターゲット9.1「すべての人々に安価で公平なアクセスに重点を置いた経済発展と人間の福祉を支援するために、地域・越境インフラを含む質の高い、信頼でき、持続可能かつ強靱（レジリエント）なインフラを開発する」は、さまざまな環境変化にしなやかに対応できる交通基盤の構築に関するものである。

SDGs推進本部が2021年12月に公表した「SDGsアクションプラン2022」[注6]には、「交通に関する施策の総合的かつ計画的な推進」として「使いやすい交通の実現、国際・地域間の旅客交通・物流ネットワークの構築、持続可能で安心・安全な交通に向けた基盤づくりなど、交通に関する施策を総合的かつ計画的に推進する」が盛り込まれている。また、「「コンパクト・プラス・ネットワーク」の推進」「安全（Safe）、スマート（Smart）、持続可能（Sustainable）な道路交通システムの構築」も掲げられている。

2 ──道路投資は持続可能か

自動車の普及を受けて、1955年度には623億円（GDP比0.72%）であったわが国の道路投資額は年々増え続け、1967年度以降は毎年1兆円を越える規模となり、1989年度にはついに10兆円を突破して、1998年度には最高値の約15兆4000億円となった。この年度のGDP比は3.01%であり、1955年度との差は著しい。それ以後、道路投資額は減少傾向となっているが、引き続き毎年度数兆円〜十数兆円の規模の投資が続けられている。

果たして日本の道路投資は持続可能なのか。次項以降ではこのことについて考えてみたい。

3 ——国と地方の長期債務残高と道路投資

日本の国と地方の長期債務残高は膨らみ続けており、2022年度予算では約1244兆円に達している（図4・1）。IMFが2022年に発表した資料[注7]によると、日本の2021年の債務残高のGDP比はOECD諸国で最悪の水準となっている。

このような中、全国で2019年度に執行された道路事業費は、国と地方公共団体、その他の負担になるものが約6兆6497億円であり、これに各高速道路会社の事業費等を合算すればおよそ8兆1231億円に上る[注8]。

和歌山県が2021年度に支出した道路橋梁費と街路事業費は約772億円で、これは一般会計歳出額約6616億円の約11.7%に相当する[注9]。

和歌山都市圏で近年開通した主な道路を例に取ると、2022年3月25日に全通

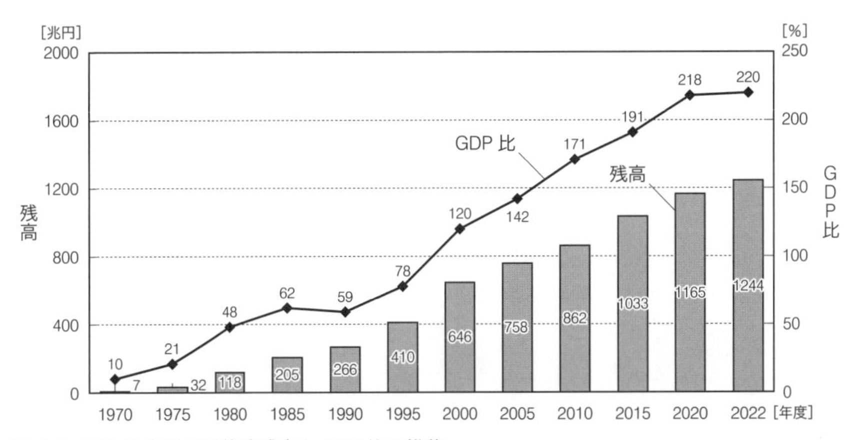

図4・1　国と地方の長期債務残高とGDP比の推移

注：2020年度までの長期債務残高は実績値、2022年度は予算である。2020年度までのGDPは実績値、2022年度は政府経済見通しによる

出典：財務省『財政関係基礎データ（令和4年4月）』より作成

図 4･2　整備途上にあった都市計画道路西脇山口線（和歌山市内、2013 年 5 月）

した都市計画道路西脇山口線（代表幅員 20 〜 25 m（車道 4 車線＋自歩道）、和歌山市磯の浦〜同市里間、延長約 17 km）（図 4･2）の総事業費が約 500 億円（1 km あたり約 29.4 億円）となっている[注10]。道路は整備しただけでは済まず、未来永劫、維持費もかかってくる。

4 ── わが国の道路整備水準

わが国の道路整備水準に不足があれば、潤沢な投資を続ける必要がある。

図 4･3 は、OECD（経済協力開発機構）に加盟する国々のうち、可住地面積あたりの人口密度が比較的高い国について、道路整備の水準を比較したものである。これによると、わが国は先進国中、韓国に次ぐ可住地面積あたり人口を有しているが、「可住地面積あたり道路延長」「総面積あたり道路延長」「人口あたり道路延長」のいずれの指標で見てもその韓国を大きく上回っている。欧州の国々と比べてみても、総面積あたりの道路延長ではベルギーとオランダに次

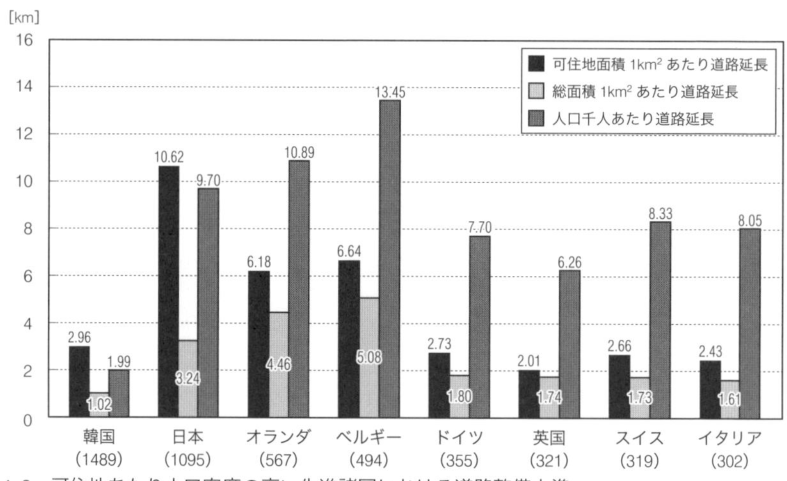

図 4･3　可住地あたり人口密度の高い先進諸国における道路整備水準

注 1：国名横の（　）内は可住地 1 km² あたりの人口である

注 2：可住地面積は 2018 年、総面積は 2019 年、人口は 2019 年、道路延長は 2017 年（イタリアのみ 2005 年）のデータである

出典：World Bank, *World Development Indicators*、総務省『世界の統計』、国土交通省『道路統計年報』より作成

いで3位、可住地面積あたりでは図4･3に掲載されている国はおろか世界でも飛び抜けて高い水準である。人口あたりの道路延長でも、ベルギーやオランダには及ばないものの、ドイツ、イタリア、英国というG7諸国と同等以上の水準にある。

読者の中には「わが国の道路は、可住地面積あたり等の距離は長いが、幅は狭いのではないか？」との疑問を持つ人もいるだろう。そこで次に、国道クラスの道路の4車線以上化率を比較してみよう。国土交通省によると、1999年の英国が14.3%、2001年のフランスと米国がそれぞれ21.0%と39.6%、同年の日本が12.1%であった[注11]。その後わが国の4車線以上化は順調に進捗しており、2020年には14.8%[注12]となったが、これは1990年代後半の英国と同等の水準である。

以上のように、わが国の道路整備水準は、可住地面積あたりの距離で世界トップクラス、人口あたりの距離でもドイツ、イタリア、英国と同等以上、国道の4車線化率でも先進国に相応しい水準に達している。広域農道などの基幹的な農道・林道も考慮すれば、わが国の道路整備水準はさらに高まる。先進国中最悪の財政状況の中にあって、わが国の道路投資額は減少傾向にあるとは言え2019年度でも8兆円強の規模となっていることから、指標にもよるが既に道路整備水準が先進国中、上位から中上位の高い水準にありながら、今なお財政悪化を顧みずに道路整備に金を使い続けている、との見方もできる。

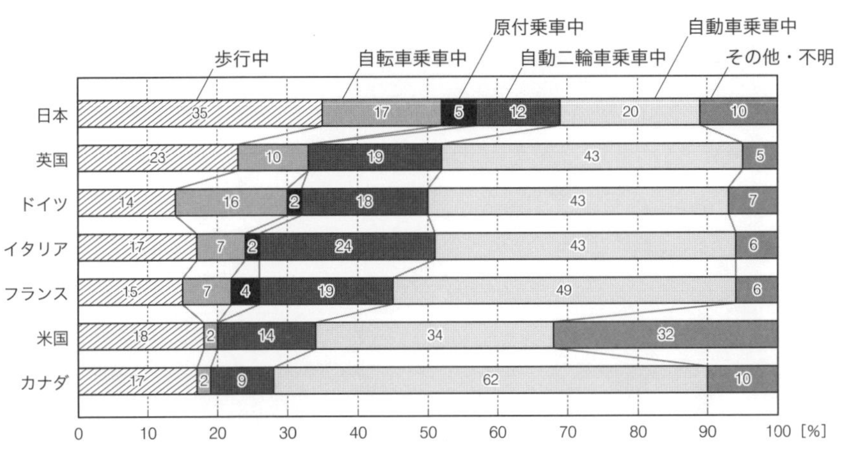

図4･4　G7諸国における交通死亡事故の状況の比較

注：カナダは2018年、米国は2019年、その他は2020年

出典：IRTAD, *Road Safety Annual Report 2022* より作成

しかし、わが国の道路にはまだ投資が必要な分野もある。その一つが誰もが安心して利用できる歩行環境の整備である。わが国の2019年現在の歩道設置率は14.8%であり、2006年の12.8%からわずか2ポイントの上昇にとどまっている。わが国は交通死亡事故における歩行中や自転車乗車中の割合がG7諸国の中で最も高い（図4･4）。繰り返すようであるが、SDGsの**目標11**は**包摂的で安全かつ強靭（レジリエント）で持続可能な都市及び人間居住を実現する**となっている。交通システムのバリアフリー化の観点からも、安全な歩道の設置や自転車通行環境の整備は急がれるべきである（図4･5）。

また、わが国では環状道路の整備に遅れが見られる。環状道路がないと、用

拡幅前の県道7号。歩道が設置されていない（和歌山市園部、2008年4月）

拡幅中の県道7号。幅の広い歩道と視覚障害者用誘導ブロックが設置された（和歌山市大谷、2008年4月）

図4･5　道路の拡幅とバリアフリー度や安全性の高まり

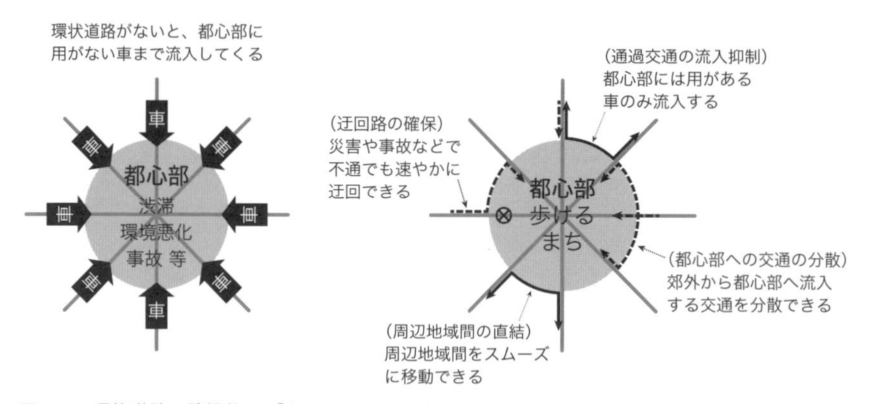

図4･6　環状道路の諸機能と「歩けるまち」の実現

のない通過交通の流入によって、都心部では渋滞、交通事故、環境悪化といった問題が発生する（図4･6）。環状道路を整備した上で、車の流入を制限する方策や、公共交通・自転車・徒歩の環境整備を合わせて行うと、都心部の自動車交通量が減る。そうすると都心部は車を気にせずに安心してゆっくりと「歩けるまち（ウォーカブルタウン）」になる。その他にも環状道路には、災害時などの迂回路の確保といった交通ネットワーク強靭化への貢献や、周辺地域間の直結といった機能がある。つまり環状道路は、安全で持続可能でレジリエントな都市づくりに資する機能を有しているのである。

関西経済連合会（2022）[注13]によると、わが国では東京2020オリンピック・パラリンピック競技大会に向けて首都圏の環状道路整備が進められたほか、中部圏でもすべての環状道路ネットワークが事業着手されている。関西圏でも2022年8月現在、神戸西バイパス、大阪湾岸道路西伸部、名神湾岸連絡線、淀川左岸線（2期）、淀川左岸線延伸部、大和北道路などが事業中となっているが、環状道路ネットワークの完成には相当程度の時間が必要な状況である。一方、近隣諸国では北京やソウルの環状道路整備率が100%となっている。

以上のように今後は自動車のスムーズな通行を最優先に考えた道路の整備から、安全で快適な歩行空間を備えた生活道路の整備へと重点を大きく転換するとともに、幹線道路の整備についても真に必要な事業の見極めが必要になる。

5 ── 自動車依存型都市圏と空間の浪費

自動車は、空間浪費型の交通手段でもある。

図4･7は、都市内での各交通機関の輸送能力と表定速度を示したものである。この図から地下鉄は3mの幅があれば1時間で3～6万人もの人を30km輸送する能力を持つ。幅3mは鉄軌道なら複線のうち1方向分、道路なら1車線分と考えることができる。中量軌道の一種であるモノレールやAGT（ニュートラムなどのいわゆる新交通システム）なら同じく1～2万人を27km輸送することができ、路面電車やLRTなら同じく3000～1万1000人を15km、バスでも3000～6000人を12km輸送することができるのである。これらに対して乗用車は、3mの幅で1時間あたり620人を18km輸送する能力を持つに過ぎない。

つまり、複線の路面電車やLRTの輸送能力は、片側5車線以上の道路に匹敵するし、複線の地下鉄の輸送能力ともなれば、道路にして片側数十車線以上となる。その上、自動車には駐車スペースも必要となる。このように考えると、自動車に依存した都市が、道路と駐車場のためにいかに莫大な空間を消費する

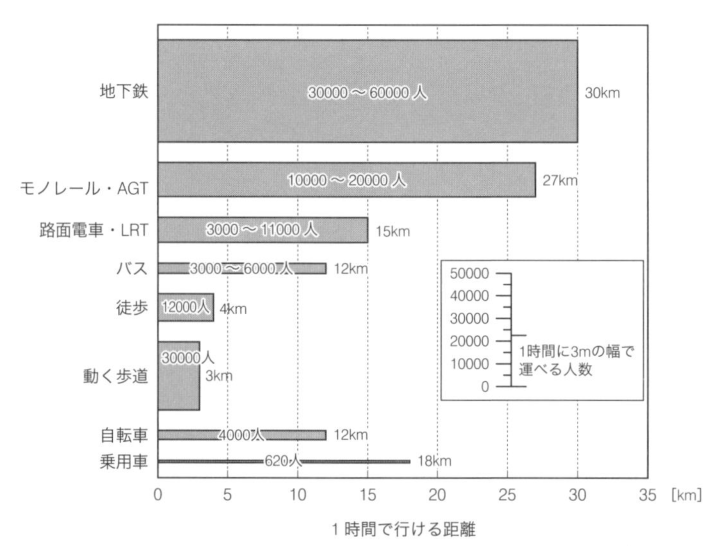

図 4・7　都市内での交通機関の輸送能力と表定速度

出典：天野光三編（1985）『都市交通のはなしⅠ』技報堂出版、p.3 に加筆

注：表定速度とは、ある区間における、停車時間も含めた平均速度のこと

エンゼル・スタジアム・オブ・アナハイムと周辺地域

阪神甲子園球場と周辺地域

図 4・8　自動車依存度と道路・駐車場空間

注：両球場の中堅（ホームベースからセカンド方向にフェンスまで）は約 120m

出典：U.S. Geological Survey および国土地理院ウェブサイト（2022 年取得）
https://maps.gsi.go.jp/#17/34.721328/135.361589/&base=ort&ls=ort&disp=1&vs=c1g1j0h0k0l0u0t0z0r0s0m0f1&d=m

かが理解できるであろう。都市空間浪費都市では、道路空間や駐車場空間の確保・維持のために莫大な財源が投入されてもいる。

図4･8は、自動車依存の進んだ米国のロサンゼルス大都市圏（人口約1320万人）にあるエンゼル・スタジアム・オブ・アナハイム周辺と、日本の近畿大都市圏（人口約1930万人）にある阪神甲子園球場周辺をほぼ同一縮尺で比較した写真である。前者はメジャーリーグベースボールのロサンゼルス・エンゼルスの本拠地であり、周囲は見渡す限りの駐車場となっている。後者はプロ野球セントラルリーグの阪神タイガースの本拠地であり、至近距離に鉄道駅が設けられているが、併設駐車場はなく、周囲は稠密な市街地となっている。

4･4 交通分野におけるイノベーション

SDGsのターゲット9.5は「2030年までにイノベーションを促進させることや（中略）すべての国々の産業セクターにおける科学研究を促進し、技術能力を向上させる」であるが、これは交通分野におけるイノベーションに関連するものである。

わが国では1960年代から自動車が急速に普及し、経済成長に寄与してきた。佐和は、「20世紀の経済発展･成長の半分以上が自動車によって達成されたといっても決して過言ではあるまい」[注14]としている。日本自動車工業会[注15]によると、2021年のわが国の自動車関連就業人口は約552万人で、2005年から約57万人増加した。その内訳は製造部門に約89万人、利用部門（道路貨物運送業や駐車場業など）に約272万人、関連部門（ガソリンスタンドや金融･保険業）に約40万人、資材部門に約50万人、販売・整備部門に約102万人と幅広く、この傾向は2005年から変わっていない。全就業人口に占める比率は2005年の7.8%から2021年には8.3%へと上昇している。このように、間もなく21世紀中盤を迎えようとするわが国の経済において、自動車関連産業の重要性は引き続き非常に高いものと考えられる。

また、総務省統計局の「労働力調査」によると、わが国には2022年10～12月期現在、運輸業・郵便業の就業者が約346万人（全就業者数約6732万人の5.1%）いて、うち約27万人が鉄道業に、約40万人が道路旅客運送業に、約

198万人が道路貨物運送業に、約5万人が水運業に、約6万人が航空運輸業に、約28万人が倉庫業に、約32万人が運輸に附帯するサービス業に、約11万人が郵便業に就いている。これらのうち道路貨物運送業などの就業人口は上記の自動車関連のものと重複するが、それを差し引いても百数十万人（全就業者数の2％程度）の就業人口と考えられる。これに加え、鉄道車両や船舶などの製造部門や、資材部門、整備部門の就業人口も一定数存在する。

このように交通関連産業はわが国の一大産業分野を形成しており、そこでのイノベーションは日本の将来にとって極めて重要である。そのような中、自動車産業では「CASE」と呼ばれるイノベーションが進みつつある。CASEとはConnected（コネクティッド）、Autonomous/Automated（自動化）、Shared（シェアリング）、Electric（電動化）の頭文字を取ったものである。経済産業省・厚生労働省・文部科学省（2022）[注16]によると、輸送関連をはじめとするわが国の製造業では、人権を尊重したビジネスへの取組や、カーボンニュートラルの実現に向けた取組も進捗している。

公共交通分野においても、列車の自動運転や燃料電池列車の実証実験、燃料電池バスの営業路線での運行（図4･9）、ハイブリッド列車や蓄電池駆動電車の投入、オフピーク定期券の導入といったイノベーションが進んでおり[注17]、2023年4月には特定条件下で完全自動運転（レベル4）の公道走行が解禁される予定である[注18]。

わが国は海外から輸入した資源をもとに高品質な中間財や最終製品を製造し、輸出することで経済を発展させてきた。2022年現在、年平均で1ドル＝約132円の円安となっているが、この危機を逆手にとって自動車をはじめとする輸送用機器のイノベーションをさらに進め、輸出促進、所得増大の好循環へとつなげることが求められる。

また、交通に関する多様な課題がある中、新しい技術や柔軟な発想によるイノベーティブな対応が必要という側面もある。SDGs推進本部の

図4･9　営業運行する燃料電池バス（姫路市、2022年6月）

「SDGs アクションプラン 2022」には、「スマートシティの取組の推進」「海の次世代モビリティの社会実装に向けた調査検討」「宿泊施設、観光地、公共交通機関のバリアフリー化の促進等」「ユニバーサルツーリズムの促進」「多様な広域連携の促進」といった施策が提示されている。

これらのうち、スマートシティとは「先進的技術や新たなモビリティサービスである MaaS（Mobility as a Service）、官民データ等をまちづくりに取り入れ、市民生活・都市活動や都市インフラの管理・活用の高度化・効率化や施設立地の最適化、データ連携基盤の構築など都市のマネジメントを最適化し都市・地域課題の解決を図る」（SDGs アクションプラン 2022）取組である。

和歌山県太地町では 2022 年 8 月から自動運転の小型電動カートを使い、スーパー、診療所、役場などを周回させる実証実験を行い、同年 11 月からは本格運行に移行した（図 4･10）[注19]。

福井県永平寺町では 2023 年度にも日本初の「レベル 4」の自動運転が本格的に開始される予定である。レベル 4 は限定された区間でシステムがすべての運転操作を行う段階であり、完全自動運転（レベル 5）の一つ前の段階にあたる[注20]。

和歌山県すさみ町などではドローンや小型ロボットを使った買い物支援の実証実験が行われた[注21]。

2025 年大阪・関西万博での「エアタクシー」としての実用化に向けて、トヨタ自動車出身者等が設立した新興企業・スカイドライブが「空飛ぶクルマ」を開発中である。この新しい乗り物の最高速度は時速 100 km で、垂直離着陸ができ、航続距離は 10 km、パイロットを含めて 2 人乗りである。万博後は救急現場や過疎地域での活用が想定されている[注22]。なお、同万博の「空飛ぶクルマ」の運航事業者にはスカイドライブのほか、日本航空など計 4 陣営が選定されている[注23]。

図 4･10　電磁誘導式で自動運転されるグリーンスローモビリティ（和歌山県太刀町、2022 年 11 月）

海の次世代モビリティとは、無人航行船（ASV：Autonomous Surface Vehicle）などのことである。日本離島センター[注24]によると、日本の離島の振興を図る五つの法律に指定されている有人離島は約300島あり、それらの課題解決への貢献が期待されるものであるが、本書ではここで触れるにとどめておく。

公共交通機関等のバリアフリー化については、7章で述べる。

多様な広域連携とは、連携中枢都市圏などの取組のことである。連携中枢都市圏とは、「地域において、相当の規模と中核性を備える圏域の中心都市が近隣の市町村と連携し、コンパクト化とネットワーク化により「経済成長のけん引」、「高次都市機能の集積・強化」および「生活関連機能サービスの向上」を行うことにより、人口減少・少子高齢社会においても一定の圏域人口を有し活力ある社会経済を維持するための拠点を形成する政策」（総務省）注25であり、2022年4月現在全国に37圏が存在している。こういった広域連携は、圏域内を連結する交通ネットワークなくしては実現しないものである。

4・5 交通システムはみんなに平等か

目標10のターゲットのうち、10.2「2030年までに、年齢、性別、障害、人種、民族、出自、宗教、あるいは経済的地位その他の状況に関わりなく、全ての人々の能力強化及び社会的、経済的及び政治的な包含を促進する」は、社会的包摂（ソーシャル・インクルージョン）に関する内容を含んでいる。また10.4「税制、賃金、社会保障政策をはじめとする政策を導入し、平等の拡大を漸進的に達成する」は、年齢、性別、障がい、経済状態などにかかわらず、すべての人がお出かけしやすい交通体系の構築に関するターゲットである。

社会的包摂や平等に関することとして、わが国おける道路整備率の地域間格差を見てみよう。表4・2にあるように、改良率や整備率、歩道設置率で比較すると、都道府県ごとにかなりの差があることがわかる。

図4・11　未改良県道の例（和歌山市山東中、2020年11月）

図4・11は、和歌山市にある未改

表 4･2　道路整備の地域間格差（2020 年 3 月現在）

	改良率＊1		整備率＊2		歩道設置率＊3	
1 位	富　山	78.8%	石　川	73.3%	沖　縄	31.2%
2 位	**大　阪**	**76.4%**	北海道	72.6%	東　京	24.8%
3 位	石　川	76.3%	富　山	72.5%	北海道	22.8%
4 位	東　京	74.2%	**大　阪**	**72.2%**	**大　阪**	**22.1%**
5 位	北海道	73.1%	鹿児島	70.0%	神奈川	18.7%
～中略～						
全国計	62.5%		60.1%		14.9%	
～中略～						
43 位	**奈　良**	**48.3%**	岡　山	46.5%	群　馬	9.5%
44 位	岡　山	48.2%	**和歌山**	**45.4%**	**和歌山**	**9.4%**
45 位	**和歌山**	**47.8%**	**徳　島**	**45.2%**	長　野	8.1%
46 位	**徳　島**	**47.3%**	**奈　良**	**44.2%**	岡　山	7.8%
47 位	茨　城	43.4%	茨　城	41.8%	**徳　島**	**6.7%**
備考					**奈良は 11.4%で 38 位**	

注：＊1　改良率とは、車両がすれ違える幅 5.5m 以上の改良済の区間の延長割合
　＊2　整備率とは、改良後、容量以下に車が流れている（混雑率が 1 以下の）道路の延長割合
　＊3　歩道設置率とは道路延長のうち歩道（縁石、防護柵等により車道部と区画されたものなど）が設けられたものの率
出典：国土交通省道路局監修『道路統計年報 2021』より作成

良県道の例である。和歌山電鐵貴志川線山東駅付近にあるこの県道 138 号は、小学校の通学路に指定されているが、幅員は5.5m未満であり、側溝への蓋がけもなされておらず、危険な状態となっている。

このように道路整備の地域間格差は大きく、その是正は課題である。

4･6　つくる責任、つかう責任：社会的価値を踏まえた交通まちづくり

1 ──交通サービスの社会的価値

目標 12 のターゲットのうち、12.8「2030 年までに、人々があらゆる場所において、持続可能な開発及び自然と調和したライフスタイルに関する情報と意識を持つようにする」は、人々（私たち自身や、政府・企業などの組織）が交通システムをかしこくつくり、かしこくつかうことを求めている。

3 章で見たように、わが国の地域公共交通には不採算のものが多く見られ、駅前などに広がる市街地も閑散とした状況にある。「採算の取れない公共交通

表 4･3　社会的価値とその内訳

利用者への効果	地域社会への効果	交通サービス供給者への効果	その他の効果
・所要時間の短縮 ・費用の節減 ・混雑の緩和 ・快適性の向上 など	・道路交通混雑の緩和 ・道路交通事故の削減 ・騒音や振動の減少 ・環境負荷の低減 ・生態系の保全 ・エネルギー消費量の削減 など	・収入の変化 ・維持運営費の変化 など	・リダンダンシーの確保 など

やシャッター街など不要ではないか？」との早まった結論も聞こえてきそうである。しかし、SDGs なまちづくりに果たす役割という観点から公共交通や市街地の価値を評価するならば、結論は全く違ったものとなる。ともすれば採算性に目を奪われがちであるが、交通システムが整備・維持されることによって利益を受けるのは、利用者だけではない。普段は利用しない人も含めて、地域社会全体が利益を受けている。したがって、収入や維持運営費といった採算性の観点だけではなく、社会的価値（事業の全体効果）の観点にたった議論が必要である（表 4･3）。採算が取れるか取れないかも大事だが、それ以上に、社会的に見て黒字かどうかが大事なのである。

2 ── 公共交通の社会的価値と独立採算原則：日本と欧米の考え方の違い

わが国では、公共交通の整備・運営に要する費用は、公共交通を利用する人の負担によってまかなわれるのが筋であるとの考え方が採られてきた。つまり、交通事業者は基本的に独立採算すべきだとの考え方である。

一方、欧米では、公共交通は道路や上下水道と同じく、都市になくてはならないインフラストラクチャー（基盤施設）なので、たとえ採算がとれなくても公的資金の導入により整備して当然だとの考え方が採られてきた。つまり、独立採算にはこだわらないのである。公共交通は赤字で当たり前であり、良好な都市環境の維持やモビリティ確保のために必要なものだから採算は二の次だという考え方である。

先進各国の地域交通の財務を比較した南（2022）[注 26] によると、公共交通の運営費用を運賃収入で完全にカバーしている国はない（図 4･12）。運賃収入でカバーしている運営費用の割合は、英国で 57%、ドイツで 42%、フランスで

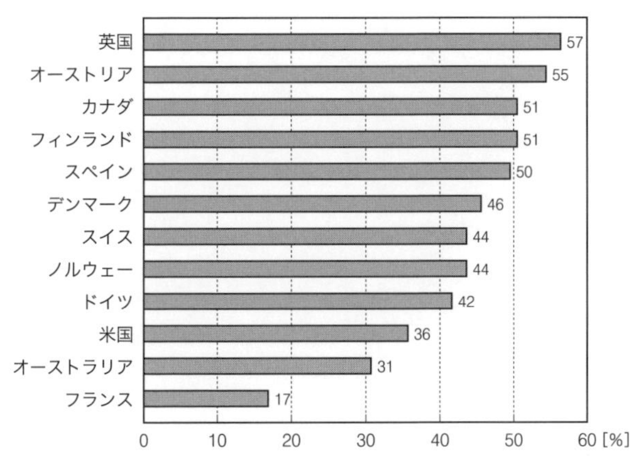

図 4・12　公共交通における運賃収入の運営費用カバー率

注：運賃収入の運営費用カバー率とは、運営費に対する運賃収入の割合のことである。ただし運営費における減価償却費の扱いは国によって異なる。英国はバスの運営費のみの数値である

出典：南聡一郎 (2022)「地方都市圏におけるモード横断的な公共交通の財務についての調査研究」国土交通政策研究所研究発表会資料より作成
https://www.mlit.go.jp/pri/kouenkai/syousai/pdf/research_p220607/03.pdf（2023 年 1 月 18 日最終閲覧）

は 17%である。つまり日本の独立採算原則はいわゆる「ガラパゴス」な考え方である。

9 章のストラスブール（フランス）の例では、運営費の 40%を運賃収入でまかない、残りの 60%は交通税（事業所が従業員給与の 1.75%を支出）や沿線自治体からの補助金で補てんしている。日本で同様の赤字を出していれば、赤字のツケが市民に回っている等との批判が起きるかも知れないが、ストラスブールでは「市民から強い批判の声は上がっていない」のである[注 27]。同市では中心部の駐車場を減らす一方で、自転車道を増やし、郊外の LRT 駅に併設された駐車場に停めて駐車料金を払えば LRT やバスの一日乗り放題の切符が無料支給されるといった大胆な施策を行っている。このような施策の背景には、公共交通の社会的価値に対する適切な認識がある。

図 4・13 は、オーストリアのマリアツェル鉄道である[注 28]。このローカル鉄道はウィーン近郊のザンクト・ペルテン中央駅からマリアツェル駅を路線距離 84.2 km で結んでいる。運営主体は、ニーダーエスターライヒ州が 100%出資するニーダーエスターライヒ交通会社（Niederösterreichische Verkehrsorganisationsgesellschaft m.b.H., NÖVOG）である。

図 4･13　社会的価値の観点から手厚い補助が講じられたローカル鉄道（マリアツェル鉄道、2019年 9 月）

同州は、数千人の学童と通勤者が毎日、オーストリア北部の地域鉄道を利用しており、沿線地域の観光振興にも貢献していること、環境に優しい交通手段であること等から、「地域の鉄道は公共交通のバックボーンである」と位置づけ、輸送サービスの改善に取り組んできた。たとえば運行頻度を 30 分ごとや 1 時間ごとにしたり、接続を改善する等によって、路線によっては最大 20%もの乗客増を達成したという。同州が 2010 年から 2019 年 5 月にかけて、NÖVOG の鉄道駅、新しい軌道システムなどに投じた金額は、合計 2 億 400 万ユーロ（2022 年間平均の為替レートで約 285 億円）に上る。

マリアツェル鉄道には 1 億 2700 万ユーロ（同約 177 億円）が投じられた。その内訳は 9 両の低床車両と 4 両のパノラマ車両（カバー表左下の写真参照）の導入（6500 万ユーロ、同約 91 億円）、ラウベンバッハミューレ駅へのオペレーションセンターの新設、ザンクト・ペルテン・アルパイン駅付近への新事務所の整備、軌道の強化、橋梁のリハビリ、信号機や踏切の安全性向上、電気設備関係等であった。その結果、車両の快適性やバリアフリー性が大きく向上したのみならず、ザンクト・ペルテン中央駅からマリアツェル駅までの所要時間が 2010 年から 2019 年で 15 分程度短縮され、パターンダイヤ化や連邦鉄道列車との接続改善もなされるなど、利便性が全般的に大きく改善した。

マリアツェル鉄道への手厚い投資を行ってきた州の知事は「マリアツェル鉄道は、地域にとって交通、経済、観光の面で大きな意義があり、重要な雇用も生み出している」「歴史的にも文化的にも信じられないほど貴重で、経済的にも非常に重要なマリアツェル鉄道は特別な宝石」「そして何よりも『地域全体の誇り』である。このため、2010年、ニーダーエスターライヒ州はこの宝石を廃止から守ることを決定した」とも述べている。

3 ── 公共交通財源強化の必要性

日本の鉄道整備費（都市・幹線鉄道整備費と新幹線鉄道整備費の計）は、国の2021年度決算における公共事業関係費支出済総額約8兆6000億円のうち約1059億円で、比率にして約1.2％に過ぎない。これに対して道路整備費はおよそ2兆1212億円で、比率にして約24.7％に達している[注29]。新型コロナ前の2015年度決算においても、公共事業関係費支出済総額約6兆3779億円に占める鉄道整備費の比率は約1.4％、道路整備費の比率は約21.5％であった[注30]。

3・2でみたように、2021年度の全国パーソントリップ調査[注31]によると、全国の平日の1日あたりの移動の14.2％、休日の1日あたりの移動の8.0％を鉄道が担っている。三大都市圏では順に24.4％、14.0％、地方都市圏でも順に3.7％、2.2％である。このような中、地球環境などへの貢献も考えれば、約1.2％という比率はあまりに少ない。また、地域交通の運行支援やインバウンド受入環境整備などのための国の地域公共交通関係予算は、総額で約1284億円（2022年度補正予算＋2023年度当初予算）である。その3年前までが400億円前後、コロナ禍で700億円台であったのと比べればかなり増額されたが、それでも道路整備費に比べれば圧倒的に少ない[注32]。

ドイツの事例から日本の地域交通の維持確保策を論じた遠藤（2020）は、「ドイツでは地域公共交通を社会基盤と位置付け、連邦法および州法に基づき関係者間の役割分担と財源措置が明確に規定されたうえで公共交通サービスが確保されている。一方、わが国では、地域と事業者の間で地域交通は誰が担うのかという費任の所在が未だ不明確で、自治体や住民の意識、その計画を輸送サービスに繋げるための体制人材、財源等が不充分である」[注33]と指摘している。

わが国においても、社会的価値を考慮した公共交通への財源再配分が必要と考えられ、近年ではそのための法制度や計画が次第に充実してきている。

2007年には「地域公共交通の活性化及び再生に関する法律」（通称：地域公共交通活性化再生法）が成立し、地域公共交通の活性化および再生の意義・目標等が基本方針として掲げられた。2011年には「地域公共交通確保維持改善事業」が創設された。その事業内容には、地域間交通ネットワークを形成する幹線バス交通の運行、車両購入支援、また過疎地域等でのコミュニティバスやデマンドタクシー等の運行、車両購入支援などが含まれている。これによって、複数市町村にまたがる地域間交通に対して、都道府県や市町村を主体とした協議会の取組が支援されるようになった。2013年には「交通政策基本法」が成立した。この法律では、交通に対する時代の要請に対応するとともに、関係者の協力の下で施策を策定・実行する体制を構築することとされており、まちづくりと一体となった公共交通ネットワークの維持・発展を通じた地域の活性化などが基本的な施策に定められている。2015年には、交通政策基本法に基づき、「交通政策基本計画」が策定された。同計画は2021年に「第2次交通政策基本計画」へと改定されている。

2023年2月10日には「地域公共交通の活性化及び再生に関する法律等の一部を改正する法律案」が閣議決定された。この法律案には、ローカル鉄道の再構築に関する仕組みの創設・拡充、バス・タクシー等地域交通の再構築に関する仕組みの拡充などが盛り込まれている。これを踏まえ、2023年度の国の予算案では、社会資本整備総合交付金の対象事業の中心となる「基幹事業」に「地域公共交通再構築事業」が加えられた。つまり、日本の地域公共交通が道路や都市公園などのような社会資本としてきちんと位置づけられ、従来を大きく上回る財政的支援等を受けることができるようになったわけである。ただし前述したように、地域公共交通や鉄道整備に関する財源はまだまだ少ない状況にあり、SDGs時代においてはさらなる強化が期待される。

4 ── 重要な「つかう責任」

環境・社会・経済の3側面に配慮しつつ、持続可能な形で交通システムを整備・維持するという「つくる責任」も重要であるが、同様に環境・社会・経済の3側面を考えて交通システムをかしこく「つかう責任」も重要である。

先述のように、自動車に依存しすぎるライフスタイルでは、環境・社会・経済のさまざまな面にひずみが生まれてしまう。人々の意識や行動を変えるための手法としては、5章に出てくるMM（モビリティ・マネジメント）がある。

第 2 部

SDGs 達成のための
交通まちづくり

第5章

意識づくりと交通行動の転換

――TDMとMM――

5・1 TDM（交通需要マネジメント）

1 ――交通網整備の新しい考え方

前章までで見たように、交通はSDGsの多数の目標とターゲットに関連している。まちの拡散と自動車への過度の依存は、環境・社会・経済のさまざまな面で悪影響をもたらしてきた。わが国の地方都市圏では、自動車利用を前提としたまちづくりを行う中で、まちは広がり、自動車は増加し、それに応じて道路が整備され、公共交通利用が減少し、さらに自動車への依存が進む、といった図式が見られた。環境・エネルギー面や財源面の制約をふまえれば、このような従来型の交通整備・運営はもはや限界に達している。

そこで、交通網整備の新しい考え方として、供給を必要最小限に抑えながら、需要のマネジメントで対処しようとするアプローチが出てきた。これは、新たな交通基盤整備、すなわち供給サイドからの対応を必要最小限に抑えつつ、需要サイドからの対応を行うことによって、モビリティ（移動しやすさ）を損なわず、できればより高める方向で、交通の仕方を変更することにより、道路渋滞や環境悪化、交通事故増、都市のスプロール的発展といった問題に対処しようというものである。このような新しいアプローチを交通需要マネジメント（TDM：Transportation Demand Management）と言い、わが国でも1990年代から取組が本格化している（図5・1）。

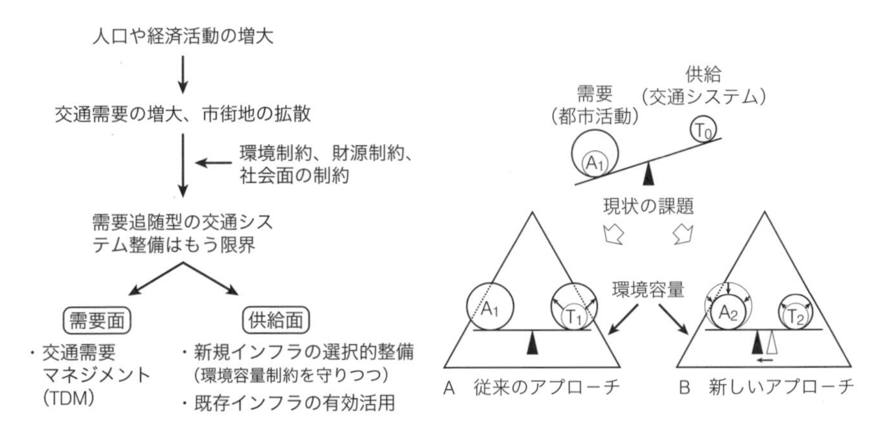

図 5･1　新しいアプローチの必要性

図 5･2　交通網整備のパラダイムシフト
出典：太田勝敏監修（1996）『交通需要マネジメントの方策と展開』地域科学研究会、p.25 より引用

図 5･2 は、従来の交通網整備の考え方と、新しい考え方を比較したものである。交通需要が供給を上回っている場合、従来は需要に見合うよう供給量を拡大していた。つまり、渋滞には道路整備で対応しようとの考え方である。ただ、この考え方のもとでは、需要が環境容量を上回っていたとしても、需要に見合った供給量が追求されがちであった。

一方、TDM を活用した新しいアプローチでは、環境制約が重視される。真に必要とされる交通システムに重点を絞り、環境制約内での選択的な施設整備が行われるとともに、需要量を環境容量内に抑えるべく、後に述べるようなさまざまな施策が展開される。新しい考え方のもとでは、自動車への依存を少なくするような都市のかたちや交通の仕組みづくりが求められ、現有施設はできる限り有効活用が図られ、需給バランスを取る基本的な判断基準（図では天秤の支点）の変更も行われることになる。

このように TDM は、新たな交通施設の供給を必要最小限に抑えつつ、交通の仕方の変更によって、道路渋滞や環境悪化といった問題に対処しようとするものであり、SDGs 時代においてその重要性は高まっている。

2 ――TDM のねらいと主な方策

具体的に TDM は、どのような目的で実施されるものであろうか。表 5･1 は、

表 5·1　TDM のねらいと期待される効果

TDM の主な目的		期待される直接的効果
経路の変更	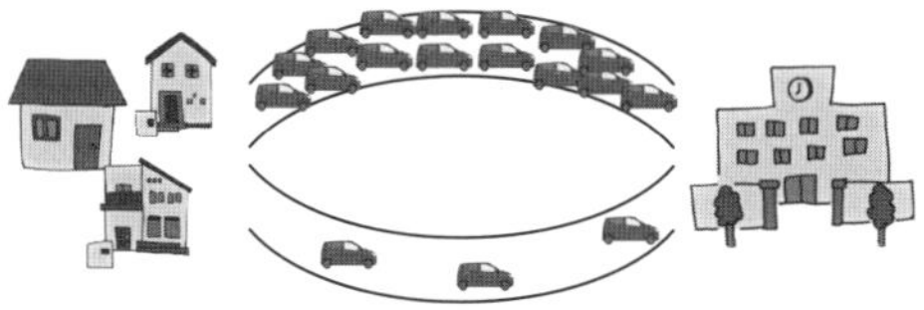	● 走行時間や渋滞が減る ● 通過交通が減る
時刻の変更 手段の変更	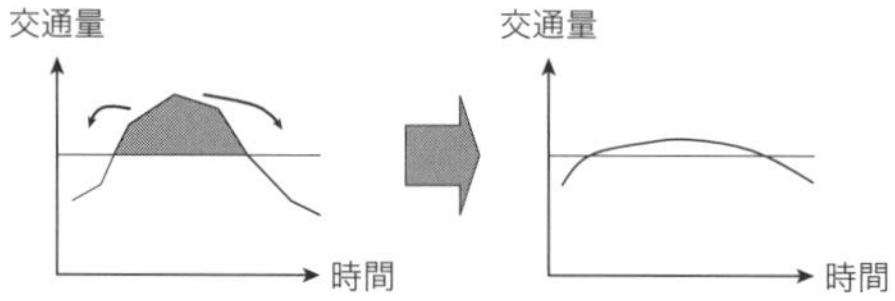	● 自動車交通量が平準化され、渋滞が減る
手段の変更		● 他の交通手段を使うことで自動車の総量が減る
乗車効率の変更	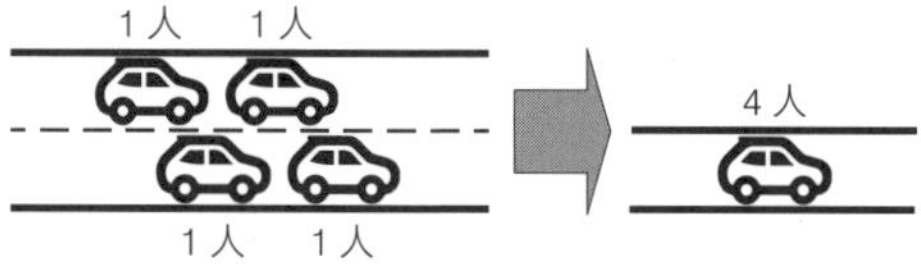	● 平均乗車人数や平均積載貨物量が増えれば、自動車の総量が減る
頻度の変更		● テレワークやオンライン会議等の導入で自動車の総量が減る
目的地の変更	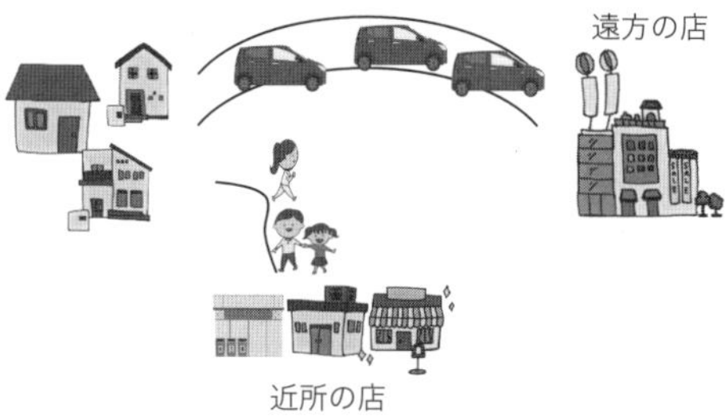	● 自動車の総量と走行距離が減る

出典：中村文彦監修（2001）『ITS とこれからのバス・タクシー』地域科学研究会、p.20 より作成

表 5･2　TDM の具体的なメニュー

TDM の主な方策	具体的なメニュー
自動車の保有や、路上・路外駐車の抑制	●車庫規制 ●自動車の取得・登録・保有に対する課税 ●駐車規制
自動車利用の仕方の工夫や、交通需要の平準化（ピークをなくす）・低減化	●相乗り ●ノーマイカーデー ●時差出勤 ●オンラインでの会合への転換 ●モビリティシェアリング
走行速度や交通容量の制限	●交通静穏化 ●バスや二輪車専用車線設置による車線制限 ●時間的な遅れを強いる工夫 ・故意に青信号時間を短くする等
道路網の制限	●迷路の設定 ・一方通行や交差点の遮断などを組み合わせ、通過交通の進入を防止 ●トラフィックゾーンシステムの設定
道路空間や地域への進入の制限	●大型車など特定車種に対する制限 ●ナンバープレートによる制限 例：アテネ　毎年秋から夏にかけて、末尾の数字が奇数か偶数かで 1 日おきに使用禁止 ●許可証の発行 例：イタリアのミラノ、ローマ、フィレンツェ、ボローニャ、パレルモ等多数の都市で都心乗り入れ許可を居住者・地元企業等に制限（Zona a traffico limitato）
道路空間利用に対する料金の徴収（費用負担による利用抑制）	●ロードプライシング ・エリアプライシング ・コードンプライシング ・直接賦課 ・ポイントプライシング
燃料への課税	●燃料税の引き上げ ●軽油とガソリン税の格差の是正
代替交通手段への誘導	●公共交通ネットワークの充実と利用促進 ●自転車利用の促進
一人ひとりの意識や行動の自発的な変容の促進	●モビリティ・マネジメント（MM） ・職場（事業所）を対象とした MM ・地域住民を対象とした MM ・学校を対象とした MM

出典：青山吉隆編（2001）『第 2 版 図説 都市地域計画』丸善、p.45 および在ギリシャ日本国大使館（2022）「アテネ市内中心部への車両乗り入れ規制」より作成

TDM のねらいと期待される効果をまとめたものである。

TDM の具体的なメニューは表5･2のとおりである。以下では、これらの中からいくつかを取り上げて説明する。

5・2 交通静穏化（Traffic Calming）

交通静穏化（Traffic Calming）とは、自動車の走行速度の抑制や通過交通の排除などを通じて、安全で快適な地区をつくろうとする、ソフト・ハードの各施策の総称である。

静穏という言葉が示すように、必ずしも自動車の排除ではない。人と自動車とが共存する道づくり（おりあいの道づくり）を目指そうとする試みである。

交通静穏化は、オランダのデルフトで1971年に始まったボンネルフ（Woonerf）に端を発している。ボンネルフの思想「住区内の街路では歩行者や生活利用が優先」は、西欧各国で受け入れられ、さまざまな発展的取組につながって、日本でも1980年頃から施策展開が本格化している。

1 ──ボンネルフ（Woonerf）

ボンネルフはデルフトの住民たちが家の前の街路に花壇、敷石、鉄柱を置いたのが始まりである。ボンネルフでは、歩行者や住民の生活機能を侵さない範囲で自動車の利用が認められ、通行量を最小限にし、速度を低く抑えるために道路構造がさまざまに工夫され、歩行者・コミュニケーション・遊び・景観などを重視した街路づくりがなされている。ボンネルフの考え方を反映した道路づくりは各国に広がっている。

図5･3はドイツのフライブルクのボンネルフである。この道の手前には幹線

図5･3　ボンネルフ（フライブルク、2008年9月）

図5･4　コミュニティ道路（大阪市浪速区、2022年9月）

道路があるが、その幹線道路とこの道の接続部分の舗装は石畳になっている。また、右側に歩行者最優先エリアを示す標識が見える。このように舗装を変え、標識も設置することで、ここから先の道が歩行者優先であることをドライバーに示している。左上に照明灯が見えるが、低い位置から優しく照らすものとなっている。この道の奥に突き当たりが見えるが、これは自動車にスピードを出させないための工夫である。また、図には見えないが、この道にはさまざまな樹木、花壇、オブジェ、ベンチも置かれていて、ゆっくり快適に歩くことができる。沿道の建物の高さも控えめで、電柱も地下化されており、すっきりとして感じがよい。

日本では、ボンネルフの歩車共存の思想を参考にしながら、歩道と車道の区分を有する「コミュニティ道路」が導入された。図5･4は、コミュニティ道路の例である。一方通行の細い車道は屈曲し、広く取られた歩道には植栽やベンチが設けられている。

2 ──交通静穏化：その後の発展

交通静穏化の考え方は、オランダからドイツ、デンマーク、英国などに広まり、対象範囲や、手法において次のような発展を見た。

対象範囲においては、局所的であったものが都市域全体の取組へと広がった。子どもが遊べる道から、車をスムーズに処理する広い道までを段階的に組み合わせ、安全・快適な都市を実現しようとしたのである。

手法の種類も増え、さまざまな手法を地区の実状や導入コストを勘案して組み合わせることができるようになった。例えばドイツでは、次項で紹介するハンプ等の工夫を面的に導入したり、幹線道路で囲まれたゾーン内のすべての道路で大幅な速度制限を行う「ゾーン30」を実施した（図5･5）。

図5･5　ドイツのゾーン30（フライブルク、2008年9月）

ゾーン30は、幹線道路などで囲まれたゾーンを時速30kmの区域規制とし、その旨を記した標識を立てるとともに、ゾーン内ではハンプ、狭さく、遮断等々の交通静穏化手法を展開するものである。入口に30km制限の標識だけを立てて内部では特段の静穏化手法を行わない場合もあるが、欧州の都市では一般市街地は時速50km規制となっていることが多いため、30km制限の標

図5･6　ゾーン30プラスの概要

出典：国土交通省「生活道路の交通安全対策ポータル」より引用
https://www1.mlit.go.jp/road/road/traffic/sesaku/syokai.html（2023年2月23日最終閲覧）

識自体にインパクトがあるとされる。日本では時速20km や30km 制限の標識が一般的に普及しているため、標識だけでは速度抑制効果は期待薄である。

図5･7　ゾーン30プラスの例（明石市、2022年6月）

ゾーン30は各国に広まっている。英国でもドイツとよく似た取組が「アーバン・セイフティ・プロジェクト」という名で実施されている。日本でも全都道府県でゾーン30が推進されており、警察庁[注1]によると、その整備地区数は2011年度末の58から2016年度末には3105、2021年度末には4186へと大きく増加している。ただしその多くが警察による最高速度30km/hの区域規制の実施にとどまっている。そこで2021年8月より、ゾーン30の強化版である「ゾーン30プラス」（図5･6、図5･7）という新しい施策が展開され、2020年7月末時点の実施地区数は14となっている。これは「最高速度30km/hの区域規制のほか、交通実態に応じて区域内における大型通行禁止、一方通行等の各種交通規制を実施するとともに、ハンプやスムーズ横断歩道などの物理的デバイスを適切に組み合わせて交通安全の向上を図」[注2]るものと位置づけられ、警察による低速度規制に道路管理者による物理的デバイス（次項参照）の設置を効果的に組み合わせたものとされている。

図5･7は明石市王子1丁目および北王子町地区のゾーン30プラスの例である。この地区には小学校や幼稚園がある。最高速度30km/hの区域規制の標識や、一方通行と大型自動車等通行止め規制の標識のほか、ゾーン30プラスの看板や路面標示、後述のスムース横断歩道、狭さく、ボラード、防護壁といった対策が複合的になされている。さらにこの地区では、通行遮断やカラー舗装、登下校時の見守り活動も併せて実施されている。

3 ── 静穏化のための交通制御策

静穏化のための交通制御策を分類すると表5･3のようになる。以下では、これらの主なものについて、実例の写真をもとに説明する。

表5･3　静穏化のための交通制御策

目標	対象	方法	物理的デバイス等の具体的な手法
走行速度の抑制	道路区間	交通規制	低速度規制（30、20、15 km/h）
		蛇行（シケイン）	クランク、スラローム、フォルト
		路面凹凸化	ハンプ、盛り上げ舗装、凹凸舗装、ランブルストリップス
		狭くする	狭さく
		舗装に変化	イメージハンプ、イメージフォルト
		交通指導	道路サイン、点滅警告信号
		歩車道一体化・譲り合い	シェアードスペース
	交差点	交通規制	一時停止規制、信号
		蛇行	ミニロータリー、食い違い交差点
		路面凹凸化	交差点の盛り上げ舗装
		交差点の舗装改良	カラー舗装、組み合わせブロック舗装
		注意喚起	警戒標示
交通量抑制	道路区間や道路網	通行規制	大型車通行禁止、歩行者用道路規制
		迂回・遮断	一方通行規制、通行方向指定、交差点の斜め遮断、交差点の直進遮断、通行遮断
		敷居	地区への流入部の進入抑制（ハンプ、狭さく等）
		通過時間の増加	自動車の速度抑制
路上駐車抑制	道路区間	交通規制	駐車規制、駐停車禁止路側帯
		駐停車スペースをなくす	車道幅の縮小、乗り上げ防止（段差や安全柵）、車止め（ボラード）
		駐停車スペースの限定	切り欠き駐停車スペース、路側交互駐車方式
		駐停車管理	時間制限駐停車規制

出典：土木学会編（1992）『地区交通計画』国民科学社、p.106 より作成

図5･8　クランク型のシケイン（大阪市城東区、2008 年 7 月）

図5･9　スラローム型のイメージシケイン（和歌山市、2022 年 5 月）

ハンプは舗装を部分的に盛り上げ、路面に凸面をつけることで速度抑制を図ろうとするものである。図 5•7 の明石市の例では、ハンプに横断歩道を組み合わせることで、自動車の速度抑制と横断歩行者のバリアフリーを両立できる「スムース横断歩道」が整備されている。

図 5•10　狭さく（大阪市中央区、2022 年 5 月）

シケイン（図 5•8、図 5•9）は、道路を意図的にくねらせることで、運転者にハンドル操作を強い、速度の抑制を図ろうとするものである。クランクとスラローム（カバー表右書名直下の写真参照）のほか、出っ張りを交互に設けるフォルトがある。図 5•9 の和歌山市の例は、舗装の色を変えることで、あたかも道路がスラロームしているかのように見せかける「イメージシケイン」となっている。

狭さくは、車両通行帯を部分的に狭くすることで、速度の抑制を図るものである（図 5•10）。

遮断は、車止め（ボラード）等によって自動車等の通行を完全に遮るものであり、通過交通の抑制効果が大きく、歩行者や自転車の安全な通行環境をつくることができる。遮断には交差点の斜め遮断、交差点の直進遮断、通行遮断といった種類がある。図 5•11 は尼崎市南塚口地区の例である。交差点が斜めに遮断されているため、自動車は直進できない。この道路にはこのような交差点

図 5•11　交差点の斜め遮断（尼崎市南塚口町、2022 年 9 月）

図5･12 「こどものあそびば」となった道路（大阪市西区、2021年9月）

図5･13 シェアードスペース（高野町、2022年9月）

が連続して設置されており、駅への安全な歩行者・自転車動線となっている。

図5･12は、自動車の通行を遮断した上で「こどものあそびば」として終日活用されている道路である。「交通事故をなくす運動推進本部」等によって設置されたこの道路は、住宅や公立図書館、公園などに隣接した位置にあり、水玉模様のペイントが施され、ゆったりと歩いたり遊んだりすることができる。

図5･13は、シェアードスペースという新しい取組の例である。高野町[注3]によると、世界遺産・金剛峯寺の東門に接するこの町道五大連絡線には、従来は歩道がなく、両端が激しく窪み、歩行者には危険であった。そこで高野山開創1200年記念大法会を機会に、改良工事が行われ、2015年3月に完成した。この道路の両側に歩道が設けられているが、車道との間に段差はなく、また狭い車道ながら一方通行の規制もない。そんな道を人と車とが譲り合いながら安全に通行する空間として整備されたのが、このシェアードスペースである。図5･13の左上の看板には「この五大連絡線は、今後の高野山の街並みを考えていくためのモデル区間です。車両の通行や対向につきましては、譲り合いの精神で歩行者の安全を確保の上、通行願います。高野町」と記載されている。

5･3 トラフィックゾーンシステム

スウェーデンのヨーテボリ（イエテボリ）市[注4]で1970年に導入されたトラフィックゾーンシステムは、都心部の外周に十分な交通容量を持つ環状道路を設けた上で、都心内部をいくつかの小地区（トラフィックゾーン）に区分し、

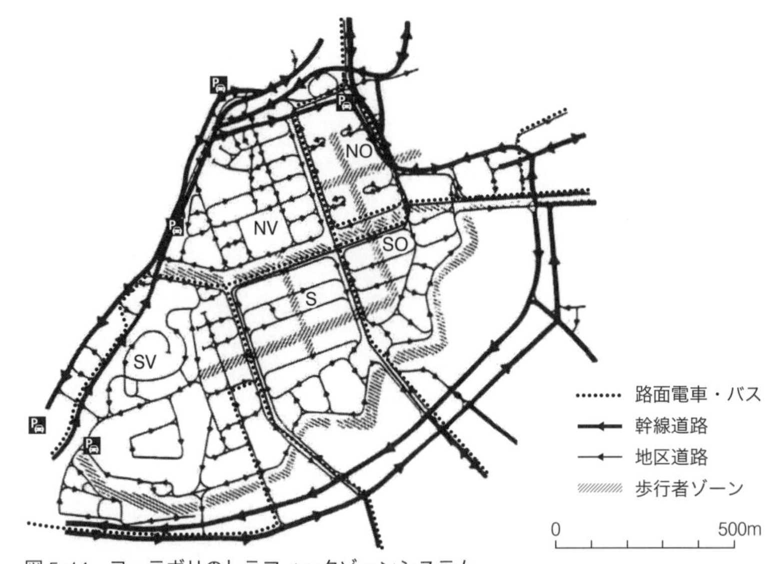

図 5･14　ヨーテボリのトラフィックゾーンシステム
出典：天野光三・中川大編『都市の交通を考える－より豊かなまちをめざして－』技報堂出版、p.82 より作成

それぞれのゾーンには、外周の環状道路からしか進入できなくするというシステムである。

図 5･14 はヨーテボリのトラフィックゾーンシステムの概要図である。都心部外周には環状道路が設けられ、都心内部は NO、NV、SV、S、SO の五つの小地区（トラフィックゾーン）に区分されている。それぞれのゾーンには、外周の環状道路からのみ進入可能であり、自動車によるゾーン間の直接往来はできない。

ゾーン間を自動車で移動することもできるが、必ず一旦、都心外周の環状道路へ迂回しなければならない。一方、バスと路面電車がゾーン間を直接つないでおり、都心をスムーズに移動するにはバスや路面電車の利用が便利である。ゾーン間の境界は高さ 15 cm のブロックや路面電車軌道となっており、緊急自動車は境界を乗り越えて移動することができる。

このシステムでは、迂回は必要になるものの、都心のどの地区へでも自動車でアクセスすることはできる。

天野・中川編（1992）注5によれば、トラフィックゾーンシステムの導入により、自動車交通量が少ないところで 35％、多いところで 70％減少した。都心への通過交通の流入が排除されたことで、交通事故と環境汚染、そして渋滞が著しく軽減されたという。

ヨーテボリの成功をみて、欧州の複数の都市が同様のシステムを導入した。わが国の都市への適用にあたっては、都心外周に大容量の環状道路の整備が必要となる点に注意すべきである。ヨーテボリでは外周環状道路の一部を地下に埋め、跡地を親水公園などとして活用し、都市の魅力を高めている。「真に必要な道路整備」にはしっかり費用をかけたわけであり、この点でもわが国のまちづくりの参考になる。

5・4 ロードプライシング

1 ――ロードプライシングとは

ロードプライシングは、「交通渋滞や大気汚染の激しい地区での自動車利用に対して、それらの社会的費用を反映した課金をすることで、現在の車の使い方を見直し、社会全体からみてより合理的な自動車の利用を促す」(太田、2001)[注6]という施策である。

道路混雑の緩和のための第1の方策としては、道路の新規整備等の供給増が考えられる。しかし、この手法は実現までの年数や資金が多大となるほか、混雑→道路整備→自動車増→混雑の悪循環が懸念される。また、都市高速道路の出入口を遮断するなどの物理的規制も考えられるが、この方法は個々人が通行に対して抱く価値の大小を勘案しているとは言えない。ロードプライシングは、これらの欠点を補う第3の方法と考えることができる。

太田(2003)[注7]によると、ロードプライシングは1964年に英国道路研究所が出した『ロードプライシングの経済的技術的可能性に関する報告書』(スミード・レポート)によって経済学上の理論の適用性が示されたのち、1975年にシンガポールにおいて後述のエリアプライシングの適用で成果を上げたものである。地域を対象とするロードプライシングには、その他に直接賦課方式、コードンプライシングがある。また、特定の道路や交差点を対象とするものとしてポイントプライシング方式がある。

2 ――エリアプライシング

この方式は、規制区域内で一定期間だけ車を利用できる許可証を購入させるもので、2022年現在ロンドンなどで導入されている。

ここではまず、20世紀に手動料金収受方式で行われていたシンガポールの事例[注8]を紹介する。シンガポールは、2020年の人口が約569万人（大阪市の倍程度、和歌山市の16倍程度）、面積720km²（大阪市や和歌山市の3倍程度）の都市国家である[注9]。IMFによると2021年の1人あたり名目GDPは7万2795ドルで、米国をしのぎ世界第5位である。狭い国土に多数の人口が居住しており、道路に使える面積は限られている。

シンガポールは、2022年現在、ロードプライシングの方式として後述のERP（Electric Road Pricing）を導入しているが、1998年9月までは手動料金収受によるエリアライセンス方式を用いていた。この方式が始まったのは1975年である。当初は最も道路混雑の激しい都心部610haを制限エリアに指定し、制限エリアへの入域地点34カ所で許可証をチェックする方式であった。具体的には、平日の7時半～19時と、土曜日の7時半～14時に入域する乗用車や自動二輪車に対し、許可証を購入させるものであり、乗用車の1日券が3シンガポールドル、1カ月券が60シンガポールドルであった。この方式を導入した結果、制限エリアへ入域する自動車交通量の40％削減や、バスの平均速度20％増と利用者の10％増を達成した。制限エリアに入域した乗用車の15％には4人以上が乗り合わせていたという。

次にロンドン（2021年の人口880万人[注10]）では、都心部の混雑緩和を目的として、2003年からエリアプライシング方式を導入している。対象エリアはInner Ring Roadという環状道路の内側のセントラルロンドン（約22km²）である。課金方法は、自動支払機やインターネット等により入域許可証を購入するというもので、道路上のカメラでナンバープレートを自動で読み取り、それを入域許可証発行のデータベースと照合する仕組みとなっている。導入の結果、交通渋滞の減少と、それによるバスの待ち時間減少や定時性向上といった効果が見られている[注11]。

3 ――コードンプライシング

コードンプライシングとは、規制区域の境界線（コードン線）を横切るすべての道路において入域賦課金を課すものである。2022年現在シンガポールのほか、ノルウェー主要都市（オスロ：人口70万、ベルゲン：人口29万[注12]）等で導入されている。

シンガポールでは2019年に「LAND TRANSPORT MASTER PLAN 2040（陸上交通マスタープラン2040）」[注13]を策定し、その中に20-Minute Towns and a 45-Minute City（移動時間の短縮）、Transport for All（バリアフリー化の推進）、Healthy Lives, Safer Journeys（歩行者の安全と健康の向上）の三つの目標を掲げて取組を進めている。

そのような中、渋滞緩和策としては、自動車登録台数割当制度による車両の総量規制、自動車購入時等の税・手数料等、オフピークカー制度、そしてコードンプライシングの一種である電子道路課金システム（ERP：Electronic Road Pricing）、信号や交差点の監視や制御などが行われ、公共交通機関の整備や自転車の利活用等の施策との一体的な展開がなされている。これらのうち自動車登録台数割当制度による車両の総量規制は、入札で価格が決まる自動車所有権利証書（COE：Certificate of Entitlement）の取得を義務づけるものである。また、自動車購入時等の税・手数料等は、車両価格に数倍の税や手数料等を上乗せすることで、自動車の購入意欲を下げる施策である[注14]。

シンガポールでERPが導入されたのは、1998年9月であった。制限区域は725haであり、2023年1月現在、都心（規制区域）に入るすべての道路上に計60カ所以上のガントリー（門形のゲート、図5･15）が設置されている。自動車がガントリーを通過すると、車載装置とゲートとの間で相互通信が行われ、ノンストップで自動的に料金徴収がなされる。

図5･15　シンガポールのERPのガントリー（1998年7月）

課金額は車種ごとに設定され、時

間帯や混雑状況に応じて変動する。つまり、ピーク時間帯は高く、オフ時間帯に向けて段階的に安くなるよう、数分きざみで設定されている。料金体系は3カ月ごとに改定され、違反者対策として、監視カメラが通過車両の後方からナンバープレートを撮影し、後日罰金を請求する仕組みが取られている。

また、ERPの導入により、高速道路では時速45～65km、幹線道路では時速20～30kmが維持されている。

シンガポールでは2022年現在、ガントリーを用いたシステムの置き換えを予定している。次世代のERPは、三菱重工グループの全地球航法衛星システム（GNSS）を用いており[注15]、ガントリー型のシステムに比べ、構築と維持のコストが低く、スペース効率が高く、実装に必要なリードタイムが短いという利点がある。また、収集した交通データを交通管理や交通計画の改善に役立てたり、ドライバーが充電場所の情報やリアルタイムの交通情報、交通安全情報といったより付加価値の高いサービスを利用できる[注16]など、スマートシティ化への貢献が期待される。

4 ── 直接賦課方式

直接賦課方式は、渋滞や環境汚染などに及ぼした影響の度合いに直接対応する料金を賦課するものである。走行距離、走行時間、渋滞状態の中で費やした時間等に応じた課金となるため、公平性が高い。ドイツ、オーストリア、スイスでは重量車を対象とする走行距離課金が導入されている（中村、2010）[注17]。

5 ── ポイントプライシング

この方式は、特定の道路や交差点を対象とするものである。わが国では、阪神高速道路湾岸線への大型車誘導等に用いられている。大阪と神戸の間には、阪神高速道路神戸線と湾岸線という2本の都市高速道路が並行している。前者は住宅等の密集する地域を通り、排気ガス等による住宅地への影響が問題となっていた。後者は臨海部を通っており、相互の距離は2～3kmである。従来、両者の通行料金には差がなかったが、2006年夏に国土交通省が湾岸線の通行料金を値下げして大型車を誘導する社会実験を行った。「環境ロードプライシング」と名付けられたこの実験では、神戸線で大型車の通行量が1日あたり約

1000台減り、湾岸線が同約1400台増えるという結果となった。同省が2005年3月に実施した大型車運転手へのアンケート（回答数約2200人）では、神戸線の下を走る国道43号の大型車交通規制と湾岸線の通行料金割引を同時に実施することで、神戸線と国道43号線の大型車を1日あたり計約1万台減少させうるとの結果が出ている[注18]。

湾岸線のポイントプライシングは2023年1月現在も実施されている。具体的には、特大車・大型車・中型車で天保山以西の湾岸線を利用すると、料金が3割引またはそれ以上の割引となるなどの料金施策がなされている[注19]。

6 ──ロードプライシングの主な問題点

ロードプライシングの主な問題点は次のとおりである。

第一に、効率的で信頼性が高く、かつ設置・運営費用が安い料金徴収システムが実現できるかという問題である。徴収漏れをなくすためには完璧な課金システムを構築せねばならないが、完璧さを追求すればするほど設置・運営費用がかさむ。ITS（Intelligent Transport Systems：高度道路交通システム）[注20]の発展によってこの問題は軽減されつつある。

第二に、公平性の問題である。道路は、日常生活や企業の生産活動において極めて基礎的なサービスであり、混雑料金の負担能力の有無による利用者の選別には問題がある。ただし、混雑料金徴収によって得た収入で、公共交通網や自転車道・駐輪場の整備、歩行者環境の改善等の整備・運営を行ったり、低所得者向けの補助を行うなどの対策を講ずることで、公平性の問題は一定程度回避できる[注21]。

第三に、対象範囲の設定方法の問題である。ゲート配置は効率的に行い、エリアはわかりやすい設定とすべきである。

第四に、プライバシーの問題である。社会的費用を正確に反映した料金徴収システムであればあるほど、入域時間や入域場所等に関する精緻な情報が必要となり、プライバシー面の問題が大きくなりかねない。

第五に、徴収した料金の使途についての合意形成の問題である。ロードプライシングの導入によって、社会的な満足（社会的余剰）は増すが、自動車利用者の満足（利用者余剰）は減少する。導入に際しては料金収入の使途に関する市民も交えた合意形成や、情報公開が必須となる。

7 ——わが国におけるロードプライシングの導入動向

わが国では東京都がロードプライシングの導入の検討を進めている[注22]。また2020年東京オリンピック・パラリンピック競技大会の開催期間中には、首都高速道路において、夜間（0時〜4時）は5割引、昼間（6時〜22時）はマイカー等が1000円上乗せとなる料金施策が実施され、都内の首都高速道路の渋滞が最大で96%減少した[注23]。また、観光による交通渋滞が深刻な鎌倉市がロードプライシングの検討を続けている[注24]。

内閣府が2021年度に実施した「道路に関する世論調査」[注25]によると、「車が一定地域に入る場合などに料金を支払う制度」について、「適切」とする人の割合が1646人中の64.7%（「適切である」15.6%、「どちらかといえば適切である」49.1%）、「不適切」とする人の割合が33.8%（「どちらかといえば不適切である」22.8%、「不適切である」11.0%）となっている。「適切」との回答は、大都市で467人中の70.7%、中都市で655人中の65.0%、小都市で377人中の58.1%、町村で147人中の61.2%となっている。

同様の調査[注26]は2012年度にも行われており、その結果は「適切」とする人の割合が1866人中の45.7%、「不適切」とする人の割合が43.8%であった。「適切」との回答は、大都市で479人中の47.2%、中都市で783人中の47.3%、小都市で434人中の43.5%、町村で170人中の40.0%であった。

このように、この10年でロードプライシングに関する国民の意識は高まっているものと考えられる。

5・5 移動のシェアリング

シェアリングエコノミー協会によると、シェアリングエコノミーとは「インターネットを介して個人と個人・企業等の間でモノ・場所・技能などを売買・貸し借りする等の経済モデル」である。シェアリングエコノミーにはスペース、モノ、スキル、お金と移動（カーシェアリング、サイクルシェアリング、買い物代行、料理の運搬等）の5分野があり、日本の2022年度の市場規模は2兆6158

億円で、2032年度には15兆1165億円に拡大するという予測がなされている[注27]。

移動のシェアリングは、次世代自動車産業で重要とされるConnected（IoTで社会とつながる）、Autonomous/Automated（自動化）、Shared（共有化）、Electric（電動化）からなる「CASE（ケース）」の一つに含まれているなど、自動車産業においても「100年に一度の革命」[注28]をもたらすイノベーションであると考えられている。

このうちカーシェアリングは、自動車を会員が共同利用する仕組みである。レンタカーとの違いは表5･4のとおりである。

カーシェアリングの第1の利点は、車を所有した場合の利便性を損なわずに、共有することによって車に関わる費用を低減できることである。図5･16は、自動車の利用頻度を年間走行距離2500km、年間利用時間を2時間×125回で250時間として、コンパクトカーを購入した場合と、カーシェアリングを活用した場合の3年間の経費を比較したものである。カーシェアリングの経費は、T社のコンパクトカー利用の料金プランに基づいて算出している。この場合、カーシェアリングのほうが約220万円の節約になる。下取り料金を差し引いても百数十万円の差になる。経費差は年間の利用時間や走行距離が少なければ少ないほど広がっていく。節約分を旅行や趣味、学習などに使えば、生活の豊かさの向上にもつながるだろう。古代ギリシアの哲学者であるアリストテレスが言うように、「豊かさとは、所有することよりも利用することをいう」のである。

表5･4　カーシェアリングとレンタカーの主な相違点

	カーシェアリング	レンタカー
利用者	会員制	不特定
貸出時間	24時間	営業時間内
借用時間	十数分から1時間単位の借用	数時間や1日単位での借用
貸渡し場所	近隣の無人ステーション	有人の営業所
支払い	後払い	前払い
貸渡し契約	会員登録時	毎回契約
貸出手続き時間	ネットや電話ですぐ完了	10～20分程度
燃料代・保険料	込み	別払い
燃料補給	・タンクが一定量以下の時、給油 ・電気自動車では補給不要	満タン返し

出典：交通エコロジー・モビリティ財団（2005）『手作りカーシェアリングマニュアル』より作成

第2の利点は、車を使うたびに費用を意識せざるを得ないため、自動車を本当に必要とする時だけ使うようになることである。

第3の利点は、軽自動車から大型車までラインナップしておくことで、必要に応じて車のサイズを選択できる点である。1人で出かける場合は軽自動車を選び、家族で出かける時にはバンを選べばよい。

第4の利点は、カーシェアリングのステーションを駅やバスターミナルに併設することで、公共交通と自動車とを適切に組み合わせた移動が可能となることである。特定の地区を定期的に訪れるビジネスマンによる業務利用等が想定される。

第5の利点は、シェアカーのような利用頻度の高い車両を低燃費車とすることで二酸化炭素の発生を抑制できる点である。交通エコロジー・モビリティ財団が2012年に実施した調査によると、カーシェアリングへの加入により、1世帯あたりの平均自動車保有台数が6割強減少し、1世帯あたりの年間自動車総走行距離が4割弱減少、1世帯あたりの自動車からの年間CO_2排出量が平均0.34t（率にして45％）削減といった環境負荷低減効果が見られた[注29]。

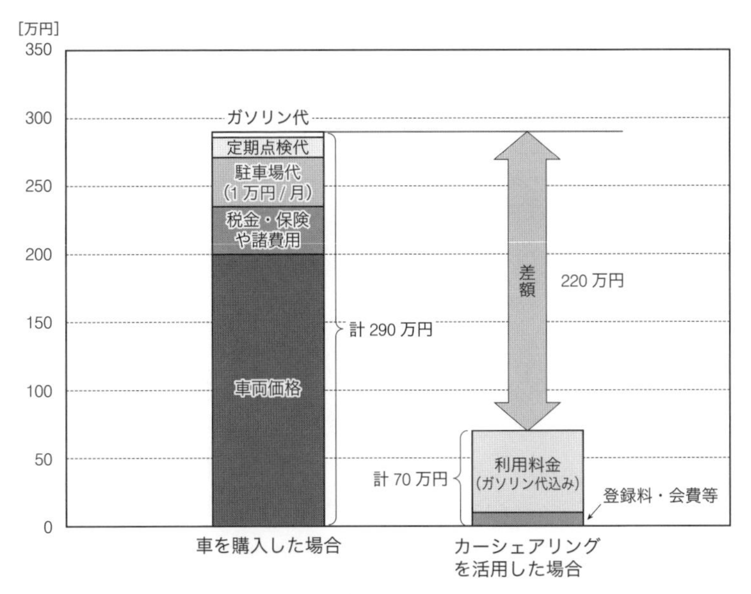

図5･16　カーシェリング活用による経費節減効果（3年間）

注：税金は2022年12月時点。燃費を30km/ℓとし、ガソリン代は2023年1月18日時点の店頭現金小売価格（資源エネルギー庁）168.2円/ℓとした

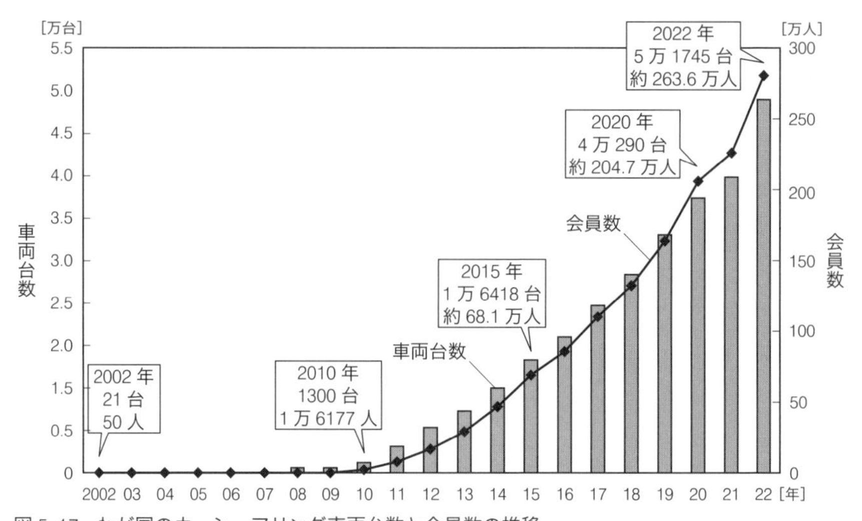

図5・17　わが国のカーシェアリング車両台数と会員数の推移

出典：交通エコロジー・モビリティ財団「わが国のカーシェアリング車両台数と会員数の推移」より作成
http://www.ecomo.or.jp/environment/carshare/carshare_top.html

カーシェアリングは各国で普及しているが、わが国でも図5・17のように急速な普及が見られる。世界的にCASEが進みつつある中、自動車の共有化＝カーシェアリングも時流に乗ってますます発達するものと考えられる。

5・6　モビリティ・マネジメント

1 ──モビリティ・マネジメント（MM）とは

交通システムは都市・地域の循環器系に相当し、その機能不全は中心市街地の衰退や環境問題、財政の悪化といったさまざまな問題に直結する。前述のように、地方都市圏で、都市の拡散と過度の自動車依存が同時に進行しており、交通部門由来の二酸化炭素排出量の増大を始めとする環境問題、交通事故の増加等の社会問題、そして中心市街地の衰退や公共投資効率の悪化等の経済問題が発生し、都市圏の持続可能性が危惧される。自動車と公共交通、徒歩、自転車を適切に使い分けることのできるまちづくり・ひとづくりが求められる。

このような問題への対策としては、6章で述べるコンパクト・プラス・ネットワーク政策の展開や各交通手段の単体対策、新しい交通基盤の整備、前節までに述べたTDMの各種メニューの実施等が考えられるが、一人ひとりの意識転換と行動変容は、それらと同等以上に重要である。交通状況は一人ひとりの行動の集積である。つまり、一人ひとりの行動を自発的に変えることができれば、その効果は半永続的となり、その積み重ねで交通状況が激変する。

懇切丁寧な交通情報の提供や、自動車が環境や健康に及ぼす影響等についてわかりやすく解説することを通じて、組織や市民一人ひとりの「気づき」を促し、過度の自動車利用から、適度な自動車利用へと無理のない範囲での転換を促そうとする手法のことを、モビリティ・マネジメント（以下、MMと略）という。MMは、土木学会（2005）[注30]によると「ひとり一人のモビリティ（移動）が、社会的にも個人的にも望ましい方向に自発的に変化することを促す、コミュニケーションを中心とした交通施策」であり、わが国では1990年代後半から使われ始めた手法である。

2 ── TDMとMM

TDMとMMの間には、太田（2007）によると「TDMは経済学、MMは心理学の理論と概念を背景にした交通政策・施策の表現」[注31]という、ベースとなる学術分野の違いがある。そのため、TDMが交通需要の削減を課金や規制といった経済学的な手法で誘導しようとする一方、MMはコミュニケーションといった人の心理に働きかける手法を中心に、一人ひとりの意識や行動の自発的な変容に期待するといったアプローチとなる。

一方で、政策の実務面から見ると、「需要面からの比較的ソフトな施策をさすものということでは同じ」[注31]であり、MMを「TDMの一種」「新たなTDM」（太田、2007）[注32]として、また「TDMがMMを包括する概念」（柏木、2018）[注33]として理解することができる。

3 ── さまざまなMMとその効果

MMには数多くの種類があるが、手法や対象者等によっておおまかに分類することができる。対象者による分類では、職場（事業所）におけるMM、地域住民を対象としたMM、そして学校におけるMMなどに大別することができる。

これらのうち職場（事業所）を対象としたMMは、組織の制度や体制を対象にしたものと、組織を通して従業員など組織内の個人に働きかけ、通勤・業務への交通意識や行動を転換するものがある[注34]。

地域住民を対象としたMMは、世帯や個人の意識転換や行動転換を目的として実施するものである。荒尾市では、アクティブシニアである体操教室参加者924名を対象に、福祉関係者と協力しながら3年間にわたってフルセットTFP（Travel Feedback Program）を実施した。TFPとは、藤井・谷口（2008）によると「モビリティ・マネジメントにおける代表的なコミュニケーション施策であり、対象とする人々一人ひとりと、個別的、かつ、大規模にコミュニケーションを取ることを通じて、一人ひとりの意識と行動の変容を促すもの」[注35]であり、その中でもフルセットTFPは最も本格的なものである。その結果、公共交通を利用していなかった対象者のうち約10%が新たに公共交通を利用するようになるなどの効果が見られた。また、MMから約1年後の時点では、21名が継続的に公共交通を利用し、44名は新たに公共交通を利用するようになったという。この事例は「令和3年度JCOMMプロジェクト賞」に選定された[注36]。

学校におけるMMは、小学校、中学校等でMM的授業を実施するなどの方法によって、幼少の時点から公共交通利用を習慣づけたり、子どもの行動に触発されて家族の行動が変わることを期待するものである。

豊橋市では、公共交通に親しみを持ってもらうため、園児から小学校低学年を対象とした絵本を制作し、保育園や図書館、子育て広場などに配架したほか、図書館でおはなし会を実施するなどの取組を行った。この取組は、絵本のデザイン性、家庭ぐるみという要素の存在、読み聞かせなどの展開戦略、コミュニケーションのデザインの優秀さなどが評価されて「令和4年度JCOMMデザイン賞」に選定された[注37]。なお、豊橋市は、同市職員を対象とした10年間のMMでエコ通勤90%増を達成し、「平成29年度JCOMMマネジメント賞」を受けた実績もある[注38]。

交通政策基本法は、第十一条において、国民等の役割として「国民等は、基本理念についての理解を深め、その実現に向けて自ら取り組むことができる活動に主体的に取り組むよう努めるとともに、国又は地方公共団体が実施する交通に関する施策に協力するよう努めることによって、基本理念の実現に積極的な役割を果たすものとする」を規定している。

このように、これからの地域公共交通施策における住民の役割への期待は極めて大きいのであるが、ともすれば住民は利便性の高い自家用車利用を過度に選択しがちである。住民に地域公共交通の社会的価値（環境への優しさ、安全性の高さ、通学手段としての重要性等）をいかにわかりやすく伝え、気づきを促し、適切な交通手段選択へと向かわせるか。この点については、モビリティ・マネジメント（MM）の技法を用いた取組が有用である。地域住民の主体的参加のもとで廃線の危機を乗り越え利用者数のV字型回復を成し遂げた和歌山電鐵貴志川線の事例[注39]も、住民が同線のさまざまな社会的価値に気づいて積極的に行動し、また交通事業者が鉄道そのものの魅力や価値を広くわかりやすく訴えかけたからこその成功事例と考えられ、その意味では一種の壮大なモビリティ・マネジメントであると考えられる。

第6章

コンパクト・プラス・ネットワーク

6・1 環境・社会・経済面の諸課題とコンパクト・プラス・ネットワーク

1～4章で見たように、自動車に過度に依存した拡散型のまちづくりは、環境面、社会面、経済面のいずれから見ても持続可能とは言えない（図6・1）。そのため SDGs 時代のわが国の地方都市圏でも、拡散型のまちづくりからコンパクトなまちづくりへと、都市形態そのものを見直す動きが広がりつつある。

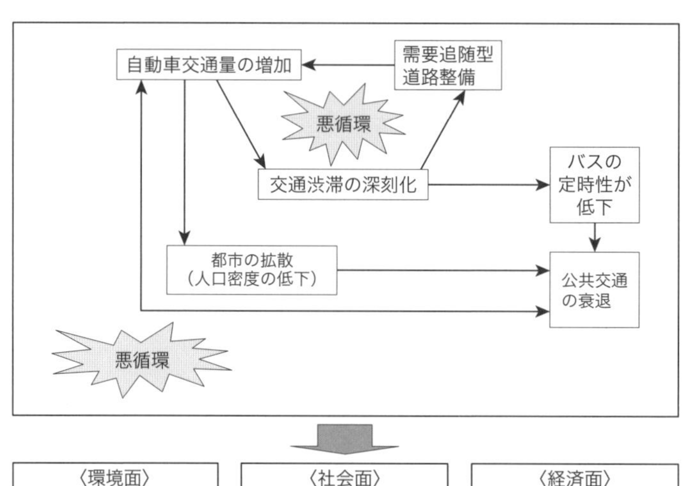

図6・1　持続不可能な自動車依存型・拡散型まちづくり

中心市街地は小売店等の商業機能、飲食店や会議場などの会合機能、映画館や音楽ホール等の文化・娯楽機能、病院・医院等の医療機能、大学等の教育機能、市役所などの行政機能、公共交通の結節点機能等、市民生活において重要なさまざまな機能を複合的に有し、都市構造の要（かなめ）となっている。中心市街地には、鉄道や路線バスなど、子どもから高齢者まで幅広い人が利用でき、かつ環境負荷も小さい交通手段が存在する場合が多い。そういった中心市街地を、交通ネットワークと絡めて維持活用していくことは、SDGs 時代における有意義な方向性となる。

6・2 コンパクトシティの特性

コンパクトシティとは、持続可能な都市を実現するための空間的な形態であり、1993 年代より EU 諸国や米国の諸都市で採用事例が見られ、わが国でも 2023 年現在、数多くの都市のマスタープランに導入されている。

図 6・2 は、ドイツのフライブルク（人口約 22 万人）の中心部である。小売店や飲食店が建ち並ぶまちなみの中に自動車の姿は見られず、多数の歩行者が散策し、その中を路面電車が走っている。写真を撮影した日は祭りでも何でもない、ごく一般的な秋の月曜日の正午前である。人々は、利便性の高い路面電車などの公共交通や、自転車、徒歩で中心部にきて、ゆっくり買い物などをしている。立ち話をしている人の姿やベビーカーも確認できる。わが国の地方都市の中心部の多くが「自動車は通るが人影のないまち」であるのに対し、フライブルクの中心部は「自動車は通らないが人影の絶えないまち」である。

図 6・2　コンパクトシティの例（フライブルク、2008 年 9 月）

コンパクトシティの概念には幅がある。例えば一極集中型のコンパクトシティや多極分散型のコンパクトシティなど、いくつかのパターンが考えられるのだが、最大公約数的な概念は「主要な都市機能を一定の地区に集積し、住宅、商業、業務等都市的土地利用の郊外への外延を抑制して市街地の広がりを限定し、その市街地内について公共交通機関のネットワークを整備し、車に大きく依存しなくても生活できる都市」（三船、2002）[注1]である。

コンパクトシティの基本的な特性は、表6･1のとおりである。

第一の特性は、人口密度や、働く場所などの密度が高いことである。

第二の特性は、用途の混合が進んでいることである。住宅しかないまちのように、単一機能だけがいくら集積していてもコンパクトシティとは言わない。

表6･1　コンパクトシティの基本特性

基本特性	説明
1. 高い居住と就業などの密度	・人口密度が高い都市 ・高密度化による環境悪化の恐れを、建築デザインやアーバンデザイン（都市デザイン、あるいは都市設計）の工夫で抑える
2. 複合的な土地利用の生活圏	・ゾーニングにより各地区が単一的な用途に特化させられてきた都市は、単一機能の密度が高くてもコンパクトとは言えない ・住居から徒歩圏内に商業施設、コミュニティ施設、雇用の場などが揃う、用途の混合が進んだ多様性のある都市
3. 自動車に過度に依存しない都市	・移動性（モビリティ。例えば30分でどのくらいの距離を動けるか）の高さよりも、必要な場所やサービスへの到達のしやすさ（アクセシビリティ）を重視する都市 ・利便性の高い公共交通システムや、自転車道、歩道が整備されており、徒歩や自転車で移動できる範囲内に日常生活に必要な機能が揃っている都市 ・自動車を持たせる方向でまちづくりを進めるのではなく、さまざまな施設をなるべく狭い範囲に整備・誘導し、土地利用計画と交通計画を連動させて立地規制をかける。これによって車がなくても様々な施設にアクセスしやすい都市になる
4. 多様な居住者と多様な空間	・居住者とその暮らし方の多様さ、建物や空間の多様さ、多様な住宅の共存 ・多様性の尊重は、「住み慣れた地域」への定住を可能とする。例えば20歳代には若者向きのアパートに住み、30歳代〜50歳代になると同じ地域内の一戸建てに住み、60歳代以降は長年住み慣れた地域内のマンションで余生を送るという生き方が可能な都市
5. 独自な地域空間	・歴史・文化など、地域の独自性を尊重する都市
6. 都市と田園や森林との境目がくっきりした、メリハリのある都市	・市街地と田園地域、緑地の境界が明確な都市 ・新規開発よりも再開発や再活性化を重視する都市 ・グリーン・フィールド（新規開発用地）での開発を抑制し、ブラウン・フィールド（既成市街地内の敷地）の活用や建物の再利用を促進して、近郊の農村地域との共生関係を築く都市
7. 安全・安心で公平な都市	・いろいろな特徴を持った人々が、安全・安心・公平に生活できる都市
8. 地域運営の自律性	・地域住民が都市計画に主体的に参加し、都市の経営方針を議論する都市

出典：海道清信（2001）『コンパクトシティ　持続可能な社会の都市像を求めて』学芸出版社、第6章と、鈴木浩（2007）『日本版コンパクトシティ　地域循環型都市の構築』学陽書房、第1章より作成

従来の都市は、この地域は住宅団地、この地域はオフィス街、といった用途別のゾーニングがなされていたが、そういう中では何かの行動をしたいときの移動距離がどうしても長くなってしまう。つまり日用品を買うために遠くのショッピングセンターへ車で行ったり、といった状況が生じがちとなる。一方、コンパクトシティでは、地域内にいろんな機能がひととおり揃っているため、住む、買う、憩う、働くを一つの地域内で済ませることができる。そうすると、何をするにもたいがいの用事は徒歩や自転車、公共交通で済ませてしまえる。

第三の特性は、自動車だけに依存しないことである。自動車依存のもとでの拡散型まちづくりでは、分散立地するさまざまな機能間の移動性（モビリティ）の高さが重視される。一方、コンパクトシティでは、必要な場所やサービスへ誰もが安全に到達できるか、といったアクセシビリティの高さが重視されることになる。そのため、自動車でしか行きようのない場所にショッピングセンターや病院等ができないように、「立地適正化計画」などの土地利用計画（市内のどこを市街地にしていくか、どこは市街化を防止するか、などの計画）と、「地域公共交通計画」などの交通計画（交通網やそのサービス水準などの計画）を連動させながら取り組むことになる。**2･2** で述べたように、アクセシビリティの確保はSDGsの複数のターゲットに含まれている。

第四の特性は、多様な居住者と多様な空間である。一戸建てしかないニュータウンのように、多様性がないまちはコンパクトシティとは言えない。多様性のあるまちには、一戸建てやアパート、マンションといった各種の住居があり、ライフステージに応じた暮らしを住み慣れた地域内で続けることができる。3章で述べたように、SDGsの **目標 11** は**住み続けられるまちづくりを**である。

第五の特性は、独自性の尊重である。自動車依存が進んだ地域では、どこにでもあるようなまちなみが生まれがちである。一方、コンパクトシティは歴史、文化などのアイデンティティを重視し、地域への愛着も醸成されやすい。

第六の特性は、市街地とそれ以外とのメリハリがあるという点である。コンパクトシティでは、郊外の緑地（グリーンフィールド）の新規開発は控え、なるべく既成市街地（ブラウンフィールド）を再開発したり、建物を再利用するというリノベーション重視で環境に優しいまちづくりが行われる。また、道路、上下水道、公共交通、各種公共施設といった、既成市街地の都市施設のストックについても、なるべく活かす方向でまちづくりを進めることになる。

第七の特性は、安全・安心で公平な都市である。色々な特徴を持った人が安全・安心・公平に生活できるという都市像は、SDGs の**目標 15 ジェンダー平等を実現しよう**、**目標 10 人や国の不平等をなくそう**、**目標 16 平和と公正をすべての人に**などにも直接的に寄与するものである。

第八の特性は、地域運営の自律性である。つまり、コンパクトシティでは多様性ある人たちが都市計画（まちづくり）に主体的に参加し、地域のことは地域で考え決めて実行していくという、SDGs の**目標 17 パートナーシップで目標を達成しよう**に沿ったまちづくりがなされる。わがまちに愛着や誇りがないと、こういう動きにはならないので、先述の第五の特性との関連が強い。

6・3 海外のコンパクトシティ政策

1 ──EU のコンパクトシティ政策

都市への産業や人口の集中が生じたのは、世界的に見て第二次世界大戦後のことである。ヨーロッパでは、1800 年頃に七つしかなかった人口 50 万人以上の都市が、1900 年頃には 42、1950 年には 175 都市へと増加した（青山、2001）[注2]。しかしながらその後、ヨーロッパの諸国のうち、特に北西および中央ヨーロッパの最も都市化された地域において、都市化のプロセスが逆転し、反都市化ないし都市解体の傾向が生じてきた（中村、1994）[注3]。

このような中で EC 委員会は、1990 年に「都市環境に関する緑書」を発表した。この緑書では、ヨーロッパの歴史的な都市が高密度な中心核を持っており、居住にも就業にも最適であるとして、コンパクトな都市形成を促した（Frey、1999）[注4]。そうした中、1994 年にデンマークのオールボーで開催された会議において、360 の自治体がサステナブル都市の実現を誓って署名したのが「オールボー憲章」であり、その体現化のための指標が「オールボー・コミットメント」である（市川・久保田、2012）[注5]。同憲章の署名自治体数はその後 2700 を超している。オールボー・コミットメントに盛り込まれた数々の指標の中には、次のように、都市のコンパクト化と公共交通や徒歩、自転車利用の促進に関する内容が盛り込まれていた。

- 適切な都市密度の達成や、野放図な郊外開発の回避
- 中心部での住宅利用を優先することで、職・住・サービスの良好なバランスを持った土地・建物の複合開発を促進
- 都市の文化遺産の適切な保全・リノベーション・利用
- マイカー利用の必要性を減らす
- 公共交通や歩行・自転車利用による移動増加
- 低燃費自動車への転換促進
- 統合的で持続可能な都市移動プランの発展
- 交通が及ぼす環境・公衆衛生への悪影響の減少
- 気候変動対策をエネルギー・交通・調達・廃棄物・農林業分野の主軸に据える

2 ── ドイツのコンパクトシティ政策

海道（2001）[注6]によると、1960年代に西ドイツ全土でモータリゼーションと市街地拡大が起こり、既成市街地から中高所得階層が流出する一方で、高齢者や外国人の流入が生じた。この中で非住宅利用の増大、居住環境の劣悪化、騒音公害の発生等のインナーシティ問題が起こり、これを嫌った人々がさらに流出していった。

ドイツでは、このような問題への対処がなされ、1970年代〜80年代にかけて多くの都市が再生に成功した。連邦政府もEUのオールボー憲章を受けて、密度・用途混合・多中心性を都市の基本構造に据え、1994年から取組を進めてきた。ドイツでは、歴史あるまちなみの存在や、高い生活利便性、職住の近接性や娯楽の多彩さといった既成市街地の特色を活かすとともに、建物の修復や、居住環境の改善、優れた交通施策等を行うことで、既成市街地の魅力がその問題点を上回るような状況をつくり、再生につなげた。ドイツはコンパクトシティ政策の先進国と言える。

(1) ケルンのコンパクトシティ政策

ドイツのケルンは、ノルトライン・ヴェストファーレン州[注7]にある都市である。2021年現在の人口は約107万人、面積は約405 km[注8]で、ローマ帝国時代

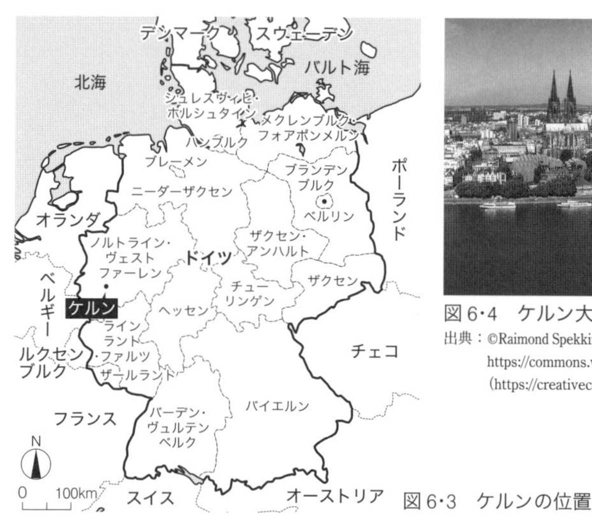

図6･3　ケルンの位置

図6･4　ケルン大聖堂と中央駅、ライン川

出典：©Raimond Spekking / CC BY-SA 4.0 (via Wikimedia Commons)
https://commons.wikimedia.org/wiki/File:Köln_Panorama.jpg
(https://creativecommons. org/licenses/by-sa/4.0/legalcode)

からの歴史を誇り、都心部には世界遺産のケルン大聖堂がある（図6･3、図6･4）。

ケルンでは、中野（2014）[注9]によると1950年代以降に自動車が爆発的に増加し、市内に流入する車両が交通渋滞、騒音、排気ガス等の問題を起こし、中心市街地からの人口流出や商店街の衰退につながっていた。海道（2001）[注10]によると、1965年から1978年にかけて、中心市街地の人口が16.9万人から13.5万人へと減少し、外国人比率が20%になったという。そのような中、同市では、中心市街地を再生に向けてさまざまな都心部再開発を実施し、成功した。

図6･5に示されているように、ケルン中央駅とライン川で挟まれた区域には、ミュージカルドーム、二つの美術館、コンサートホールといった文化施設が集められている。ライン川沿いでは、4万台/日の交通量の連邦道路（国道）51号線を地下化して、跡地に公園が整備されている。それ以前は道路で市街地とライン川が分断されていたが、整備後は川や船や列車を眺めながら散策できる非常に気持ちの良い空間に生まれ変わったのである。また、ズザンネほか（2012）[注11]によれば、2005年には駅前広場が改造され、その中心には花崗岩の自然石で舗装された6400 m^{2}の歩行者空間が設けられ、オープンカフェが開かれるなど、景観の改善やバリアフリー化、賑わいづくりで成功を収めた。

「娯楽と交通と幸福」について分析した中村ら（2022）は、「『娯楽活動への交通アクセスの改善が人々を幸せにする』という仮説がある程度の妥当性をも

ケルン中央駅附近

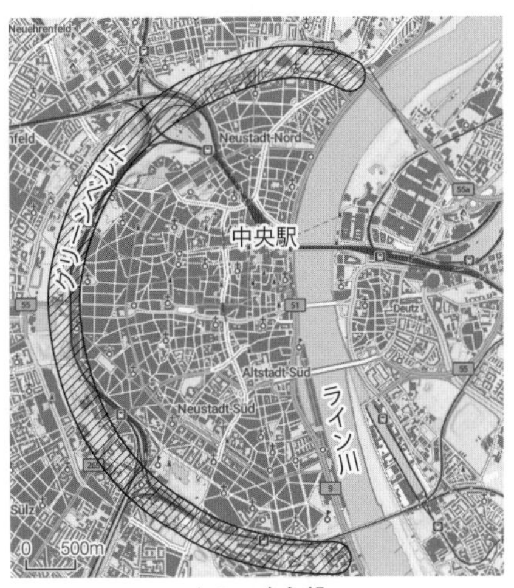

ケルン中心部

図 6·5 ケルンの状況
出典：AdV Smart Mapping より作成

つことや、『余韻の充実』を目指す都市政策の重要性」注12を指摘している。鉄道や路面電車などの公共交通でケルン中央駅まで来て、大聖堂に参拝し、劇やコンサートや買い物や飲食などをゆっくり楽しみ、ライン川沿いの散策をして、余韻に浸りながら公共交通で帰る、といった条件を整えることで、ケルン中心部の魅力は相当程度に高まったものと考えられる。

また、ケルンは、都心部にたくさんの緑地を設けてきた。図 6·5(右) に示されているように、都心部を取り巻くようにグリーンベルトが整備されているほか、ライン川沿いにもまとまった緑地がある。都心内部にも緑地が点在している。ケルンの住民 1 人あたりの公共緑地面積は 75 m² であり、大阪市 (3.5 m²) の実に 17 倍に及ぶ。緑地がふんだんにあると、都心部でもゆったりとした気分で快適に住み、働くことができる。少し歩けば大きな緑地があり、鳥の声を聞きながら散歩ができる。窓のカーテンを開ければ緑が見える。そんな緑の多いまちなのに、決して田舎ではなく、気軽な買い物スポットから、劇場やブランドショップまで、さまざまな機能が徒歩や路面電車で数分の範囲にそろっているのである。

以上のほか、ケルンでは都心部の路面電車の地下化や、郊外の路面電車の専用軌道化を実施することで路面電車の速度を大幅に向上したり、交通結節点にオフィスを集約移転したり、住宅対策によって居住環境を改善するなどの施策も実施してきた。

(2) ドイツにおけるその他の取組

ドイツではほかにも興味深い取組が行われている。その一つが数多くの都市で進められてきたモール化事業である。これは、市街地中心部において自動車の通行を制限し、歩行者が自由に歩き回れる空間にするもので、トランジットモール化など、公共交通との連携のもとで実施される場合も多い。図6･6は人口約31万人のカールスルーエのトランジットモールである（先述の図6･2もトランジットモールの例である)。

トランジットモールには、自動車ではアクセスしにくい。そうすると、自動車で行きやすい郊外に人が流れ、行きにくい中心部は廃れてしまいそうであるが、実態は逆である。例えば中心市街地へ自動車ででかけ、駐車して買い物すると、一定時間ごとに上がっていく駐車料金が気になる上、いったん駐車したら、必ずそこへ戻らなければならず、あまり離れた場所までは周遊しにくい。

しかし公共交通で中心市街地へ出かければ、何時間滞在しても交通費は上がらず、周遊しても別の駅や停留所がそこにはあるし、お酒を楽しんで帰ることもできる。したがって、宇都宮・服部（2010）[注13]が指摘するように、トランジットモールでは来街者の周遊性が上がり、滞在時間が増え、お金もたくさん使うようになるので、まちが経済的に潤うのである。

かつて、スペインのバルセロナでは、ミサに向かおうとしていた著名建築家のアントニ・ガウディ（サグラダ・ファミリアの設計者）が段差に躓いて転倒

図6･6　トランジットモール化されていたカールスルーエ（人口約31万人）のカイザー通り（2008年9月）

し、そこに通りかかった路面電車に轢かれて亡くなった。1926年6月のことであった。このように路面公共交通には、人との距離の近さが招く事故の危険がある。とりわけトランジットモールでは、図6･6のように路面公共交通と人とが道路空間を共有する形ともなるため、事故の発生が懸念される。しかしながらカールスルーエの場合、松田（2004）注14によると、都心部での混雑時の路面電車の運行密度が40秒に1本に上る中、人々は危険を承知で行動し、路面電車の運転士も十分に意識しながら運転するといった相互の緊張関係があり、重大事故は少ないのだという。

なお、トランジットモールとなっているカイザー通り（2.4km）と、これとT字型に交わるカール＝フリードリッヒ通りおよびその延長線上のエットリン

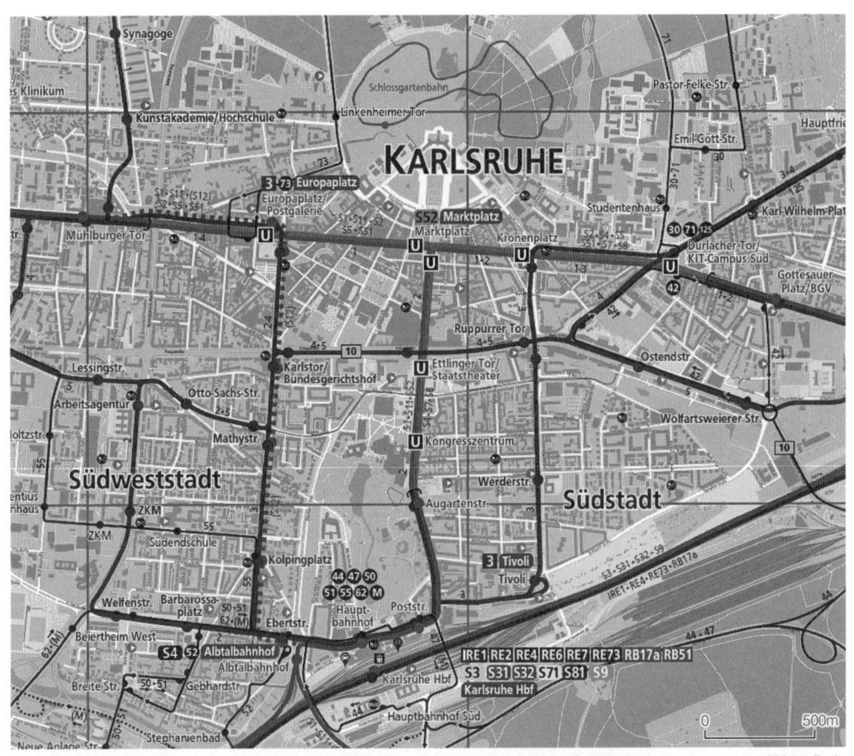

中央上部のKARLSRUHEという大文字の下を横に走行するのがカイザー通りで、Uのマークが地下化された停留所である

図6･7　一部区間が地下化されたカールスルーエ中心部の路面電車網

出典：KKV（カールスルーエ運輸連合）ウェブサイト
https://www.kvv.de/liniennetz/stadt-regioplaene.html（2022年10月15日最終閲覧）

ガー通り（1.0 km）では、2020 年に軌道の地下化がなされ、歩行者専用の通りにリニューアルされた（図 6･7）。これは、郊外からの直通運転が増加し、これ以上本数を増やせなくなったことが理由の一つとされ、工費は約 840 億円であった（塚本、2019）[注15]。

わが国でも那覇市の国際通り、姫路市の大手前通り（図 10･4、p.214）などでトランジットモール化が行われている。今後の導入事例の拡大に期待したい。

さらに 1980 年代にはドイツの各都市で「逆建設」が行われた。これは、自動車のための道路空間を縮小する一方、歩道を拡幅し、樹木やベンチを設置するという取組である。

同様の事業は、わが国にも実施例がある。図 6･8 は大阪市における例である。この事業は、大阪市の中心部を南北に貫くメインストリートの御堂筋において、車道の一部（側道）を自転車通行空間や歩道に転用したり、ベンチを設置したりすることで、歩行者と自転車の混在状況を解消し、快適に歩けるストリートを実現しようとするものである[注16]。ただし歩行者の自転車通行帯への進入が見られ、混在解消にはもう一工夫が必要と考えられる（図 6･8(右)）。また神戸市においても、同市最大のターミナルである三宮駅前において、東西・南北方向に走る片側数車線の幹線道路を「三宮クロススクエア」という人と公共交通優先の空間に転換するプロジェクトが計画されている。これにより神戸市は「道路によって分断されている駅と周辺のまちをつなぐとともに、神戸の玄関口にふさわしい象徴となる空間を創出」[注17]するとしている。

わが国では人口が減る中、自動車交通量も減ってくるものと考えられるが、

実施前（2020 年 5 月）

実施後（2022 年 11 月）

図 6･8　わが国における逆建設の例（大阪市中央区）

その中で車道を思い切って減らし、人のための空間に置き換えることで、快適で居心地のいい都市空間を形成するという方向性は妥当なものである。

6・4 わが国のコンパクトシティ政策

1 ── 進展するコンパクト・プラス・ネットワーク

国立社会保障・人口問題研究所によると、2045年の総人口が2015年より少なくなる市区町村数は全市区町村数の94.4%と推計され、うち0〜2割減少するのが同20.5%、2〜4割減少するのが同33.0%、4割以上減少するのが同40.9%となっている。また、2045年には65歳以上人口が50%以上を占める市区町村が3割近くになると推計されている[注18]。

このようにわが国では少子高齢化や人口減少が厳しく進行する中で、多くの都市圏では今までのように生活基盤や交通基盤の整備を維持しようとすれば住民や国の財政負担が重くなる。したがって今後は人口に見合った行政サービスの縮小が必要となり、そのためには都市の機能を集中させ、社会基盤の整備を効率化することが求められる[注19]。谷口（2019）[注20]は「なぜ都市のコンパクト化が求められるのかということをたとえれば、肥満化した成人病患者に医者がダイエットを勧めるのと理屈は同じである」と指摘している。

このような中でわが国では2006年に中心市街地活性化法（中活法）[注21]が改正され、創意工夫によって中心市街地活性化に取り組む自治体を国が財政面等で支援する取組が始まった。2022年4月現在152の市町が、改正中活法に基づく中心市街地活性化基本計画の認定済みとなっている[注22]。

これと併せて、2014年から展開されてきたのがコンパクト・プラス・ネットワーク政策である。そのイメージは図6・9のようである。

図6・9の左がこれまでの拡散型のまちである。駅周辺に集積度がある程度高い「拠点エリア」はあるが、自動車依存が進む中、駅から離れた地域にも色んな集積が広がってしまっており、「薄く広くぼんやりと拡散したまち」になってしまっている。公共交通はあるが、サービスレベルが低く、利便性が高いとは言えない。人々は基本的に自動車で動き、公共交通の経営環境は厳しく、路線

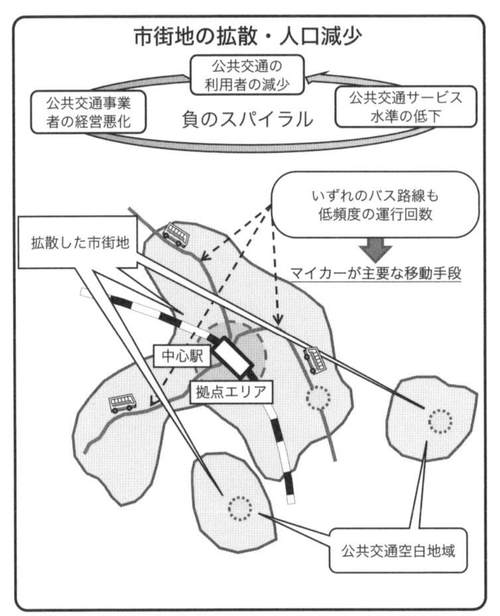

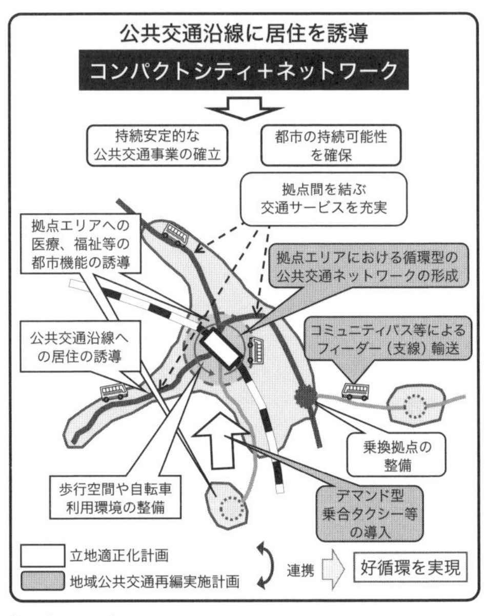

図 6･9　拡散型まちづくりとコンパクト・プラス・ネットワーク
出典：国土交通省都市計画課「コンパクト＋ネットワークの取組みの状況について」より引用
https://www1.mlit.go.jp:8088/common/001092314.pdf（2023 年 3 月 6 日最終閲覧）

廃止、減便、値上げなどのサービス低下が繰り返され、それがまた公共交通ばなれを引き起こすという悪循環が生じている。郊外には公共交通がまったくない「公共交通空白地域」が広がり、運転免許を持たない人が生活に苦労する状況が生まれている。

図 6･9 の右はこれからのコンパクト・プラス・ネットワークのまちである。都市機能や住宅は、なるべく駅や主なバス路線沿いに集められ、「駅からちょっと歩けば日常生活に必要な機能はひととおり揃っているまち」となっている。また、出かけたいときは「近くの駅まで行って鉄道で動けば不自由がない」「車がなくても特に困らない」といった状態が実現している。まちの中心部には高度な都市機能が集められ、「中心駅の付近には、映画館や劇場や百貨店やブランドショップや飲食店等ちょっとお洒落して出かけるような施設が揃っている」といった状況となっている。一方、郊外にはショッピングセンターなどの施設ができたりすることのないよう、立地規制をかけている。こうすることで、市街地は市街地、緑地は緑地といったメリハリのあるまちになる。

こういったコンパクト・プラス・ネットワークなまちを、2022 年現在のわが国では「立地適正化計画」というまちの集積を誘導する計画と、「地域公共交通計画」という公共交通ネットワークの利便性を高める計画とを車の両輪のように連動させることで実現しようとしている。

2022年12月末現在、わが国では470の自治体が立地適正化計画を策定済みであり、うち政令指定都市の広島市や熊本市など、中核市の高松市、富山市、姫路市、和歌山市など、その他都市の伊賀市、河内長野市など計336自治体が地域公共交通計画（またはその前身の地域公共交通網形成計画）を併せて策定済みとなっている[注23]。

国土交通省（2020）[注24]によると、コンパクト・プラス・ネットワークおよびコンパクトシティについて概要を説明した上で、実際に住んでみたいかを尋ねたところ、「ぜひ住んでみたい」と「できれば住んでみたい」を合わせると、すべての年代で6割以上から肯定的な回答が得られたという。

2 ──富山市のコンパクト・プラス・ネットワーク

富山市は人口41.4万人、面積1241.8km²（いずれも2020年現在）の都市である。2005年4月1日に7市町村が合併して新市制を敷いたが、旧富山市は人口32.2万人、面積208.8km²（いずれも2003年末現在）の規模であった。富山市も自動車依存の進展と市街地拡散の問題を抱えていたが、今では公共交通を活かしたコンパクト・プラス・ネットワークの先進例として注目されている（図6･10）。

富山市が目指す都市構造は図6･11のとおりである。これまでの公共交通網は富山駅を中心として鉄道とバスが四方八方に広がり、中心市街地には路面電車もある。しかし、一部の路線を除き、運行頻度は低く、駅から徒歩圏内であるにも関わらず人口集積の少ないエリアが多数存在していた。人口密度や都市集積の高いエリアが多極分散し、その中には公共交通網のないエリアもあった。

図6･10　富山市の様子（富山駅前、2022年5月）

この状況を、富山市では次のよう

に変えようとしている。まず、公共交通の活性化から始める。これまで低頻度運行であった路線を高頻度運行に変え、利便性を高める。そうすると、貧弱であった公共交通網が、しっかりした軸に生まれ変わり、市街地同士をつなぎ合わせる串のような存在になる。また、公共交通の利便性を飛躍的に高めると同時に、まちなか居住を促進する事業等を行い、駅やバス停周辺の市街地の魅力を高める。そうすると、そのような市街地に魅力を感ずる人や企業等が出てきて、実際に市街地付近へと引っ越してくるようになる。もともと都市集積が高かったエリアにはさらに集積が進み、駅付近にありながら集積の少なかったエリアも新たな都市集積に生まれ変わっていく。公共交通サービスのなかったエリアにはバス路線が新設され、鉄道との乗り継ぎ等によって富山市中心部へアクセスすることが容易になる。

富山市がコンパクト・プラス・ネットワークを進めた理由として、前富山市長の森は「人口や経済が右肩上がりだった時代と同様に拡散型のまちづくりを続けると、当然の結果として、ロードサイドに店舗などの生活利便施設が集積

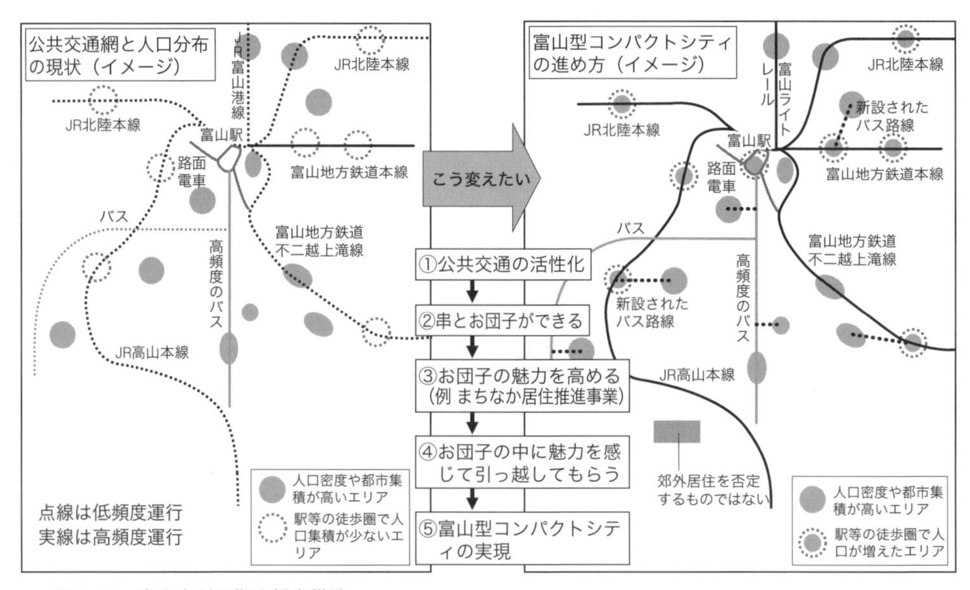

図 6･11　富山市が目指す都市構造

注：富山ライトレールは 2020 年 2 月 22 日より富山地方鉄道富山港線となっている

出典：笠原勤・富山市助役講演「富山市におけるコンパクトなまちづくりと公共交通の活性化について」（2006 年 10 月 28 日）における配付資料に加筆

する都市が生まれ、それに合わせて道路延長は伸び、下水道の延長も伸び、全ての都市維持管理コストが増加する。人口減少社会を生きる将来世代に、この高い負担を転嫁させるわけにはいかないと考えた」（家田・小嶋、2021）[注25]としている。

都市の拡散がどれだけのコストをもたらすのか。富山市は、図6･12のような試算を行った。人口密度が低下すれば、住民一人あたりの都市施設の維持・更新費用（除雪や道路清掃、街区公園、下水道管渠にかかる費用）が加速度的に増加することを、実際の整備状況を踏まえて示した。住民あたりの負担額を一定とすれば、人口密度がおおむね40～45人/ha（4000～4500人/km^2）以上であれば、税収が維持・更新費用を上回る。

図6･13は、この条件を満たす市街地の例である。この図にあるのは和歌山市北部の紀ノ川駅周辺の4次メッシュ（おおよそ500m四方の区域）で、その人口密度は約5000人/km^{2}である。富山市の試算に従えば、これくらいの人口密度であれば税収が都市施設の維持・更新費を上回って、財政に好影響が出ることになる。

富山市は、「ここでの検討は、幾つかの仮定をおいた推計であるため、結果の判断に注意が必要であるが、市街地において人口密度を40人/ha以上確保することは、受益と負担の一致を確保するための条件となる可能性がある」[注26]としている。

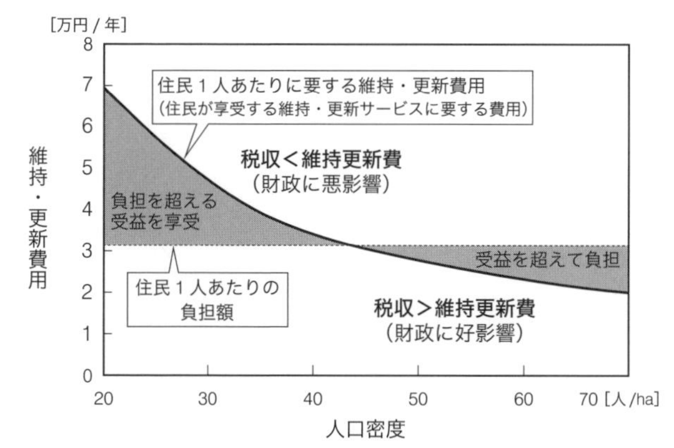

図6･12　人口密度と住民1人当たりの行政費用（維持＋更新）の関係
出典：コンパクトなまちづくり研究会（2004）『コンパクトなまちづくり事業調査研究報告』p.44に加筆

図 6･13　人口密度が約 5000 人 /km^2 の市街地の例
出典：国土地理院ウェブサイト
https://maps.gsi.go.jp/#17/34.255075/135.165605/&base=ort&ls=ort&disp=1&vs=c1g1j0h0k0l0u0t0z0r0s0m0f1&d=m

富山市のコンパクト・プラス・ネットワーク政策のシンボル的事業が、富山ライトレール（2020 年 2 月 22 日からは富山地方鉄道富山港線）の整備である。これは、富山駅北停留場（2015 年 3 月 14 日からは新設された富山駅停留場に変更）－岩瀬浜駅間の路線であり、北陸新幹線整備に伴う JR 在来線の高架化に伴い、赤字だった富山港線を JR が富山市に売却し、富山市がこれを LRT（Light Rail Transit：次世代型路面電車）として再整備したものである。

2006 年 4 月 29 日の開業当時の路線延長は 7.6 km で、うち富山駅北停留場側の約 1.1 km は都市計画道路に新たに併用軌道が敷設され、残りの約 6.5 km は既存の鉄道路線を一部改良の上で活用している[注27]。開業当時の総工費は約 58 億円で、うち約 26 億円が約 6.5 km の鉄道区間に、約 16 億円が約 1.1 km の併用軌道に、約 16 億円が車両に投じられた。負担割合は約 22 億円が国、約 9 億円が富山県、約 27 億円が富山市（JR からの負担金を含む）であった[注28]。約 7.6 km に約 58 億円という総工費を道路整備事業費と比較すると、和歌山市内で 2013 年に供用開始された 4 車線の都市計画道路松島本渡（まつしまもとわたり）線が約 1.0 km の整備に約 59 億円を要している[注29]。つまりこの LRT は、ほぼ同額の工費で、4 車線道路の 8 倍近い距離の整備に成功していることになる。

整備手法としては公有民営型の上下分離方式が採用されている。これは、線路や駅といったインフラ部分は「公」つまり富山市が設置・保「有」し、その上に「民」つまり富山ライトレールが列車を走らせて運「営」する仕組みで、

図 6･14　富山港線の併用軌道（富山市、2022 年 5 月）

上下分離方式（8 章参照）の一種である。インフラの整備や維持には膨大な費用が必要となるが、そこは「公」が面倒を見る仕組みである。この方式の採用により、運営する民間事業者には固定資産税や減価償却、金利といった負担も生じない。

図 6･15　スーパーマーケット前に新設された駅（粟島（大阪屋ショップ前）駅、2022 年 5 月）

開業当初の運営主体は第三セクターの富山ライトレールであったが、2020 年 2 月 22 日からは民間企業の富山地方鉄道となっている。運行する全車両が LRT 型車両（LRV：Light Rail Vehicle）である。2020 年 3 月 21 日からは、富山駅南北接続事業の完成により、富山地方鉄道の路面電車である富山軌道線との直通運転が開始され、富山市中心部と結ばれて利便性がさらに高まっている。

図 6･14 は、富山港線の併用軌道区間の様子である。左の写真は富山駅から北に延びる大通りであるが、その上に新しく単線の目に優しい芝生軌道が敷設されている。既存の道路を拡幅などせずそのまま使い、単線の軌道を新設することで、併用軌道区間の整備費用は 1 km あたり 14.5 億円に抑制されている。

また、スーパーマーケットの前に駅を新設するなど、現代の生活パターンに合わせる取組もなされている（図 6･15）。

JR 時代の富山港線は、朝の 6 時台から夜の 22 時台まで 1 〜 2 時間ごとに運行されていた。それが、2022 年 5 月現在では朝の 5 時台から夜の 23 時台まで

時刻表
Timetable

南富山駅前 方面 for Minamitoyamaeki-mae　富山大学前 方面 for Toyamadaigaku-mae　グランドプラザ前 方面（環状線） for Grand Plaza-mae (Loop Line)

時	平日 Weekdays	時	休日 Saturdays, Sundays and Holidays
5	49	5	49
6	25 44 52	6	27 46
7	04 14 24 36 45 48 59	7	05 24 39 54
8	01 12 [25] 34 42 [53]	8	09 21 [25] 39 [54]
9	06 [23] 38 [53]	9	09 [24] 39 [54]
10	09 [24] 39 [54]	10	09 [24] 39 [54]
11	09 [24] 39 [54]	11	09 [24] 39 [54]
12	09 [24] 39 [54]	12	09 [24] 39 [54]
13	09 [24] 39 [54]	13	09 [24] 39 [54]
14	09 [24] 39 [54]	14	09 [24] 39 [54]
15	09 [24] 39 [54]	15	09 [24] 39 [54]
16	09 [24] 39 [54]	16	09 [24] 39 [54]
17	09 [24] 37 [57]	17	09 [24] 39 [54]
18	07 17 [27] 37 [51]	18	09 [24] 39 [54]
19	06 10 [24] 39 [54]	19	09 [24] 39 [54]
20	09 40	20	09 39
21	09 39	21	09 39
22	09 39	22	09 39
23	09	23	09

図 6·16　富山港線のダイヤ（2022 年 5 月）

図 6·17　岩瀬浜駅で接続する LRT とフィーダーバス（2022 年 5 月）

10 〜 30 分ごとの比較的高頻度な運行となっているほか、昼間はパターンダイヤ化されている（図 6·16）。

「串」である LRT の開業に合わせて、「お団子」である駅周辺の魅力を高める取組も併せて展開されている。例えば、富山市は LRT 沿線をはじめとする公共交通沿線において「公共交通沿線居住促進事業」を実施している。これは住宅を建設する事業者や住宅を建設・購入する市民への助成制度であり、2007 年 10 月から 2016 年 3 月までに合計 572 件 1270 戸の実績があった注 30。また、岩瀬浜駅周辺では北前船の廻船問屋が軒を連ねた古いまちなみや運河等を活かす取組と、エコタウン産業団地の整備が、岩瀬浜駅と蓮町駅ではフィーダーバスの運行が、さらに各駅では駐輪場の設置による自転車との連携がなされている。これらのうち、終点の岩瀬浜駅では、2 本の LRT に対して 1 本のフィーダーバスが接続し、しかもバリアフリー化された同一ホームにてわずかな距離を移動するだけでの乗り継ぎが可能となっている（図 6·17）。

このような取組が奏功して、JR 富山港線時代の 2005 年 10 月には平日 2266 人 / 日、休日 1045 人 / 日であった旅客数が、富山ライトレール化直後の 2006 年 10 月には平日 4919 人 / 日、休日 5166 人 / 日注 31 へと大幅に増え、2015 年においても平日 4904 人 / 日、休日 3517 人 / 日注 30 と、JR 時代を大きく上回る利用者を獲得できている。富山市によると、平日の利用者の 2 割が「それまで出歩

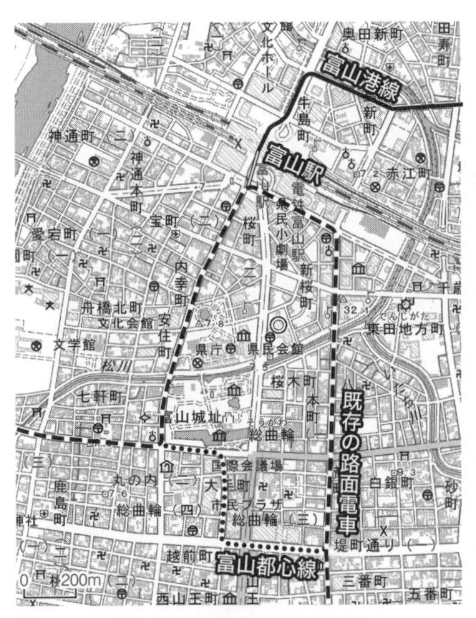

図 6･18　富山市中心部周辺の軌道網
出典：国土地理院地図より作成

図 6･19　JR 富山駅の直下に新設された富山駅停留場（2022 年 5 月）

かなかった高齢者等」であるなど、LRT は市民の健康的なライフスタイルの形成に寄与している[注 30]。松中ら（2021）[注 32]は、富山市内在住の高齢者が同市中心市街地へ出かける際、公共交通を 1 乗車 100 円で利用できる「おでかけ定期券」について、それを利用している高齢者の歩数がそうでない人に比べて 1 日約 770 歩多いことなどを明らかにした上で、おでかけ定期券事業による医療費抑制効果が年約 8 億円に上ると結論している。

公共交通を重視する富山市では、2006 年の富山ライトレール開業に続く第二弾の施策として、2009 年 12 月 23 日には路面電車の富山都心線（0.9 km）を公有民営型の上下分離方式で整備し、富山地方鉄道による環状運転の開始にこぎ着けた（図 6･18）。さらに 2015 年 3 月 14 日には、北陸新幹線富山駅の開業に合わせ、

図 6･20　富山駅前での魅力ある都市空間の形成（2022 年 5 月）

図 6･21　中心市街地に整備された集客施設（2022 年 5 月）

同駅直下に富山駅停留場が設置された（図 6･19）。その後、2020 年 3 月 21 日には同停留場に富山港線が乗り入れ、富山地方鉄道富山軌道線との相互乗り入れ運転が開始された。富山駅前には、ゆっくり休憩できる花いっぱいの魅力的な空間が設けられている（図 6･20）

富山市の都心部においても、まちの魅力向上につながるさまざまな施策が展開されている。図 6･21 は富山市の中心商店街、総曲輪（そうがわ）附近に整備されたガラス張りの賑わい空間「グランドプラザ」である。このほか、中心部にはシネマコンプレックス付きの複合施設や、福祉総合拠点、教育施設、スポーツ施設等も整備され、大規模なマンションの立地も見られる。

富山市の中心市街地では、2008 年から 2019 年まで継続して人口の社会増（転入ー転出がプラス）を維持している。また、富山市の公共交通沿線の居住推進地区においても、2012 年以降 2019 年まで社会増の傾向にある（家田・小嶋、2021）[注 33]。

6･5　コンパクト・プラス・ネットワークの推進に向けて

コンパクトシティ化は、必ずしもプラス面ばかりがあるわけではなく、マイナス面もある。表 6･2 にコンパクト・プラス・ネットワークの長所と短所を整理する。

2022 年現在、新型コロナウイルス対策として「三つの密」（密集・密接・密閉）の回避が求められる中にある。この中でコンパクトなまちづくりの妥当性に関する疑問も出てきそうであるが、矢作ほか（2020）[注 34] は「スプロールした地

表6･2　コンパクト・プラスネットワークの長所と短所

	長所	短所
環境面	・郊外化抑制による自動車利用減→地球温暖化ガスの排出削減 ・トリップ長の短縮による都市交通の総量の削減→地球温暖化ガスの排出削減 ・市街地内の開発による緑地や農村部の保全 ・建物密度の上昇による地域冷暖房効率の改善	・市街地内のオープンスペースなど、身近な緑地の減少 ・高密度化によるヒートアイランド現象 (ただしこれらは公共スペースの配置やデザインである程度対応可能)
社会面	・歩行者環境の向上や公共交通利用促進などによる交通の安全性の向上	
	・徒歩や自転車、公共交通の利便性の向上や、高密度居住による施設への接近性の改善（歩いて暮らせるまち） ・良いデザインの建築による環境改善 ・散歩、おしゃべり、路上パフォーマンス、飲食など、「まち空間」に滞留し交流する人間的な楽しみの向上	・居住スペースの少なさなど、個人のスペースの減少 ・公共施設の貧困 ・都市の魅力増→地価・借家料 UP →アフォーダブル（中低所得者向け）住宅の欠如 ・自動車抑制によるモビリティの減少（ただし公共交通等の充実により対応可能）
	・心理的要因による死因の少なさ	・呼吸器系の病気による死因の多さ ・騒音や汚染の増大
	・都市のプライドやアイデンティティの向上	
	・コミュニティ意識の高まりと安全・安心な生活そして地域活力の向上（安心して歩いて暮らせるまち：ウォーカブルタウン）	・一方、犯罪が増加するとの意見もある
	・さまざまなタイプの住宅供給による社会的階層のミックス化（社会的分離の減少） ・社会的公平さの確保	・一方で混住化が新たな社会的緊張を産む恐れもある
経済面	・地元商店利用のほうが域外に本社を持つチェーン店利用よりも所得の域外流出が少ないため、地域経済効果が大きい（米国の例） ・密度向上により行政の効率が向上 ・公共交通の効率化と採算性向上 ・都市中心部の活力向上 ・職住近接 ・非熟練工の就業機会の多さ ・都市的集積の中で人と人との直接的な接触や議論が生じ、これが創造力の源泉となって、サービス経済化や知識ベース産業の成長を促す ・エネルギー効率の良い都市や国は脱炭素革命時代において有利となる	・土地利用や都市開発の自由への規制 ・道路整備による土地の買い上げが少なくなる ・郊外の切り捨てを危惧する意見もある

出典：海道清信（2001）『コンパクトシティ　持続可能な社会の都市像を求めて』学芸出版社、矢作弘（2005）『大型店とまちづくり　規制進むアメリカ、模索する日本』岩波書店、山本恭逸（2006）『コンパクトシティ　青森市の挑戦』ぎょうせい、鈴木浩（2007）『日本版コンパクトシティ　地域循環型都市の構築』学陽書房、海道清信（2007）『コンパクトシティの計画とデザイン』学芸出版社を参考に作成

域のほうが高密度の都市よりも感染率が低くなるという実証的な証拠はない」「コンパクトであることは、環境、交通、健康、経済活動のどの面でもスプロール開発より利益が大きい」等とするT・リットマンの論文によりながら、「感染症の時代に大切な都市政策、および都市計画は、人々が接触する機会を適切に管理することである。郊外に人々やビジネスを押し出したり、高密度を抑制して都市の活力を減衰させたりすることではない」としている。

このようにコンパクト・プラス・ネットワークには長短の両面があり、もちろん都市によって、どのようなプラス、どのようなマイナスが、どの程度大きいかは異なってくる。コンパクト・プラス・ネットワークの効果に関する評価の技術を高めるとともに、各都市・地域にふさわしい手法、規模、内容、プロセスの十分な検討と適用が重要になってくる。

第7章

誰ひとり取り残さないユニバーサルな交通

7・1 福祉の交通まちづくりとバリアフリー、ユニバーサルデザイン

1 ――交通バリアフリー

2章で述べたように、高齢者や障がい者等は、移動にあたってさまざまな困難に直面している[注1]。例えば高齢者は、路線図等の細かい文字が見えにくい、長時間の立位が難しい、新しい機器の操作がわかりにくいといった困難を抱えている。また、聴覚・言語障がい者には、列車や発車合図に気づきにくい、案内放送が聞こえにくいといった困難がある。妊娠中や乳幼児連れの人には、大きいおなかで足下が見えにくく階段を下りるのが難しい、ベビーカーを持っていたり子どもが不意な行動をとる場合などに公共交通利用に心理的なバリアを感じるといった困り事がある。

高齢者や障がい者など、さまざまな人の日常生活や社会生活の上の障壁を取り除く取組を「バリアフリー化」という。2002年12月に閣議決定されたわが国の「障害者基本計画（第2次計画）」[注2]は、バリアフリーを「障害のある人が社会生活をしていく上で障壁（バリア）となるものを除去するという意味で、もともと住宅建築用語で登場し、段差等の物理的障壁の除去をいうことが多いが、より広く障害者の社会参加を困難にしている社会的、制度的、心理的なすべての障壁の除去という意味でも用いられる」としている。

バリアフリーの中でも、本書では主として移動に関するバリアフリー（交通

バリアフリー）を扱う。その定義は、「高齢者、障害者等の移動等の円滑化の促進に関する法律」（通称：バリアフリー法）における「移動等円滑化」の定義に従うと、「「高齢者、障害者等の移動又は施設の利用に係る身体の負担を軽減することにより、その移動上又は施設の利用上の利便性及び安全性を向上すること」（バリアフリー法第二条の二）を通じて、日常生活や社会生活を営む上で必要とされる移動に対する障壁をなくすこと」となる。

2 ――移動におけるユニバーサルデザイン

すべての人のためのデザイン（design for all）という点で、バリアフリーの発展型であるとされるのがユニバーサルデザイン（UD）である。前述の「障害者基本計画（第2次計画）」では、「あらかじめ、障害の有無、年齢、性別、人種

表7･1　ユニバーサルデザインの7原則と移動における例

原則と説明	移動における例
利用における公平性 ・能力の異なる様々な人々が利用できるようなデザイン	・誰もが乗り降りしやすい、段差のない車両
利用の柔軟性 ・個々の好みや能力に幅広く対応できるようなデザイン	・階段、エスカレーター、エレベーター、スロープが用意された垂直移動
シンプルかつ直感的な使い勝手 ・利用者の経験・知識・語学力・利用時の集中の度合いに関わらず、使用方法が簡単に理解できるようなデザイン	・出入口からホームまでの行き方がわかりやすい駅
分かりやすい情報提供 ・利用者の周囲の状況や感覚能力に関わらず、必要な情報を効果的に伝達できるようなデザイン	・「次は○○です」という大きな文字が漢字→ひらがな→ローマ字と切り替わる車内表示器と音声による案内 ・絵文字（ピクトグラム）による案内
ミスに対する許容性 ・事故や不慮の操作によって生じる予期しない結果や危険性を最小限にするようなデザイン	・不慮の転落事故を未然に防ぐホームドアや可動式ホーム柵
身体的労力の小ささ ・効率的かつ快適に、最小限の労力で使用できるようなデザイン	・切符を購入したり、両替したりといった労力を最小限にするICカード
接近と使用のための適切なサイズと空間 ・利用者の体格、姿勢、移動能力に関わらず、対象に近づき、手が届き、操作・利用ができるようなサイズと空間を確保できるようなデザイン	・誰もが利用できるようにデザインされたトイレ

出典：土木学会土木計画学研究委員会福祉の交通・地域計画研究小委員会　災害科学研究所交通まちづくり学研究会編（2008）『日本の交通バリアフリー　理解から実践へ』学芸出版社、p.15より作成

等にかかわらず多様な人々が利用しやすいよう都市や生活環境をデザインする考え方」と定義されている。ユニバーサルデザインには、表7･1に掲げる七つの原則がある。

地方都市圏の交通ネットワークは鉄軌道、バス、タクシー等さまざまなモードで構成されているが、これらは都市圏の社会経済活動を支え、かつ市民の日常生活上の移動を支えるという必要不可欠な社会基盤である。今後の地方都市圏の交通施設整備やまちづくりにおいては、単なるバリアの除去にとどまるのではなく、「誰でも」「いつでも」「どこへでも」「気兼ねなく」「楽に」使えるよう配慮した上でのバリア除去を目指した取組が求められる。つまり、ユニバーサルデザインの考え方を採り入れたバリアフリー化が必要なのである。

誰もが乗り降りしやすい段差のない車両や、階段・エスカレーター・エレベーターやスロープが用意された垂直移動、出入口からホームまでの行き方がわかりやすい駅、「次は○○です」という大きな文字が漢字→ひらがな→ローマ字と切り替わる車内表示器と音声案内、絵文字（ピクトグラム）による案内、不慮の転落事故を未然に防ぐホームドアや可動式ホーム柵、切符を購入したり、両替したりといった労力を最小限にするICカードは、移動におけるユニバーサルデザインの例である。

3 ──移動におけるユニバーサルデザイン－阪急伊丹駅の事例－

阪急伊丹駅は、「UDターミナルの草分け」（三星・高橋・磯谷、2014）[注3]とされる駅で、2002年には同駅周辺整備事業が「第1回内閣官房長官賞（バリアフリー化推進功労者）」に選ばれるなど、高い評価を受けてきた。ここではその事例を紹介する[注4]。

この駅は1995年の阪神淡路大震災で全壊したが、交通エコロジー・モビリティ財団の「アメニティターミナル整備事業」のモデル駅としての復興が進められ、2000年11月に同駅周辺整備事業の完成を見た。復興にあたっては、「高齢者・障害者を含めたすべての人に優しい駅づくり」をテーマに、移動制約者の意見を計画の初期段階から取り入れながら、利用者の要望を徹底把握しつつ、実施可能な内容はできる限り計画に反映する方針での事業展開がなされた。

阪急伊丹駅とその周辺では、次のような特徴的な施設が整備されている。

まず、駅ビルの入口から乗り場階（3階）までの動線が一直線で、明快である（図7·1）。これにより駅ビル内をシンプルかつ直感的に移動できる。

また、垂直移動用として、二段手すりを備えた階段と上下のエスカレーターのほかに、15人乗りと21人乗りの大型エレベーターが計2基用意されている（図7·2）。これにより、大きな荷物を持っている人やベビーカーの人、車椅子の人など、誰もが自分の状況やスピードに合わせて柔軟に垂直移動できる。このエレベーターは駅前広場正面のわかりやすい位置に設置されている。

改札口とホームを結ぶスロープは緩やかで幅が広く、小さな身体的労力で利用できる（図7·3）。また、二段手すりや点字案内も設けられ、床面とのコントラストのはっきりした視覚障がい者誘導用ブロックもあるなど、利用における公平性への配慮を見ることができる。

この駅の改札口はホームの北端のみにある。そこで、緊急時の移動制約者等

図7·1　駅ビル入口から乗り場階までの明快な動線（2019年6月）

図7·2　2基の大型エレベーター（2019年6月）

図7·3　改札口とホームを結ぶスロープ（2019年6月）

図7·4　ホーム先端の避難用スロープ（2019年6月）

の利用を考慮して、ホーム南端に避難用スロープが設置されている（図 7･4）。

券売機は高さが低く抑えられており、カウンターの下部には蹴込みが設けられて、車椅子の方が近づいて操作しやすい構造となっている。また、券売機の横に点字とひらがなの運賃表が設置されている（図 7･5）。

サービスコーナーには授乳室が備えられている（図 7･6）。

改札内には誰もが利用できるようにデザインされた多機能トイレが、男女別のトイレ内にそれぞれ設置されていて、オストメイト、手すり、点字案内板、ベビーシート、触地図などが備えられている（図 7･7）。設計にあたっては、鏡の設置角度、フックの高さ、手すりの位置等に至る細部に移動制約者等からの提案が反映されている。

図 7･5　バリアフリー型の券売機（2019 年 6 月）

図 7･6　授乳室付きのサービスコーナー（2019 年 6 月）

図 7･7　多機能トイレ（2019 年 6 月）

図7･8　すべての乗り場が屋根付きで、道路を横断することなく行ける駅前バス停（2019年6月）

図7･9　駅ビル出入口からまっすぐ行ける無段差のタクシー乗り場（2019年6月）

図7･10　見やすく傾けられた案内看板（2019年6月）

また、駅バス停のすべての乗り場に屋根がかけられ、駅から道路を横断することなく行けるようになっている（図7･8）。タクシー乗り場は、駅ビル出入口からまっすぐ行った位置に設置されており、無段差である（図7･9）。

以上のほかにも、白杖や携帯型発信に反応する視覚障がい者用の音声ガイドシステムや、音声付き点字案内板、盲導鈴、点滅型誘導音付避難口誘導灯、列車入線･出発情報や異常時情報案内表示機能が付加されたLED行先案内表示器、イス付き公衆電話などの設備が備えられている。駅前広場のバス乗り場案内や周辺案内図には、見やすいよう傾きがつけられている（図7･10）。

7・2 わが国における交通バリアフリーの進捗状況

1 ——交通バリアフリーの法制度

駅や公共施設、小売店舗といった施設には、不特定多数の人々が集う。鉄道やバスなどの移動手段のバリアフリー化は、こういった施設を中心としたまち全体のバリアフリー化とセットで行われなければならない。このような観点からわが国では1994年の「高齢者・身体障害者が円滑に利用できる特定建物の建築の促進に関する法律」（通称：ハートビル法）や、2000年の「高齢者、身体障害者等の公共交通機関を利用した移動の円滑化の促進に関する法律」（通称：交通バリアフリー法）、そして2006年の「高齢者、障害者等の移動等の円滑化の促進に関する法律」（通称：バリアフリー法）が制定・施行され、それらのもとでまちのバリアフリー化が一定の進展を見てきた。

ハートビル法は、米国のADA法（障がいを持つ米国人法）に触発されて制定されたものであり、高齢者や身体障がい者等の不特定多数が円滑に利用できる建築物の建築促進を目的としていた。具体的には、不特定多数の者が利用する建築物（特定建築物）を建築する者に対し、障がい者等が円滑に建築物を利用できる措置を講ずることを努力義務として課すものであった。

交通バリアフリー法は駅などの旅客施設を中心とした一定の地区において、市町村が作成する基本構想にもとづき、旅客施設、周辺の道路、駅前広場などのバリアフリー化を重点的・一体的に推進すること等を目的とするものであった。

これら二つの法律を統合・拡充して、2006年に施行されたのがバリアフリー法である。

令和の時代に入り、バリアフリー法は2020年に改正された。2022年11月現在の概要を表7・2に示す。国土交通省[注5]によると、この改正は2018年12月の「ユニバーサル社会の実現に向けた諸施策の総合的かつ一体的な推進に関する法律」（通称：ユニバーサル社会実現推進法）の施行、東京オリンピック・パラリンピック競技大会開催に伴う共生社会実現に向けた機運醸成、後述の「心のバリアフリー」関連などのソフト対策強化の必要性などを踏まえたものである。

表 7･2 に「面的に」とある。仮に交通施設という「点」のバリアフリーが進んだとしても、駅から周辺の各種施設までの経路や、各種施設自体がバリアフリー化されていないといったように、「面」としてのバリアフリー化の遅れが多々見られる。秋山（2001）は「ある移動経路のなかで、ほとんどすべてがバリアフリー整備されている場合であっても、1 カ所バリアがあると移動ができなくなり、せっかくのバリアフリー整備がモビリティの確保につながらないことに気づく必要がある」[注6]と指摘している。

また、表 7･2 に「心のバリアフリー」とある。「面」的なバリアフリーが整っていても、そこに人々の心が伴わなければ社会のバリアフリー化は進まない。たとえば図 7･11 のようにバス停が心ない駐停車車両で塞がれていると、バスが正着できず、ノンステップ化などのバリアフリーが意味をなさなくなる（図 10･6(右)、p.215）。法制度などの「しくみ」や、その上で展開される物理的な「かたち」のバリア解消の上に、「心」のバリアフリーが伴うことで、はじめて「誰でも」「いつでも」「気兼ねなく」「楽に」活動できるユニバーサルなまちが実現するのである。まちや交通施設等では、心のバリアフリーを呼びかける取組（図 7･12）や、講座等の開催もなされている。ぜひその重要性を理解し、協力

表 7･2　バリアフリー法の主な内容

対象者 〈誰もが〉	・高齢者または障がい者で日常生活または社会生活に身体の機能上の制限を受けるものその他日常生活または社会生活に身体の機能上の制限を受ける者
対象施設等 〈どこへでも〉 〈心も重視〉	・旅客施設（駅、電停、バスターミナル、港や空港のターミナル）、車両等（鉄道車両、バス車両、タクシー車両、船、航空機等）、道路、路外駐車場、都市公園、建築物および「心のバリアフリー」
対象地域 〈面的に〉	・旅客施設を中心とする地区や、高齢者、障がい者等が利用する施設が集まった地区について、移動等円滑化促進方針または基本構想を作成するよう市町村に努力義務づけ
当事者参加 〈みんなで〉	・移動等円滑化促進方針および基本構想策定時の協議会制度があり、その構成員として市町村、関係施設の設置管理者、公安委員会、交通事業者、学識経験者等のほか、高齢者や障がい者等の当事者を規定 ・住民などからの移動等円滑化促進方針および基本構想の作成提案制度有
評価・見直し 〈より良いものに〉	・移動等円滑化促進方針および基本構想について、おおむね 5 年ごとに実施状況の調査・分析・評価を行うことを作成市町村に努力義務化 ・国には、関係行政機関および高齢者、障がい者等、地方公共団体、施設設置管理者その他の関係者で構成する会議（移動等円滑化評価会議）を設け、定期的に、移動等円滑化の進展の状況を把握し、および評価することを努力義務化

出典：「高齢者、障害者等の移動等の円滑化の促進に関する法律の一部を改正する法律（令和 2 年法律第 28 号）」より作成

したいものである。

表7･2に「みんなで」とある。駅やバス停、道路等の公共施設は不特定多数の人々が利用するものである。こういった施設について、ユニバーサルデザインの考え方を採り入れたバリアフリー化を行うためには、できる限り多様な人の移動ニーズを把握する必要がある。したがって、さまざまな年齢層の、多様な障がいを持つ市民の参加のもとで、当該地区が抱えるバリアフリー上の問題を明らかにし、解決策を検討することが重要となる。そこで、バリアフリー法においては、「移動等円滑化促進方針」(以下、マスタープラン)および「移動等円滑化基本構想」(以下、基本構想)を当事者参画のもとで策定する制度が設けられている[注7]。

2021年度末現在、マスタープランの策定市区町村は22、基本構想の策定市区町村は316となっている[注8]。バリアフリー法に基づく基本方針における整備目標では、2025年度末までにマスタープラン策定自治体数を約350(全市町村(約1740)の約2割)、基本構想策定自治体数を約450(2000人以上/日の鉄軌道駅およびバスターミナルが存在する市町村(約730)の約6割)まで増やすこととされている。

つまり2021年度から2025年度にかけてマスタープラン策定自治体数を約16倍に、基本構想策定自治体数を約1.4倍に増やす計画となっており、その達成に向けて大きな努力が必要な状況にある。人は、それぞれの特性に基づき、さまざまな利害を有しているが、マスタープランや基本構想策定という共同作業を通じて、お互いに他人の特性を理解し、折り合うことができる。このように、

図7･11　心のバリア：バス停の駐停車車両(田辺市、2021年10月)

図7･12　心のバリアフリーを呼びかける駅貼り広告(紀ノ川駅、2021年9月)

交通施設やまちのバリアフリー（あるいはまちづくりそのもの）に関する計画を策定する場合には、そのまちに暮らし、その施設を利用する人々の参画が極めて重要な意味を持つ。市町村によるマスタープランや基本構想の策定が待たれるところである。

ここで、和歌山市が2007年度に策定した「和歌山市六十谷駅周辺バリアフリー基本構想」の例で、当事者参画について説明しておきたい。同駅は2006年度に1日あたり4147人の乗車人員（乗降人員ではほぼその倍）を記録していたが、段差の解消などのバリアフリー化が遅れていた。同駅周辺には多数の医療施設、福祉施設、小売店、銀行、郵便局、学校などがあるが、それらを結ぶ道路や、乗合バスのバリアフリー化も遅れていた。

そこで同構想の策定が行われたのであるが、策定過程においては、協議会の設置、タウンウォッチングの実施、基本構想（素案）に対する市民意見募集と

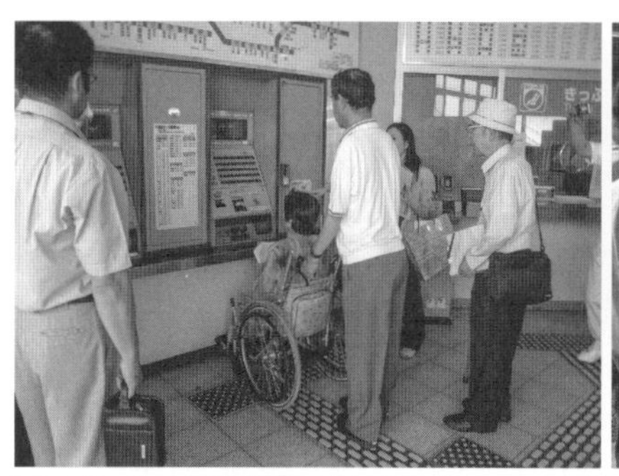

図7･13　六十谷駅構内におけるタウンウォッチング

図7･14　タウンウォッチングの結果から要改善点を議論する参加者

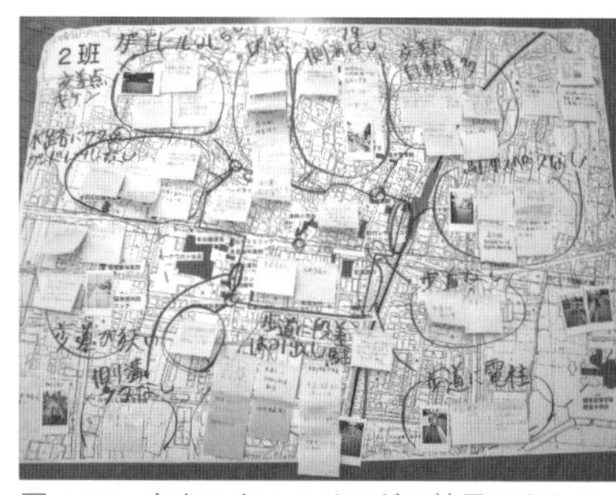

図7･15　タウンウォッチングの結果のまとめ

改修前（2007 年 7 月）　　　　改修後（2022 年 9 月）

図 7･16　実施された事業の一例（六十谷バス停）

いった形で当事者参画が行われた。協議会の構成員は、六十谷駅周辺地域の住民代表と、市の老人クラブ連合会代表、市の身体障がい者連盟代表、市の肢体障がい者・視覚障がい者・聴覚障がい者の各協会代表、公共交通事業者、国（河川国道事務所、運輸支局）、県（総合交通政策課、海草振興局建設部）、県警、市（企画部、都市計画部、社会福祉部、基盤整備部）と学識経験者であった。

図 7･13 ～図 7･15 は、六十谷駅や地区内の主要な経路を対象として 2007 年 7 月 25 日に実施されたタウンウォッチングの様子である（いずれも 2007 年 7 月撮影）。参加者は地域住民 11 名（うち 65 歳以上 9 名）、障がい者 7 名、交通事業者（鉄道、路線バス）5 名、介護者・保健師 2 名、県警 3 名、和歌山県 3 名、和歌山市 2 名、事務局 10 名と学識経験者 1 名（筆者）の計 44 名であった。

このような当事者参画のもと、対象地域のバリアフリー上の問題点が整理され、協議会で具体的な事業案が練られていった。事業案は、短期（2010 年までに実施）、中期（2015 年までに実施）、長期（2016 年以降に実施）に仕分けされた。その後、基本構想（素案）の策定、パブリックコメントの募集、基本構想の策定、そして事業の実施へと進んでいる（図 7･16）。

2 ──交通施設等のバリアフリー化の目標と達成状況

わが国ではバリアフリー法に基づき、各種施設等のバリアフリー化の整備目標などを盛り込んだ「移動等円滑化の促進に関する基本方針」が定められている。2022 年現在の主な整備目標については、は表 7･3 のとおりである。これらの目標の取りまとめにあたり、特に留意された点は、1）各施設等について地

表7･3　バリアフリー法に基づく基本方針における主な整備目標①

<table>
<tr><th colspan="3"></th><th>2020年度末の達成状況</th><th>2025年度までの目標</th></tr>
<tr><td rowspan="6">鉄軌道</td><td rowspan="5">鉄軌道駅</td><td>段差の解消</td><td>94.5%</td><td rowspan="4">・バリアフリー指標として、案内設備（文字等および音声による運行情報提供設備、案内用図記号による標識等）の設置を追加
・3000人以上/日の施設および基本構想の生活関連施設に位置付けられた2000人以上/日の施設を原則100%
・この場合、地域の要請および支援の下、鉄軌道駅の構造等の制約条件を踏まえ可能な限りの整備を行う
・その他、地域の実情にかんがみ、利用者数のみならず利用実態を踏まえて可能な限りバリアフリー化
※高齢者、障がい者等に迂回による過度の負担が生じないよう、大規模な鉄軌道駅については、当該駅および周辺施設の状況や当該駅の利用状況等を踏まえ、可能な限りバリアフリールートの複数化を進める
※駅施設・車両の構造等に応じて、十分に列車の走行の安全確保が図れることを確認しつつ、可能な限りプラットホームと車両乗降口の段差・隙間の縮小を進める</td></tr>
<tr><td>視覚障がい者用誘導ブロック</td><td>96.8%</td></tr>
<tr><td>案内設備</td><td>80.2%</td></tr>
<tr><td>障がい者用トイレ</td><td>91.8%</td></tr>
<tr><td>ホームドア・可動式ホーム柵</td><td>943駅
(2192番線)</td><td>・駅やホームの構造・利用実態、駅周辺エリアの状況などを勘案し、優先度が高いホームでの整備を加速化することを目指し、全体で3000番線
・うち、10万人/日以上の駅は800番線</td></tr>
<tr><td colspan="2">鉄軌道車両</td><td>48.6%</td><td>・約70%
※2020年4月に施行された新たなバリアフリー基準（鉄軌道車両に設ける車椅子スペースを1列車につき2カ所以上とすること等を義務付け）への適合状況（50%程度と想定）を踏まえて設定
※新幹線車両について、車椅子用フリースペースの整備を可能な限り速やかに進める</td></tr>
<tr><td rowspan="7">バス</td><td rowspan="4">バスターミナル</td><td>段差の解消</td><td>90.9%</td><td rowspan="4">・バリアフリー指標として、案内設備（文字等および音声による運行情報提供設備、案内用図記号による標識等）の設置を追加
・3000人以上/日の施設および基本構想の生活関連施設に位置付けられた2000人以上/日の施設を原則100%
・その他、地域の実情にかんがみ、利用者数のみならず利用実態等を踏まえて可能な限りバリアフリー化</td></tr>
<tr><td>視覚障がい者誘導用ブロック</td><td>90.9%</td></tr>
<tr><td>案内設備</td><td>72.7%</td></tr>
<tr><td>障がい者用トイレ</td><td>71.4%</td></tr>
<tr><td rowspan="2">乗合バス車両</td><td>ノンステップバス</td><td>63.8%</td><td>・約80%</td></tr>
<tr><td>リフト付きバス（適用除外認定車両）</td><td>5.8%</td><td>・約25%をリフト付きバスまたはスロープ付きバスとする等、高齢者、障がい者等の利用の実態を踏まえて、可能な限りバリアフリー化
・1日当たりの平均的な利用者数が2000人以上の航空旅客ターミナルのうち鉄軌道アクセスがない施設（指定空港）へのバス路線を運行する乗合バス車両における適用除外の認定基準を見直すとともに、指定空港へアクセスするバス路線の運行系統の総数の約50%について、バリアフリー化した車両を含む運行とする</td></tr>
<tr><td colspan="2">貸切バス車両</td><td>1975台</td><td>・約2100台のノンステップバス、リフト付きバスまたはスロープ付きバスを導入する等、高齢者、障がい者等の利用の実態を踏まえて、可能な限りバリアフリー化</td></tr>
</table>

注：適用除外認定車両とは、構造または運行の態様によりバリアフリー法の規定によらない特別の事由があると認定されたバスである

表 7･3　バリアフリー法に基づく基本方針における主な整備目標②

		2020 年度末の達成状況	2025 年度までの目標
タクシー	福祉タクシー車両	4 万 1464 台	・約 9 万台 ・各都道府県における総車両数の約 25%について、ユニバーサルデザインタクシーとする
道路	重点整備地区内の主要な生活関連経路を構成する道路	91%	・約 70%（対象が約 1700 km から約 4450 km に増加）
都市公園	園路および広場	59%	・規模の大きい概ね 2 ha 以上の都市公園を約 70% ・その他、地域の実情にかんがみ、利用実態等を踏まえて可能な限りバリアフリー化
都市公園	駐車場	50%	・規模の大きい概ね 2 ha 以上の都市公園を約 60% ・その他、地域の実情にかんがみ、利用実態等を踏まえて可能な限りバリアフリー化
都市公園	便所	37%	・規模の大きい概ね 2 ha 以上の都市公園を約 70% ・その他、地域の実情にかんがみ、利用実態等を踏まえて可能な限りバリアフリー化
路外駐車場	特定路外駐車場	71%	・約 75%
信号機等	主要な生活関連経路を構成する道路に設置されている信号機等	98%	・主要な生活関連経路を構成する道路に設置されている信号機等は原則 100%
信号機等	音響機能付加信号機	—	・主要な生活関連経路を構成する道路のうち、道路または交通の状況に応じ必要な部分に設置されている信号機については原則 100%
信号機等	エスコートゾーン	—	・主要な生活関連経路を構成する道路のうち、道路または交通の状況に応じ必要な部分に設置されている道路標示については原則 100%
基本構想等	移動等円滑化促進方針の作成	22 自治体（2021 年度末）	・約 350 自治体（全市町村（約 1740）の約 2 割）
基本構想等	移動等円滑化基本構想の作成	316 自治体（2021 年度末）	・約 450 自治体（2000 人以上 / 日の鉄軌道駅およびバスターミナルが存在する市町村（約 730）の約 6 割に相当）
心のバリアフリー		—	・移動等円滑化に関する国民の理解と協力を得ることが当たり前の社会となるような環境を整備する ・「心のバリアフリー」の用語の認知度を約 50%（現状：約 24%） ・高齢者、障がい者等の立場を理解して行動ができている人の割合を原則 100%（現状：約 80%）

注 1：以上のほか、船舶や航空、建築物に関する目標も設定されている

注 2：2020 年度末の達成状況は、2020 年度までの目標による。2025 年度までの目標は、2021 年 4 月 1 日に改正された基本方針に基づく

出典：国土交通省の以下の三つの資料から作成

「バリアフリー法に基づく基本方針における次期目標について（最終とりまとめ）（概要）」
https://www.mlit.go.jp/report/press/content/001373537.pdf（2023 年 1 月 19 日最終閲覧）

「公共交通事業者等からの移動等円滑化取組報告書又は移動等円滑化実績等報告書の集計結果概要（令和3年3月31日現在）」
https://www.mlit.go.jp/sogoseisaku/barrierfree/content/001472351.pdf（2023 年 1 月 19 日最終閲覧）

「ホームドア設置駅数の推移」
https://www.mlit.go.jp/sogoseisaku/barrierfree/content/001382227.pdf（2023 年 1 月 19 日最終閲覧）

方部を含めたバリアフリー化の一層の推進、2）聴覚障がいおよび知的・精神・発達障がいに係るバリアフリーの進捗状況の見える化、3）マスタープラン・基本構想の作成による面的なバリアフリーのまちづくりの一層の推進、4）移動等円滑化に関する国民の理解と協力、いわゆる「心のバリアフリー」の推進、とされている[注9]。公共交通のバリアフリーの整備状況の推移や最新状況については国土交通省「バリアフリー整備状況」[注10]に随時掲載されている。

2020年度末現在、1日の乗降客数が3000人以上の旅客施設（駅、バスターミナル、旅客船ターミナル、航空旅客ターミナル）における段差解消率は95.1％、視覚障がい者誘導用ブロックの設置率は97.2％、障がい者用トイレ設置率は92.1％である（図7･17）。1日に3000人以上の乗降客数がある旅客施設は、2025年度までに100％バリアフリー化することになっている。その整備は進捗しており、目標達成までもう少しである。

車両のバリアフリー化も進捗している。

国土交通省の資料[注11]によると、わが国には2020年度現在、事業用の鉄軌道車両が1万1691編成5万2645両ある。そのうち車椅子スペースや案内装置を設ける等、2020年4月に施行された新しい移動円滑化基準のすべてに適合して

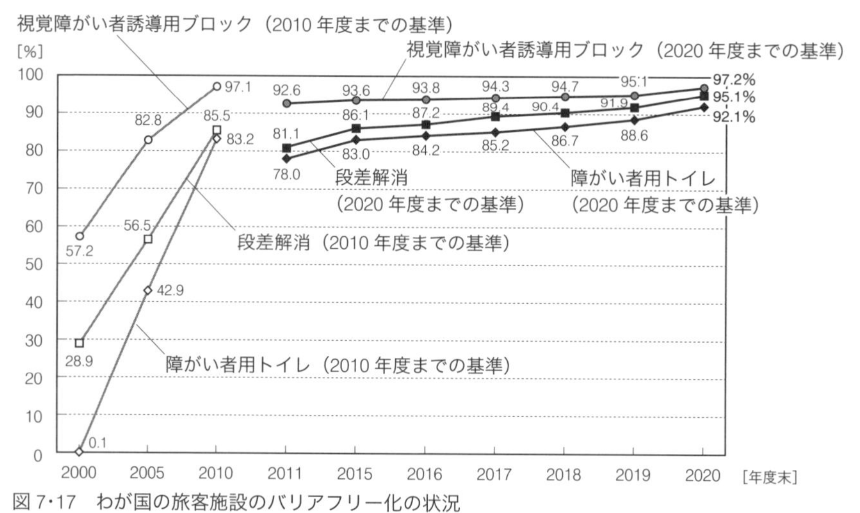

図7･17　わが国の旅客施設のバリアフリー化の状況

注：2010年度までの基準＝1日の乗降客数が5000人以上の旅客施設が対象
　　2020年度までの基準＝1日の乗降客数が3000人以上の旅客施設が対象
出典：国土交通省「旅客施設におけるバリアフリー化の推移」より作成
　　https://www.mlit.go.jp/sogoseisaku/barrierfree/content/001373598.pdf（2023年2月24日最終閲覧）

いる編成数は4553（38.9%）、車両数は2万5601（48.6%）となっている（2020年3月までの古い移動円滑化基準には2020年度末現在76%が適合している（図7・20））。

図7・18は2019年3月にJR和歌山線・桜井線・紀勢本線に導入された移動円滑化基準適合編成の例である。車内には多目的トイレ、車椅子スペース、案内装置などのバリアフリー設備が設けられている。ICカードの車載器も導入されており、この編成の投入によって和歌山県内のJR全駅がICカード決済対応となった。

人口減少やコロナ禍で鉄道事業者の経営環境が悪化する中、鉄道のバリアフリー設備の整備を進めるため、国はバリアフリーのための施設を整備する費用を運賃に上乗せできる制度を2021年12月に創設した[注12]。つまり、鉄道の利用者にも一定の負担をさせることで、バリアフリー化の財源を確保する制度である。この「鉄道駅バリアフリー料金制度」は鉄道事業法に基づくものであり、対象はエレベーターやエスカレーター、ホームドア、視覚障がい者誘導用ブロックなどとなっている。

次にバス車両のバリアフリー化の状況を見ておこう。日本バス協会によると、わが国には2020年度末現在、5万7692台の乗合バス車両（適用除外認定車両を含む）があり、このうち約1万2918台（22.4%）がステップ1段、床の高さ約55cmのワンステップバス、2万9550台（51.2%）が床の高さ約30cmで、

図7・18　移動等円滑化基準適合編成の例（和歌山駅、2022年9月）

図 7･19　従来型バス車両の大きな段差
（高野山駅前、2021 年 9 月）

ステップがないノンステップバス、2214 台（3.8%）がリフト付バスである[注13]。以上 3 種類のバスを「人にやさしいバス」とすると、その合計は 4 万 4682 台で、乗合バス車両に占める割合は 77.4%である。残りの 1 万 3010 台（22.6%）は、図 7･19 のような高床式の車両である。このような従来型バス車両の床の高さは 80 〜 90 cm であり、利用者は 2 〜 3 段のステップを使って乗降することになる。社会のバリアフリー度を高めるためには、ノンステップバスの導入をさらに進める必要がある。移動等円滑化基準において、バス車両（適用除外認定車両を除く）のノンステップ化については 2025 年度末までに 80%にするとの目標が掲げられている。2020 年度末のノンステップ化率は 63.8%であり、さらなる努力が必要な状況である（図 7･20）。

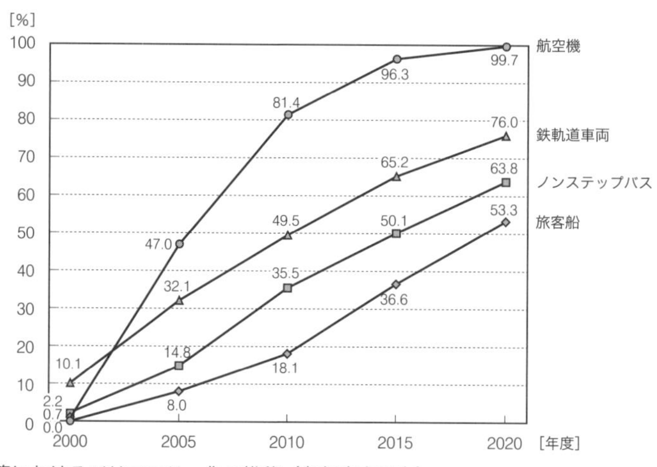

図 7･20　車両等におけるバリアフリー化の推移（各年度末現在）

注：バリアフリー新法の施行に伴って改定された鉄軌道車両に係る移動等円滑化基準（新基準）には、2006 年より「車両内の扉等に車両番号等を文字及び点字により表示すること」が追加された。旅客船には 2019 年度より旅客不定期航路事業の用に供する船舶を含む

出典：国土交通省「車両等のバリアフリー化の推移」より作成
https://www.mlit.go.jp/sogoseisaku/barrierfree/content/001472348.pdf（2023 年 2 月 24 日最終閲覧）

図7･21　無人化された駅（和歌山県の南部駅、2021年3月）

このようにわが国の交通施設や車両のバリアフリー化には進捗が見られるが、その状況には地域差もある。鉄軌道においては、少子高齢化の進展等による利用者の減少や、係員などの人手不足に対応するため、交通事業者が経営合理化を進めている。その中で、無人駅が増加し、総駅数に占める無人駅の割合は2001年度の43.3%から2019年度には48.2%へと上昇している[注14]。無人駅は利用者の少なさからバリアフリー化が進んでいない場合も多い。こういった問題は利用の少ない地方部においてより顕著である。図7･21は、特急停車駅かつまちの中心駅でありながら2021年に終日無人化された駅の例である。

こうした問題に対応するため、国は2022年7月に「駅の無人化に伴う安全・円滑な駅利用に関するガイドライン」[注15]を公表した。その中で国は、地方部における望ましい無人駅のイメージとして、駅業務の外部委託など地域との協力、バリアフリートイレの設置、運行情報ディスプレイや音声案内装置の設置、カメラ・モニター付きインターホンの設置、筆談機や筆談アプリの活用、スマホ等による運行情報提供、声かけ・見守り環境の向上、乗務員による乗降介助、駅の遠隔監視、ホームと列車とのすき間を埋める櫛型ゴムの設置等を挙げている。今後はこのガイドラインに沿った対策が進められることが望まれる。

交通バリアフリーには新たな課題もある。その一例が踏切道路のバリアフリー化である。視覚に障がいのある人が踏切内で方向を失い、列車と接触する事故が発生していることから、国は2022年6月に関連するガイドラインを改訂し、踏切内での表面に凹凸のある誘導表示の設置を望ましい整備内容とした。カバー表右下の写真は踏切道路のバリアフリー化の先駆例である。

第8章

地方都市圏における鉄道の再生

8・1 都市の多様な交通手段と適材適所的活用

都市には鉄道（JR や民鉄、地下鉄など）、中量輸送システム（AGT：Advanced Guideway Transit、モノレール、LRT：Light Rail Transit、路面電車、BRT：Bus Rapid Transit など）、乗合バス、タクシー、自家用車、自転車といった交通手段があり、それぞれが得意とする輸送力や輸送距離を持っている（図 4・7、p.80）。

大量輸送を得意とする鉄道がふさわしい区間を、バスや自家用車で無理に担おうとすれば、渋滞の発生、道路の大幅な新増設などさまざまな問題が発生する。一方、中量輸送システムで十分な区間に大容量の地下鉄を通せば、採算面で問題が生ずることになる。地方都市圏においても、ふさわしい交通手段をふさわしい箇所に導入し、適材適所の都市交通ネットワークを実現することが重要である。

3 章で述べたように、SDGs の 目標 11 のターゲット 11.2 は公共交通機関の確保に関するものである。

この章では、次節で鉄軌道（鉄道と路面電車などの軌道）におおむね共通する特性を整理したあと、地方都市圏の幹線を構成する鉄道の再生方策を中心に述べる。9 章では中量輸送システムの活用を、10 章ではバスとコミュニティ交通の再生を扱う。

8・2 鉄軌道の一般的な特性

1 ──安全性

鉄軌道は、自動車に比べ、交通事故にあいにくいという意味での安全性が格段に優れている。詳しくは2章を参照されたい。

2 ──定時性

鉄軌道は、基本的に専用軌道を走行するため、道路渋滞の影響を受けにくく、定時性を保ちやすい。このため、通勤・通学トリップ、業務トリップといった、定時性への要求が強いトリップ[注1]に支持される。

3 ──大量性

10両編成の列車を2分間隔で運行した場合、その片道1時間あたりの輸送力は定員乗車で4万2000人となる。バスの場合は70人乗りを1分間隔で運行しても、その片道あたり輸送力は6200人である[注2]。

地方都市圏では、1両編成、2両編成といった短編成の列車による低頻度の運行も一般的に行われている。その場合の輸送力は、2両編成の30分間隔運行で片道1時間あたりの単純計算で4万2000 ÷ 5 ÷ 15 = 560人となるが、それでも70人乗りのバスを数分間隔で運行しなければ捌けない人数である。

4 ──固定費の大きさ

鉄軌道は1日1便の運行のためにも線路、駅と車両が必要であるなど、固定費の大きな交通機関である。したがって、画一的輸送や大量輸送を得意とするが、小量輸送は比較的不得手である。固定費とは「操業度の変化あるいは販売量などの増減に関係なく、その額が一定している費用」(『精選版 日本国語大辞典』)のことである。わが国の鉄軌道は一般的に、事業者が車両を保有し、自社専用の施設(線路、駅等)上を運行するため、固定費が大きくなる。2020年度におけるわが国の鉄軌道業の営業費(減価償却後)に占める固定費の比率は

85.0%である[注3]。一方、自動車交通においては、通路と車両の所有が明確に分離され、さまざまなタイプと所有者の車両が、道路という共通の通路を使用している。

都市鉄軌道の標準的な1kmあたりの事業費は、京都市の報告書[注4]によると、地下の専用軌道を走行するミニ地下鉄で約300億円、高架の専用軌道を走行するモノレールやAGTで約60〜150億円、平面の専用軌道を走行するLRTで約20〜30億円（道路拡幅や地下埋設物の移設などの道路事業費を除く）となっている。また、大阪府の資料によると、大阪府泉大津市内の南海本線約2.4kmの連続立体交差化には約453億円が投じられており、1kmあたりの事業費は約189億円であった[注5]。また大阪府高石市内の南海本線と高師浜線約4.1kmの連続立体交差化には約717億円が投じられ、1kmあたりの事業費は約175億円であった[注6]。これらのことから複線の在来線の高架化事業にはおおむね1kmあたり200億円弱の事業費を要することがわかる。なお、鉄軌道の事業費は、高架、地下、地上の別、路線の規格、都市規模、建設時期等によって大きく変動するため、これらの数値はおおよその水準として考えていただきたい。

次に、鉄軌道の車両価格は、新車の場合、1両あたりおおむね1億円以上となっている。超低床の路面電車1編成（長さ約30m）が3.4億円（広島電鉄5000形）、在来型の路面電車1編成（長さ約28m）は2.5億円（広島電鉄3950形）する。鉄軌道の運営にあたり、事業者はこのような高価な車両を相当数保有しなければならない。

5 ── 高速性

専用軌道を走行するため、ほかの交通機関に邪魔されず、高い速度で安全に走行できる。併用軌道を走行する路面電車はこの限りではない。

6 ── 需要の特性

(1) 需要が、派生需要であること

鉄軌道の利用自体が目的ではなく、「大学で講義を受ける」「出勤する」「海水浴をする」といった本源的目的に付随した形で需要される。

（2）生産と消費の即時性の問題

この場合、生産とは、一定のスペース（一列車や一座席）の提供であり、消費とはそのスペースの利用である。鉄道では、座席が売れ残ったとしても、在庫することができない。

以上（1）（2）から、ピーク時の混雑、オフピーク時の閑散化をいかに平準化するかが鉄軌道の経営にとって重要な課題となってくる。なお、（1）（2）は鉄軌道のみならず、交通サービスには一般的に言えることである。

（3）非排除性

自家用車や免許証を保有し、駐車場があり、そして健康でなければ、自家用車は使えない。一方で鉄道には、料金を払えば誰でも乗ることができる。

（4）中距離輸送に強み

国土交通省（2015）で距離帯別代表交通手段分担率を見ると（図8・1）、乗用車等の分担率は100km未満の距離帯で95%、100～200km未満で86%、200～300km未満で81%、300～500km未満で50%、500～700km未満で19%、700～1000km未満で11%、1000km以上で5%となっている。一方、鉄道の分担率は、100km未満の距離帯で3%、100～200km未満で11%、200～300km未満で16%、300～500km未満で43%、500～700km未満で64%、700～1000km未満で42%、1000km以上で7%である。航空の分担率は300km未

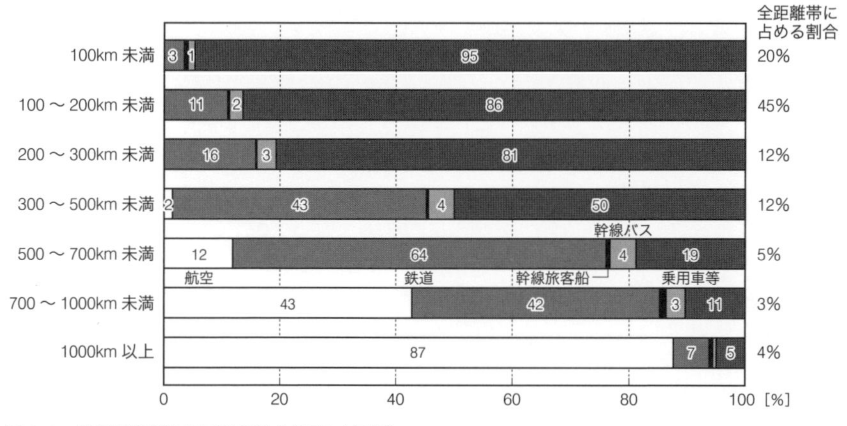

図8・1　距離帯別代表交通手段分担率（年間）

出典：国土交通省（2015）『第6回（2015年度）全国幹線旅客純流動調査　幹線旅客流動の実態～全国幹線旅客純流動データの分析～』p.10より引用

満まで0%、300～500km未満で2%、500～700km未満で12%、700～1000km未満で43%、1000km以上で87%である。

このように500kmまでの距離帯において、鉄軌道は自家用車との競合に晒されやすい。500～700km未満の中距離では圧倒的に強い。700km以上の長距離では航空との競合が激しくなってくる。

7 ──環境負荷の小ささ

1章を参照されたい。

8・3 地方都市圏における鉄道の再生方策

1 ──はじめに

3章で見たように、2000年3月から2022年6月までに約1158kmの鉄路が廃止されるなど、鉄軌道の経営状況は厳しい。地方都市圏において鉄軌道は公共交通網の幹線を担っている。いわば背骨であり、あるいは大動脈である。その維持と活性化は、地方都市圏の地域公共交通ネットワーク全体のあり方を大きく左右するものである。

2 ──鉄軌道の社会的価値の評価

1章から4章で見たように、SDGsの達成に向けて鉄軌道に期待すべき役割は大きい。

2014年度に開催された国土交通省「地域鉄道のあり方に関する検討会」は、地域鉄道の役割を「交通サービス提供者としての役割」と「地域の活性化に果たす役割」に分けて整理している（表8・1）。地域鉄道の存在により、普段は利用しない人も含めて、地域社会全体が多様な価値を享受するのである。したがって、4章で述べたように、採算性（事業として黒字か赤字か）だけで議論するのではなく、社会的な便益（事業の全体効果）の観点にたった議論が求められる。

しかしながら、このようなさまざまな社会的価値を客観的に明らかにしなけ

表 8·1　地域鉄道の役割

(1) 交通サービス提供者としての役割 ・沿線地域の住民の暮らしを支える役割 ・自家用自動車を運転できない人の移動手段 ・地域外から訪れる来訪者の移動手段 ・地域住民が他地域へ移動する際の手段 (2) 地域の活性化に果たす役割 ・観光振興等と連携し、まちづくりの拠点としての役割 ・地域鉄道自体が観光対象 ・健康増進への貢献 ・まちの誇らしさや知名度の向上 ・いつでも利用できるという安心感・期待感 ・並行道路走行時間の短縮 ・CO_2 の排出削減

出典：国土交通省（2015）『地域鉄道のあり方に関する検討会［課題の共有と対応の方向性について］』p.4 より作成

れば、鉄軌道を整備・維持することのメリット・デメリットが見過ごされ、あるいは過大に評価されて、社会的に見て望ましくない交通システムが形成されてしまう可能性がある。

社会的価値を客観的に分析するための有力な方法の一つが費用便益分析（費用対効果分析）[注7]の実施である。これは、長峯（2014）によると「政策案（政策手段）について、それを実施した場合の社会全体の便益（B）と機会費用（C）を貨幣価値で評価し両者の差である社会的純便益（B-C）がプラスかマイナスかによって政策案の実施の是非を評価するもの」「政策案が複数ある場合にはそれらの間で優先順位を付けるもの」[注8]とされる。社会的な費用と便益は、ある事業を実施するケースを「with ケース」、しないケースを「without ケース」として推定される。分析の手順は国土交通省鉄道局（2012）[注9]でマニュアル化されている。

わが国では、南海電気鉄道貴志川線（現和歌山電鐵貴志川線）（辻本、WCAN、2005）[注10]、いすみ鉄道[注11]、土佐電気鉄道路面電車と土佐くろしお鉄道中村宿毛線[注12]等に適用事例がある。日立電鉄線[注13]のように、費用対効果分析はなされたもののバス転換に至った例もある。これらのうち貴志川線の例では、同線存続を with ケース、存続しない（バス転換）ケースを without ケースとして、社会的な費用と便益が推定され、オプション価値など貨幣換算が困難な項目についてもリストアップされ、分析結果が鉄道としての存続の一助となった（辻本、

2005)[注14]。

ただし、費用便益分析には、1) 資源配分の最適化（効率）は考えているが、公正については考慮していない、2) 鉄道が存在することによる安心感や満足感といった存在価値の計上には注意が必要である、3) 健康増進への貢献や地域経済効果といった波及効果は計上できない、といった限界がある[注15]。

3 ──地域住民・交通事業者・沿線自治体の連携

和歌山電鐵貴志川線（以下、貴志川線）は、南海電気鉄道時代の2003年秋に発生した存廃問題を契機として、同線の社会的価値を地域住民が再認識し、存続に向けて自ら行動し、沿線自治体による存続決断につなげた事例である。さらに、存続後には地域住民と沿線自治体、交通事業者が連携して創意工夫あふれる取組を展開し、2009年度に「地域公共交通活性化・再生優良団体国土交通大臣表彰」を受ける[注16]など、地域鉄道再生の成功事例として一定の評価を得てきた。

貴志川線は、著名な神社である日前神宮（ひのくまじんぐう）・國懸神宮（くにかかすじんぐう）（総称して日前宮（にちぜんぐう））と、竈山神社、伊太祁曽神社への参詣旅客輸送を主な目的として1916年2月に開業

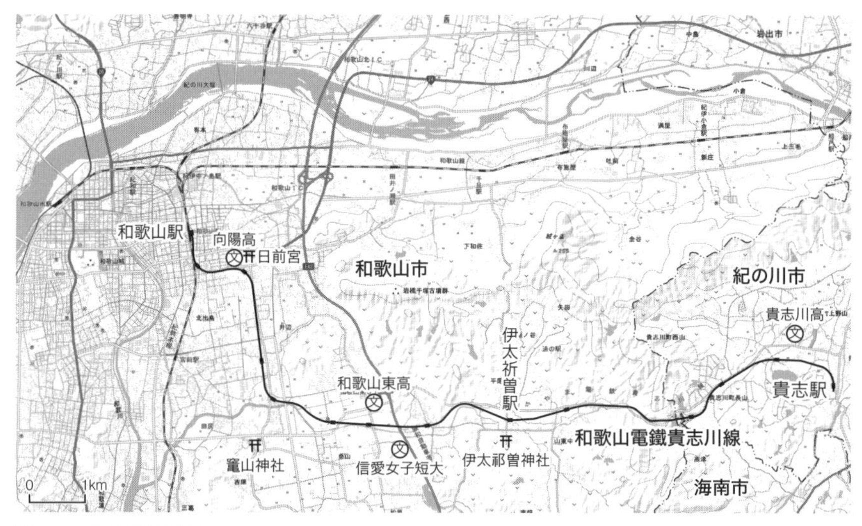

図8·2　貴志川線沿線
出典：電子地形図25000（国土地理院）より作成

した[注17]。貴志川線沿線の概要を図8･2に示す。当初の起終点は和歌山市中心部に近い大橋駅と山東駅（現・伊太祈曽駅）で、運営者は山東軽便鉄道であった。その後、和歌山駅〜貴志駅間14.3kmの路線となり、運営会社は和歌山鉄道、和歌山電気軌道、南海電気鉄道、和歌山電鐵へと移り変わってきた。2023年2月現在の中間駅数は12、平均駅間距離は約1.1kmで、運転本数は平日が片道39便、土休日は片道37便である。対km運賃制で、和歌山駅〜貴志駅間の普通運賃は410円である。近年は通勤・通学輸送を主体としているが、和歌山電鐵への移管後、コロナ禍の発生までは、観光路線としての性格を強めつつあった。

2020年の沿線[注18]人口は約5.7万人であり、ここ10年で約500人の微減となっている。和歌山駅から近畿地方の主要都市である大阪市までは、JR西日本の快速列車でおよそ1時間である。終点の貴志駅は紀の川市貴志川地区（同約1.9万人）の外れにある。和歌山都市圏（和歌山市・海南市・紀の川市・岩出市・有田市・紀美野町）ではモータリゼーションが進行中であり、2000年に625台であった人口1000人あたり自動車保有台数は、2010年に648台、2020年には744台へと増えている[注19]。

南海時代の2005年度まで、輸送人員は減少傾向で推移していた（図8･3）。赤字の貴志川線を他路線の黒字による内部補助で維持してきた南海は、2003年10月、沿線自治体に対し、廃止も含めた抜本的経営改善策の検討開始を伝達し

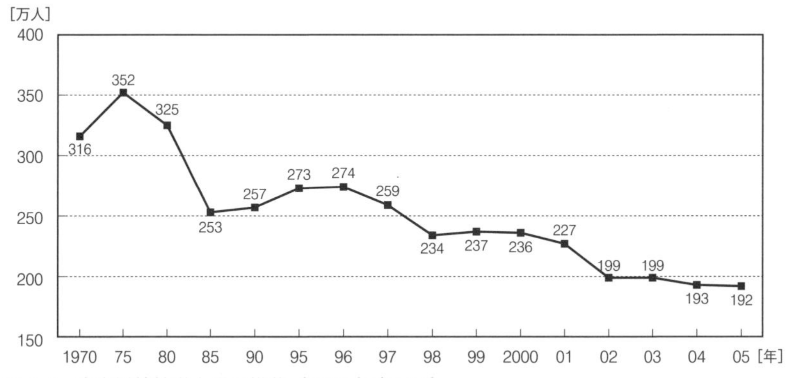

図8･3　貴志川線輸送人員の推移（2005年度まで）
出典：「令和3年度和歌山県公共交通機関等資料集」より作成

た。その後、沿線自治体住民による存続活動が盛り上がりを見せ、表8･2のスキームによる存続が決定し、後継事業者が公募され、2006年度より岡山電気軌道の完全子会社である和歌山電鐵による運営へと移行した[注14]。

2006年度以降の貴志川線の輸送人員は図8･4のように推移してきた（比較のために南海時代最終となる2005年度の数値も記載してある）。輸送人員は和歌山電鐵継承初年度の2006年度に大きく伸びた。その後も猫の「たま」の駅長就任など話題性のあるトピックが続き（表8･3）、2015年度まで輸送人員は増加傾向にあった。2005年度から2015年度にかけての増加倍率は約1.21倍であるが、国土交通省「鉄道輸送統計調査」によれば同期間の近畿地方全体の鉄軌道の輸送人員の伸びは約1.02倍であり、貴志川線の好調さは際立っていた。

沿線の住民活動は、存廃問題発生前後から本書執筆時点の2022年11月に至

表8･2　沿線自治体による貴志川線支援の枠組み

和歌山県	・和歌山市と貴志川町の鉄道用地取得費を補助金で全額負担 ・将来の大規模修繕費として累計2.4億円を上限に負担 ・ただし、次の二つの条件を付ける 　・県は鉄道運営の主体として参画しない 　・和歌山市と貴志川町が10年以上の運行を担保する
和歌山市・貴志川町（現紀の川市）	・土地は和歌山市と貴志川町が保有する ・運行事業者への赤字補てんについては、和歌山市が65％、貴志川町が35％の割合で、8億2000万円を上限に10年間負担する ・県の協力のもとで、運営を引き継ぐ民間事業者を公募する ・可能な限り民間の協力を得て、利用促進に努める

出典：わかやま県政ニュース、2005年2月7日付より作成

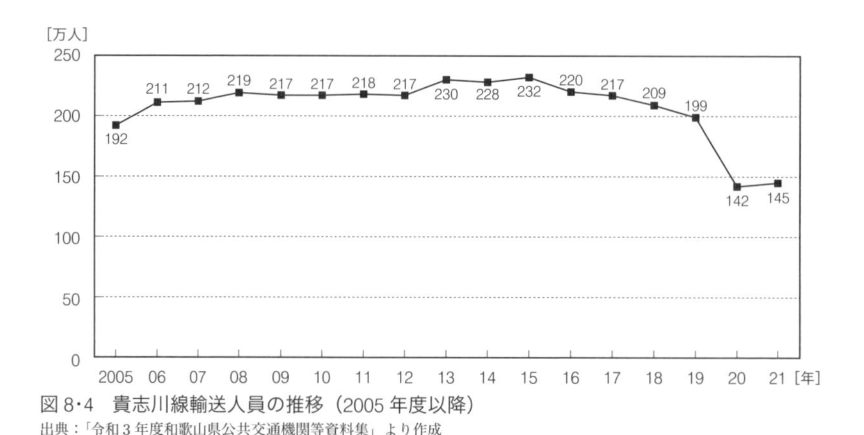

図8･4　貴志川線輸送人員の推移（2005年度以降）
出典：「令和3年度和歌山県公共交通機関等資料集」より作成

表 8·3　和歌山電鐵継承以降の主なトピック

年月	トピック
2006 年 4 月	1 日より貴志川線の運営主体が南海電気鉄道株式会社から和歌山電鐵株式会社に引き継がれた
2006 年 8 月	「いちご電車」（図 8·5）運行開始
2007 年 1 月	猫の「たま」（図 8·7）が貴志駅長に就任
2007 年 7 月	「おもちゃ電車」運行開始（図 8·5）
2009 年 3 月	「たま電車」運行開始（図 8·6）
2009 年 11 月	伊太祈曽駅にパークアンドライド用駐車場を開設
2010 年 4 月	定期券の通信販売を開始
2010 年 8 月	貴志駅を本檜皮葺きの猫型駅舎（図 8·7）にリニューアル
2012 年 2 月	猫の「ニタマ」が伊太祈曽駅長に就任
2014 年 4 月	消費税増税による運賃改定
2015 年 6 月	「たま駅長」逝去・社葬
2015 年 8 月	貴志駅構内に「たま神社」開社
2015 年 8 月	「たまⅡ世（ニタマ）」貴志駅長就任
2016 年 4 月	運賃本改定
2016 年 6 月	「うめ星電車」運行開始
2019 年 10 月	消費税増税による運賃改定
2021 年 12 月	「おもちゃ電車」をリニューアルし、「たま電車ミュージアム号」として運行開始

出典：和歌山電鐵提供資料より作成

図 8·5　いちご電車・おもちゃ電車（和歌山駅、2020 年 10 月）

図 8·6　たま電車の車内（2021 年 10 月）

図 8·7　猫駅長「たま」とリニューアルされた貴志駅（左：2007 年 4 月、右：2017 年 6 月）

図8･8　チャレンジ250万人（和歌山駅、2021年10月）

図8･9　10周年式典で表彰される貴志川線の未来を“つくる会”代表と猫駅長「たまⅡ世（ニタマ）」（伊太祈曽駅、2016年4月）

るまで、継続的かつ活発に展開されている。貴志川線の未来を“つくる”会は駅の清掃活動、時刻表を入れたチラシのポスティングや「チャレンジ250万人」（図8･8）などの利用促進活動、「貴志川線祭り」「貴志川線に乗ってじゃがいも掘り」などのイベントの企画・運営等を続けて貴志川線活性化に大きく貢献し（図8･9）、2021年10月には貴志川線開業15周年を記念して和歌山駅ホームに三毛猫仕様の時計を寄贈した[注20]。山東まちづくり会は貴志川線沿いの耕作放棄地を、菜の花やコスモスで彩る活動をし、2020年の「県花を愛する県民の集い」で功労賞を受けた[注21]。同会は「わかやま自慢遺産探検隊」とともに山東駅の改修にも取り組んだ[注22]。2005年に貴志川線存続の費用対効果分析を行ったWCAN貴志川線分科会は、その後「わかやまの交通まちづくりを進める会（愛称：わかやま小町）」へと発展し、和歌山都市圏公共交通路線図（愛称：wap）の作成（2007年度JCOMMデザイン賞を受賞）と更新を2022年度も続けている。和歌山電鐵関係者と沿線住民団体、沿線自治体などで組織される「貴志川線運営委員会」は原則毎月開催され、貴志川線の経営状況に関する意見交換、イベントの企画などで引き続き大きな役割を果たしている。貴志駅舎のリニューアルや車両の改装にも地域住民等からの多額の寄付がなされており、直近では「おもちゃ電車」を「たま電車ミュージアム号」に改装するためのクラウドファンディングに約1889万円が集まった[注23]。

和歌山電鐵設立以来の社長である小嶋は、2012年の著書の中で「和歌山電鐵の再生が順調に進んでいる要因は、市民団体の熱心な協力と、県と二市（筆者

注：和歌山市、紀の川市）がしっかりまとまり、応援してくださっていること、年間80件ものイベントを開催し、いちご電車・おもちゃ電車・たま電車という魅力ある電車の相次ぐ投入で注目を集め、全社員の努力と、今ではすっかり有名になった「たま駅長」の存在が大きい」注24として、地域住民・交通事業者・沿線自治体による三位一体型の取組を評価している。

しかしながら2016年度以降、貴志川線の活力にはかげりが見えてきた。その背景には、沿線において都市計画道路が次々に開通した注25ことや、運賃改定の影響に加え、同線の話題性が低下してきたことがある。図8･10は、わが国の全国紙と主な一般紙における、貴志川線に関係する記事数の推移を示したものである。2002年の記事数は10数件以下であった。貴志川線に関する記事数は、存廃問題の行方が注目を集めた2004年から急激に伸び、2006年には継承に関する報道や「いちご電車」の話題で1回目のピークに達した。

2007年には前年度比21件の減少となったが、2008年度から再び上昇し、「たま電車」が登場した2009年には229件のピークに達し、その後は減少傾向で推移していた。2015年に341件へと急激に伸びたのは、猫の駅長「たま」の逝去や、後継の「たまII世（ニタマ）」の貴志駅長就任といったトピックが連続し

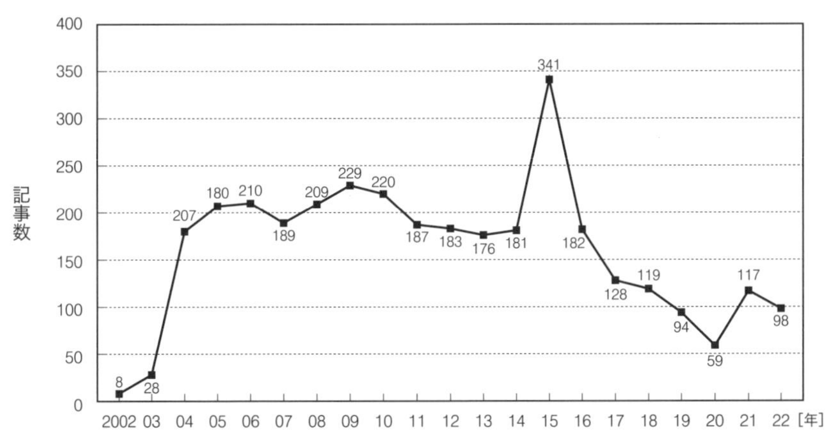

図8･10　貴志川線に関する新聞記事数の推移

出典：各紙の全文検索が可能な会員制データベース「日経テレコン21」を用い、「貴志川線または和歌山電鐵」を含む記事数を数えた。対象紙は、日経テレコン21に2002年分以降の記事を登録している次の各紙である。全国紙：日本経済、産経、読売、毎日、朝日。一般紙：北海道、河北新報、山形、茨城、下野、東京、北國、富山、福井、信濃毎日、岐阜、静岡、中日、京都、神戸、山陽、中国、徳島、四国、愛媛、高知、西日本、佐賀、長崎、熊本日日、宮崎日日、南日本、琉球新報、沖縄タイムズ

ためである。しかしその後は再び減少傾向となり、コロナ禍前の2019年に94件、コロナ禍の2020年に59件となり、2021年は「たま電車ミュージアム号」の運行開始などのため117件まで回復していたが、2022年は98件に減少した。

こういった中、貴志川線の経営状況も厳しくなってきている。表8・2にある「運行事業者への赤字補てん」制度が和歌山電鐵継承後10年となる2015年度で期限切れとなった。2016年度は運賃改定や「うめ星電車」の運行開始もあって収益と費用が5億2500万円ずつでちょうど釣り合ったが、翌2017年度は1500万円の経常赤字を出した。経常赤字額は2018年度に3500万円、2019年度に3800万円、そしてコロナ禍の2020年度には1億100万円にまで膨らんだが、2021年度は一転して2800万円の経常黒字となっている。貴志川線の未来を“つくる”会（2022）[注26]によると、2021年度の黒字化は、「たま電車ミュージアム号」への寄附金や、和歌山県・和歌山市・紀の川市による修繕費に対する追加支援、人件費などのコスト削減と受託工事収益によるものであった。同年度現在の累積損失は1億2200万円となっている。新型コロナウイルスの影響もあって、2022年11月現在の運転本数は平日が片道39便（2008年から12便減便）、土休日は片道37便（同6便減便）、和歌山駅〜貴志駅間の普通運賃は410円（同50円アップ）と、10数年前よりもサービスダウンしている。

国の宝を国宝といい、家の宝は家宝とされる。地域の宝は「地宝」である。環境・社会・経済の鼎立する持続可能型まちづくりの中心となりうる地方の鉄道は、まさに「地宝」鉄道だと言える。地域の宝である鉄道は、愛されることで輝きを増し、その光は必ず地域の未来を明るく照らすはずである。貴志川線モデルは世界の地方鉄道再生の参考になりうる最先端事例の一つであるが、和歌山電鐵継承から18年を迎えようとする中で、運営スキームを含めた構造的な転換の検討が必要となっている。

4 ──運営スキームの転換

社会的価値は大きいが、採算の取れない交通システムのことを「正便益不採算」な交通システムという（中川、2005）[注27]。このような交通システムを整備し、維持するためには、独立採算型の運営から転換し、新しい運営スキームを導入することが必要となる。

(1) 第三セクター方式の導入

第三セクターは、『広辞苑 第7版』によると「国や地方公共団体と民間企業との共同出資で設立される企業体。主として国や地方公共団体が行うべき事業(公共セクター)に、民間企業(民間セクター)の資金や経営力などを導入して官民共同で行うところからいう」。第一セクターを「官」、第二セクターを「民」とすると、その両者が共同する形であるために第三セクターと呼称される。

この手法は「官」の公益性重視と「民」の経営センスを組み合わせるものであり、わが国には多数の適用例がある。正司(2019)[注28]によると、第三セクター方式は、日本国有鉄道経営再建促進特別法に基づいて国鉄やJRから経営が切り離された赤字ローカル線(三陸鉄道など)や、建設中に工事が凍結された路線を引き受けるために設立された鉄道、経営悪化に陥った私鉄路線を引き受けるための組織(とさでん交通など)のほか、帝都高速度交通営団(現東京地下鉄)、1968年開業の神戸高速、北大阪急行、大阪府都市開発(泉北高速)、その他モノレールなどを含む数多くの鉄軌道路線の新設・延伸に採用されてきた。国土交通省の資料[注29]によると、2022年4月現在、わが国には地域鉄道事業者が95社あるが、うち伊賀鉄道、信楽高原鉄道など46社が第三セクターである。

第三セクター方式は、農林水産、地域・都市開発、観光・レジャーなどさまざまな分野で適用されており、2021年3月末時点の法人数は7149に上る[注30]。しかしながら整備の責任や経営の責任の所在が不明確であるなど、「官」と「民」の欠点が集約された整備手法となるケースもあり、全国で破綻が相次いできた(山内・竹内、2002)[注31]。一方で6章で取り上げた富山ライトレール(現富山地方鉄道富山港線)など、第三セクター方式で成果を挙げた例もある。「民」と「官」が強みを出し合い、情報共有と連携を深めながら鉄軌道の経営基盤強化や活性化につながるような方向での取組が求められる。

(2) 上下分離方式の導入

上下分離方式は、線路や橋梁、トンネルのようなインフラ:Infrastructure(下)の建設や保有と、運行やマーケティング(上)とを分離する手法である。インフラの保有は公的部門の場合もあれば、民間部門の場合もある。「下」を公的に保有する場合、運営に必要な経費はサービスの直接の受益者たる利用者からの運賃でまかない、鉄道の社会資本としての役割に対応して基盤部分は公的に整備しようという考え方になる。上部の運行主体と下部の施設保有主体に分離することで、それぞれの責任とリスクを分担しつつ、施設の貸付・利用を介した相互のパートナーシップのもとで、鉄道の運営が行われる。

沿線自治体が施設保有主体になるということは、市町村民税、県民税の一部が鉄道施設の維持整備に投ぜられるということであり、これはすなわち上下一体運営では吸収し得なかった鉄道の外部経済効果を、市町村民税、県民税の一部を介して鉄道に還元するということにほかならない（図8･11）。

上下分離方式導入のメリットとデメリットは表8･4のとおりである。

わが国の大都市圏の鉄道においては、2008年10月に開業した京阪電気鉄道

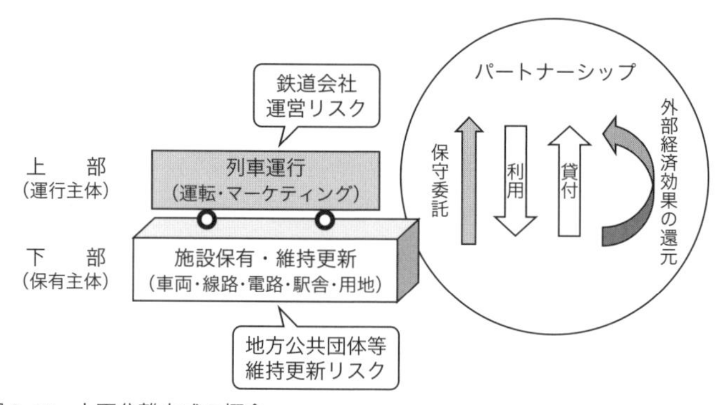

図8･11　上下分離方式の概念
出典：原潔（2011）「地域鉄道における上下分離導入の効果と可能性」『運輸と経済』71（5）、p.67より引用

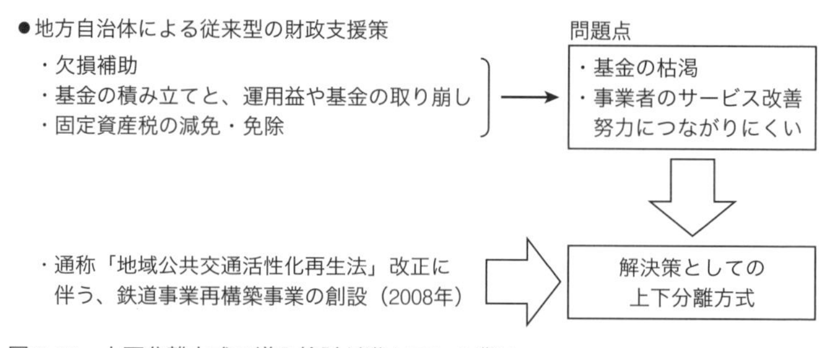

図8･12　上下分離方式の導入検討が進んでいる背景

表 8・4　上下分離方式のメリット・デメリット

	鉄道事業者（上部担当）にとって	沿線自治体（下部担当）にとって
メリット	・インフラの維持管理や整備にかかる過重な資産保有コストからの解放・軽減 ・資産保有コストの軽減による、輸送事業への専念 ・運輸収入で経営が成り立つため、運行ダイヤの改善など、利用者ニーズに即したサービスの充実＝運輸収入拡大への意欲がわきやすい ・運行・運営主体の赤字額の大幅な減少や黒字化の可能性（役割の範囲設定による）	・社会資本であるインフラの保有・保守と市場競争原理に基づく運行・運営主体に分けることで、責任範囲が明確化 ・沿線自治体が施設保有をすることで、鉄道の公共性や、存続に向けた沿線の決意を示すことができ、公的資金の投入に対する地域住民の理解につながる ・国の鉄道事業再構築事業に認定されれば、国庫補助率かさ上げ＝沿線自治体財政支援の圧縮等の優遇措置を受けることが可能 ・鉄道を核にしたまちづくりや駅周辺地域の活性化等の波及効果
デメリット	・インフラの維持管理・整備主体との間の意思疎通が円滑に行われなかったり、利害が相反するおそれ ・運行・運営主体とインフラの維持管理・整備主体が別人格となるため、設備投資が過小となるおそれ ・経営が改善された場合、事業者に不利な線路使用料やインフラの範囲の調整が行われる可能性 ・国の鉄道事業再構築事業を使う場合には利用促進や計画最終年度の収支均衡など更なる経営改善のための覚悟が必要	・運行・運営主体との間の意思疎通が円滑に行われなかったり、利害が相反するおそれ ・上部の利益の多寡によらず、インフラのコストが継続的に発生 ・運行・運営主体とインフラ主体の合計の収支は、上下一体の場合と大差なし ・第一種鉄道事業者を上下に分離する場合には、資産購入資金を手当する必要 ・運行・運営主体の収支が思わしくない場合には、公的支援が必要になる可能性 ・以上のことから上下分離方式を導入しても財政支援の削減にはつながりにくい。ただし国の鉄道事業再構築事業に認定されれば国庫補助率かさ上げが可能 ・国等への各種申請や鉄道インフラの維持管理のための費用の発生 ・国の鉄道事業再構築事業を使う場合には利用促進や計画最終年度の収支均衡といった容易ならざる課題への対策を根拠付きで示す必要 ・運行・運営事業者との契約が成立しない場合も考えられ、その場合には公共交通の安定的な確保が困難に

注：鉄道事業法により、上下分離方式の場合でも、上下一体の場合と同等の安全水準の確保が求められている。したがって、上下分離方式で事故の危険性が増すというデメリットはない
出典：広域関東圏産業活性化センター（2009）『“地域資源”としての鉄道の可能性調査報告書』より作成

の中之島線や、2009 年 3 月開通の阪神なんば線等で上下分離方式が用いられている。採算性の高い事業については、従来どおり民間事業者による上下一体型の整備・運営の余地が大きいが、採算性が比較的低い事業については上下分離方式等の導入によって運行継続の可能性を拡大することができる。

図 8･13　上下分離方式が導入された伊賀鉄道（旧近鉄伊賀線）（伊賀神戸駅、2020 年 7 月）

大都市圏よりも厳しい経営環境の中にある地方の鉄道路線においては、従来は欠損補助や近代化補助といった公的な補助や、企業内の内部補助による維持がなされてきた。近年、そのような従来型スキームに加えて、上下分離方式が鉄道としての維持のための有力な方策として位置づけられるようになってきた（図 8･12）。

原（2011）[注32]によると、上下分離方式は完全分離型（公有民営型）、車両保有型、車両および営業施設保有型、用地分離型、みなし分離型に大別できる。

完全分離型（公有民営型）は、線路・電路・駅舎・用地・車両を沿線市町村などが保有し、運行主体に貸し付けるものである。導入例としては伊賀鉄道（図 8･13）、養老鉄道、6 章で取り上げた富山地方鉄道の富山都心線がある。これらのうち伊賀鉄道は、もともと近畿日本鉄道（近鉄）の路線であったが、2007 年 10 月より線路などの施設と車両を近鉄が保有し、その上を第三セクター（出資比率は近鉄 98％、伊賀市 2％）の伊賀鉄道が運行するという上下分離方式を行った。その後、運営スキームの見直しが行われ、2017 年 3 月に国から「鉄道事業再構築実施計画」の認定を受けて、同年 4 月から近鉄から無償譲渡された施設を伊賀市が保有し、その上を伊賀鉄道(出資比率は近鉄 75％、伊賀市 25％)が運行するという完全分離型（公有民営型）に移行した[注33]。

車両保有型は、線路・電路・駅舎・用地を沿線市町村などが保有し、運行主体に貸し付けるが、車両は運行主体の保有となるもので、導入例として青い森鉄道がある。

車両および営業施設保有型は、線路・電路・駅舎・用地を沿線市町村などが保有し、運行主体に貸し付けるが、車両や運行管理システム、駅務機器、車両基地、車庫などの営業施設は運行主体の保有となるもので、千葉都市モノレールで採用されている。

用地分離型は、用地のみ沿線市町村などが保有し、運行主体に貸し付けるが、車両・線路・電路・駅舎は運行主体の保有となるもので、導入例として先述の和歌山電鐵、三岐鉄道がある。

みなし分離型は、車両・線路・電路・駅舎・用地のすべてを運行主体が保有するが、その経費は沿線市町村が補助するというもので、会計上の分離と言え、上毛電気鉄道、上信電鉄、えちぜん鉄道、万葉線、一畑電車、井原鉄道で採用されている。

地域公共交通の経営に携わってきた小嶋（2021）は、「マイカー時代は地方の都市の一部を除いて、事業そのものが利益を生まない赤字体質になっていること、もはや民設民営では支えきれなくなっていることを理解することだ」注34としている。

ここで、ある地方鉄道路線を例に、上下分離方式の効果について考えてみよう（図8･14）。この路線は、旅客人kmあたり9.3円の営業収入を上げているが、27.2円の営業費用がかかっている。つまり、客1人を1km運ぶごとに17.9円の赤字が出ている。営業費用の内訳は人件費が16.9円、修繕費が1.6円、動力費などの経費が3.9円、諸税が1.1円、減価償却費が3.7円である。この赤字を

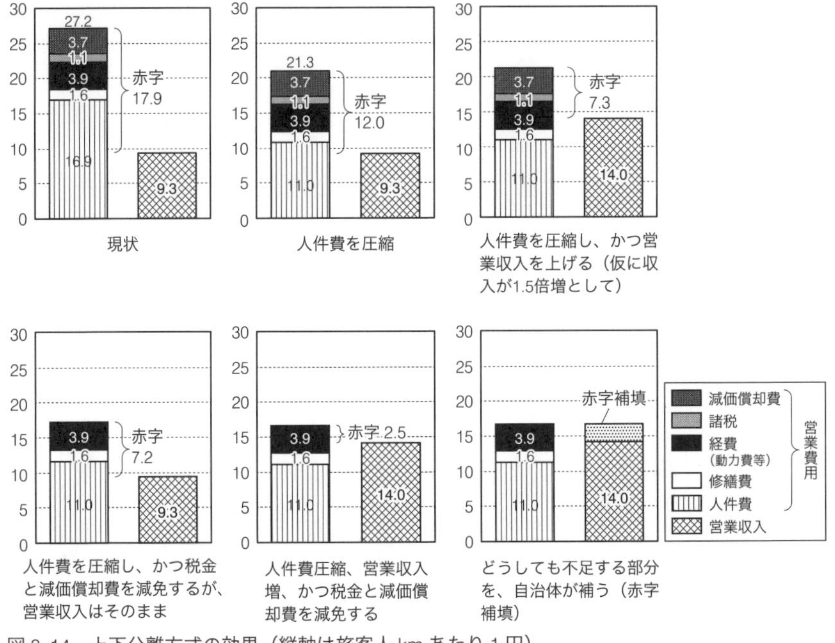

図8･14　上下分離方式の効果（縦軸は旅客人kmあたり1円）

埋めるための方策として、まず考えられるのが人件費の圧縮である。要員の削減や賃金体系の見直し等で、人件費を人 km あたり 11.0 円にまで圧縮できるとしよう。それでも 12.0 円の赤字が残る。次に、通学定期の割引率を引き下げたり、観光目的での非定期券利用を増やす等の方法で営業収入を 1.5 倍にできるとしよう。それでもなお 7.3 円の赤字が残る。動力費等の経費を減らすこともできるだろうが、そのためには減便やエネルギー効率の良い車両の導入が必要となる。

そこで、税金や減価償却費を減免できる方法はないだろうか。税金には固定資産税が含まれる。つまり、土地や駅などの資産を保有していれば、それらには税金がかかる。また、減価償却費は、主な施設・設備の耐用年数に応じて各年度に計上する仕組みになっている。耐用年数は、鉄筋コンクリート造りのトンネルの耐用年数は 60 年、鉄筋コンクリート造りの橋梁は 50 年、駅舎の建物は 45 年、レールは 20 年、分岐機は 15 年、エスカレーターは 15 年、エレベーターは 17 年、客車は 13 年等と決められている[注35]。こういった税金や減価償却費の負担を軽減するためには、土地や施設の保有そのものをやめてしまえばよい。そのための有力な手法として、トンネルや橋梁、土地、線路等の「下」の保有と、鉄道の運行やマーケティングといった「上」を分離する上下分離方式が考えられるのである。

なお、図 8･14 では、諸税や減価償却費がすべて免除されてもなお 2.5 円 / 人 km の赤字が発生する。このような、事業者が策を尽くし、利用者も負担増等の努力をしてもなお発生する赤字分については、沿線自治体等が補填することが考えられる。

5 ――開発利益の還元

ある地域に鉄道が開通した場合を想定してみよう。沿線に土地を持つ人は、地価上昇の恩恵を受けるだろうし、沿線に住宅等を持つ人は資産価値上昇の恩恵を受けることになるだろう。沿線でニュータウンを開発するデベロッパーは、ニュータウンの人気上昇という恩恵を受け、沿線の事業所は顧客の増加やビジネスチャンスの拡大といった恩恵を受けるだろう。さらに、並行道路の利用者は、混雑緩和という恩恵を受ける。このような恩恵を開発利益という。開発利

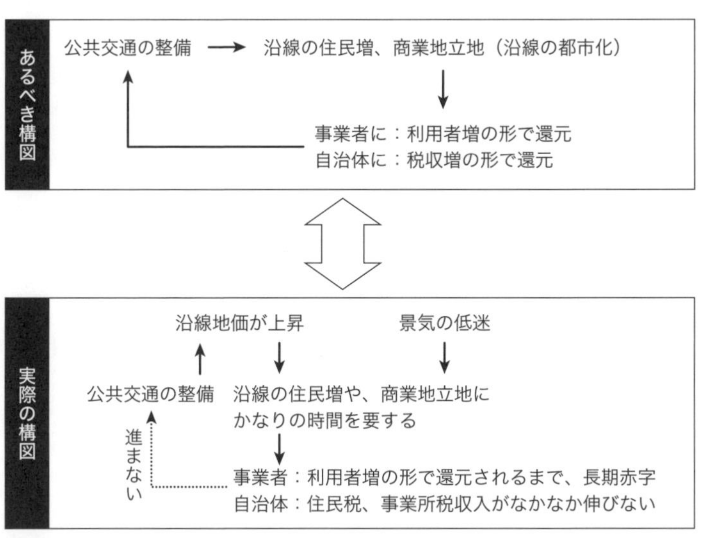

図 8･15　開発利益還元のあるべき姿と実際の構図

益の還元とは、特別に大きな恩恵を享受している、利用者以外の第三者（開発利益の享受者）に対し、その見返りを求めようとするものである。

交通システムの整備には多額の初期投資が必要となる場合があるだけでなく、計画から関係者の合意形成を経て実現に至るまでの懐妊期間が長い。沿線の住民増や産業立地の進展までにはさらに長い期間を要し、金利や赤字の負担が重く[注36]、独立採算のもとでは収支採算上の問題が大きくなりがちである。社会的に見て望ましい交通システムを実現するためには、整備がもたらす沿線への利益を上手に吸収し、交通事業者へと還元する仕組みが重要となる（図 8･15）。

わが国ではこれまでいくつかの開発利益還元手法が用いられてきた。天野編(1988)[注37]によると、それらの手法は大きく直接還元方式と間接還元方式に分けられる。前者には鉄道事業者の直接開発方式、開発者に負担金や用地提供等を求める方式、債券発行方式、株式発行方式などがある。また後者には発生した開発利益に課税する方式や、鉄道施設整備のための基金の財源を税や協力金で集める方式などがある。

これらのうち開発者負担方式には、「ニュータウン開発者負担制度」（ニュータウン開発のための鉄道に対し、開発区域内用地の素地価格での提供や、施工基面下工事費の半分を負担する）や、請願駅（既存鉄道路線内に、地方自治体

図 8･16　請願駅として設置された和歌山大学前駅（2020 年 4 月）

や地元住民、周辺企業等の請願によって新駅を設置する）等がある。

請願駅は全国的に多数の事例がある。図 8･16 は 2012 年に請願駅として開業した南海本線の和歌山大学前駅である。和歌山市街地にあった和歌山大学は 1984 年から翌年にかけて、南海本線孝子駅〜紀ノ川駅間の丘陵上に統合移転した。これを機に和歌山県・和歌山市・和歌山大学の三者が南海電気鉄道に新駅設置を要望し、2002 年に同電鉄が費用を負担しない請願駅としての設置協議が始まったものである。その後、大学周辺で約 240ha の住宅団地（ふじと台）の開発も進んだことから、2010 年には新駅整備事業の主体となる「和歌山市和歌山大学前駅周辺土地区画整理組合」（ふじと台の建設主体である浅井建設グループが主になって結成）が設立された。事業費は約 35 億円で、その約 33％を土地区画整理組合が負担し、約 37％を和歌山県と和歌山市が折半、残りの約 30％を国の補助でまかなうという構図になっている。

また、高津（2008）[注 38]によれば、1933 年に開通した大阪市営地下鉄御堂筋線では、沿線の土地利用者に対して建設費の一部の負担が求められている。

これらのほかに、わが国には「インフラ補助」などの補助金もある。

インフラ補助は、正確には「都市モノレール等建設費補助」といい、対象は都市およびその周辺などにおいて、通勤、通学輸送による道路混雑緩和のために建設されるモノレール等である。路線の大部分が都市計画区域にあり、事業主体は地方自治体か第 3 セクターであることが要件となっている。この制度の開始は 1974 年度であり、翌年度から新交通システムも補助対象に含まれた。

この制度は、建設費総額のうち、インフラ部分（支柱、桁、床板、駅の骨格や連絡通路、交通安全施設等）に相当する金額（総建設費の 44.9％が限度）を国と地方自治体が補助するものである。負担割合は国が 3 分の 2、自治体が 3 分の 1 で、インフラ部分以外（用地費、駅の内装や機器、車両費、変電諸費などなど）は自治体が 20％補助する。

この制度の目的は、都市内の道路容量不足を補うために、モノレールや新交通システムの整備を、道路の整備と同様に位置づけようとするものである。つまり、モノレールや新交通システムのインフラ部分（おおまかに言えば、走行用の路面）を道路管理者（国や地方自治体）が整備すべき道路施設であると考えて、道路を建設するときと同じ財源措置を講じようとするものである。モノレールや新交通システムの事業者は、国・自治体が整備したインフラ部分を無償で使用することができる。

6 ──欧米の公的資金投入策

欧米では、国や自治体による建設費や運営費への大々的な補助が行われている。土方 (2017)注39 によると、ドイツでは、地域公共交通向けの財源として、解消法（EntflechtG）にもとづく整備に対する連邦助成と、地域化法（RegG）にもとづく運営に対する連邦助成が用意されている。つまり、根拠法による裏付けのもとで、法律補助として連邦に地域公共交通の整備や運営の財源支出が義務付けられている。いずれについても、支給総額と各州への配分額をあらかじめ法律で規定することで、安定性が保障されている。前者の財源は一般財源で、2015 年の支給総額は 15 億 9550 万ユーロ（2022 年 10 月 18 日現在の為替レートで約 2344 億円）、後者の財源は連邦の鉱油（エネルギー）税収で、2015 年の支給総額は 73 億 5000 万ユーロ（同約 1 兆 799 億円）である。また、使途決定において各州に大幅な裁量を認め、鉄道やバスといった交通機関の種別や、交通事業者の公営・民営の別に関わらず、地域の実情に応じた資金活用が可能とされている。

ドイツで鉱油（エネルギー）税収を公共交通に投ずる根拠として、家田ら (2021)注40 は、1）自動車だけですべての輸送需要に対応できないことから不採算であっても公共交通を維持する必要がある、2）地球環境問題への対応として石油の使用を抑える必要があることから輸送効率の良い公共交通の利用を増やす必要がある、の 2 点を挙げた上で、日本ではガソリン税が一般財源化されており状況が異なるとしている。

フランスでは、事業者から雇用人数に比例した交通負担金（Versement Destine aux Transports：VT）を取り、交通システムの整備・運営費に充当している[注41]。

青木・湧口（2020）[注42]によると、この交通負担金制度は、公共交通の建設および運営に充当するために設定された目的税で、都市部の11人以上の給与所得者の雇用主（公益組織を除く）にはあまねく支払う義務がある。課税標準は給与所得者やそれに準ずる者の給与額とされ、税率はイル・ド・フランス地域圏（首都パリを中心とした地域圏）で最大2.95%、それ以外の地方都市で最大2%とされ、最高税率が適用される人口30万人規模の都市での歳入は百数十億円規模（2022年10月18日現在の為替レートで）となる。南（2012）[注43]によると、交通負担金の収入は都市公共交通の建設費と運営費の財源に充てることができるほか、公共交通と自転車の連携強化に関連する事業費にも充当できる。和歌山市（人口35.7万人）の2022年度の当初予算のうち、道路橋梁費や都市計画道路費などを含む「土木費」は約84億円であり、うち「都市計画費」の中の「交通政策費」は6582.5万円である[注44]ことから、交通負担金を財源とするフランスの同規模都市の交通システム整備・運営費の桁違いの潤沢さが理解できる。

こうしたフランスの潤沢な交通財源の背景には、1982年にLOTI（国内交通基本法）が制定され、「交通権」が権利として確立しているという事情がある。

7 ──期待される財源強化

4・6で述べたように、わが国の公共交通財源はあまりに少ない。しかしながら、2023年2月10日に閣議決定された「地域公共交通の活性化及び再生に関する法律等の一部を改正する法律案」に基づき、ローカル鉄道の再構築に関する仕組みの創設・拡充がなされ、社会資本整備総合交付金の対象事業の中心となる「基幹事業」に「地域公共交通再構築事業」が加えられるなど、財源面での大きな進展も見られる。国土交通省は「地域の関係者の連携・協働＝『共創』を通じ、利便性・持続可能性・生産性の高い地域公共交通ネットワークへの『リ・デザイン』（再構築）を進めることが必要」[注45]とし、国土交通大臣は2023年初の会見で「本年を『地域公共交通再構築元年』とすべく、予算面での支援を強化する」[注46]との決意を表明した。

このような財源強化がさらに進むことを期待したい。

第9章

地方都市圏における中量輸送システムの活用

9・1 持続可能な地方都市圏づくりと中量輸送システムの役割

1 ──中量輸送システムとは

前述のように、大量型鉄道の輸送力は1時間あたり数万人に達し、速度も高い。また、一般のバスの輸送力は1時間あたり数千人、速度は時速十数km以下である。中量輸送システムは、これらの間に位置するものである（図9・1）。

これらのうち、AGTとは、Advanced Guideway Transitの略であり、わが国では「新交通システム」と呼称されることがある。AGTは、高架上の専用軌道を、ゴムタイヤをはいた小型軽量の車両がガイドウェイに沿って走行する中量輸送システムであり、DPM（Downtown People Mover：単線折り返し運転やループ運転を行う、最も簡素なAGT）もその一種である。フランスのリール、レンヌ、トゥールーズでは、VAL（Véhicule Automatique Léger）という全自動の交通機関が導入されており、これもAGTの一種と考えることができる。

2022年現在、わが国には9事業者10路線のAGTがある（表9・1）。図9・2

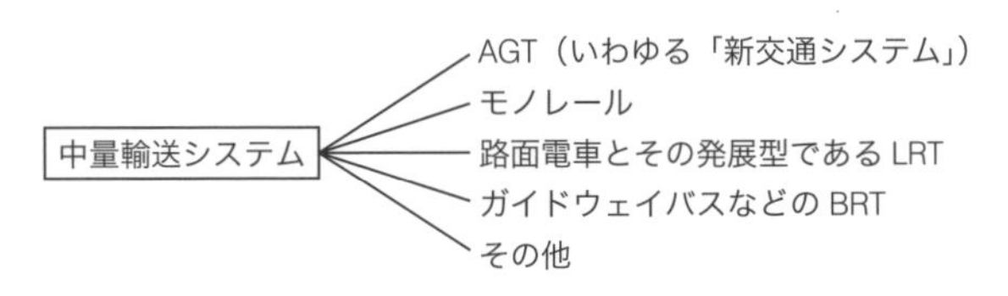

図9・1　中量輸送システムの分類

表 9･1　わが国の AGT の概況（2019 年度）

事業者名	線名	表定速度［km/h］	輸送人員［万人］	輸送密度［人/日］	営業損益［億円］
山万	ユーカリが丘線	21.5	76.5	1092	− 1.13
埼玉新都市交通	伊奈線	31.0	1906.4	25036	2.57
西武鉄道	山口線	25.2	99.7	2293	− 1.99
ゆりかもめ	東京臨海新交通臨海線	28.5	4755.6	47256	28.65
東京都	日暮里・舎人ライナー	27.9	3321.0	51290	− 2.96
横浜シーサイドライン	金沢シーサイドライン	25.3	1908.5	21612	3.08
大阪市高速電気軌道	南港ポートタウン線	25.7	2706.3	26940	− 30.03
神戸新交通	ポートアイランド線	29.8	2813.4	29681	5.73
	六甲アイランド線	27.0	1380.4	28483	
広島高速交通	広島新交通 1 号線	30.0	2401.4	25447	4.74

注：表定速度（運転区間の距離÷（走行時間＋停車時分））は最速のもの
出典：国土交通省鉄道局監修『数字でみる鉄道 2020 年版』より作成

図 9･2　AGTの例「神戸新交通ポートアイランド線」(2022年6月)

は、神戸市都心と沖合の人工島や空港を結ぶ AGT「神戸新交通ポートアイランド線」の車両と軌道である。この車両は最高速度 60 km/h、長さ約 50 m、定員 300 名（普通鉄道の一般車両の 2 両分程度）である。

モノレールとは、架設された 1 本の軌道上を車両が走行するものである。懸垂式（Alweg 式）と跨座式（Saffege 式）が標準となっている。2022 年現在、わが国には 10 事業者 12 路線のモノレールがある（うち 1 路線は休止中）（表 9･2）。図 9･3 は、大阪府内に 28 km の路線を有する跨座式の「大阪モノレール」の車両と軌道である。この車両は最高速度 75 km/h、長さ約 60 m、定員 494 名（普通鉄道の一般車両の 3 両分程度）である。図 9･4 は、千葉市に 15.2 km の路線を持つ懸垂式の「千葉都市モノレール」の車両と軌道である。この車両は最高速度 65 km/h、長さ約 30 m、定員約 160 名（普通鉄道の一般車両の 1 両分程度）である。路面電車、LRT および BRT については後述する。

2 ──中量輸送システムが求められる理由

中量輸送システムは、輸送力、高速性、建設費、駅や停留所の間隔といった、

表 9·2　わが国のモノレールの概況（2019 年度）

事業者名	線名	表定速度［km/h］	輸送人員［万人］	輸送密度［人 / 日］	営業損益［億円］
東京モノレール	東京モノレール羽田空港線	54.3	5081.0	84817	9.33
多摩都市モノレール	多摩都市モノレール線	27.0	5249.8	45156	7.15
大阪モノレール	大阪モノレール線・彩都線	35.8、37.2	4933.2	30377	24.10
北九州高速鉄道	小倉線	27.4	1240.1	17164	− 0.4
沖縄都市モノレール	沖縄都市モノレール線	28.0	1975.6	17171	6.66
千葉都市モノレール	1 号線・2 号線	20.2、30.0	1941.0	13468	6.92
湘南モノレール	江の島線	28.8	1128.7	16114	− 1.43
スカイレールサービス	広島短距離交通瀬野線	15.0	57.4	1456	− 1.00
東京都	上野懸垂線	12.0	67.5	3554	0.36
舞浜リゾートライン	ディズニーリゾートライン	23.5	2205.7	29946	20.20

注：上野懸垂線は 2019 年 11 月 1 日より休止中である
　　表定速度は最速のもの
出典：国土交通省鉄道局監修『数字でみる鉄道 2020 年版』より作成

図 9·3　モノレール（跨座式）「大阪モノレール」（2020 年 11 月）

図 9·4　モノレール（懸垂式）「千葉都市モノレール」（2010 年 9 月）

数多くの面で、大量輸送機関（一般の鉄道）と小量輸送機関（一般のバス）とのすき間を埋める役割を果たすことが期待されている。このシステムの整備・運営費用は大量型鉄道に比べて格段に安く、輸送力や速度は自家用車や一般バスをしのぐ（表 9·3）。1 章〜 4 章で説明したように、単位あたり二酸化炭素排出量が少ないなど環境にも優しく、交通安全や健康などの社会面、中心市街地活性化などの経済面でも利点があることから、「モータリゼーションの進展に起因する都市交通問題を解決するとともに、今まで適当な輸送機関のなかった範囲の輸送需要を満たす新しい都市交通システム」（土木学会、1980）[注 1] であり、SDGs 時代において重要性が高まっている。

表 9･3　各種の輸送システムの比較

	システム	建設費 (車両費を含む) [億円 / km]	表定速度 [km/ h]	システムの最大 対応輸送力 [人 / 時･片道]	標準的な運行 ダイヤにおける 運営経費 [億円 / km･年]	左の経費に 必要な利用客数 (平均運賃 200 円 / 人) [人 / km･日]
	都市高速鉄道 (地下鉄等)	250 ～ 300	30 ～ 35	64000	11.0	15100
	小断面地下鉄 (リニア地下鉄)	250 ～ 210	30 ～ 35	35000	≒地下鉄	≒地下鉄
中量輸送システム	モノレール	システム部 30 ～ 70 インフラ部 35 ～ 75	30	21000	5.4	7400
	AGT	システム部 30 ～ 65 インフラ部 35 ～ 100	30	16000	5.6	7700
	路面電車・ LRT（地平）	下記ガイド ウェイバス より小	20 ～ 25	11000	2.8	3800
	ガイドウェイ バス（高架専 用軌道部）	50	25 ～ 30	4000	—	—
	基幹バス	3	20	4000	—	—
	一般のバス	≒0	12	2500	0.41	600

出典：地田・市場（2003）「都市における交通システム再考」『土木学会誌』vol.88、no.8、pp.77-80 より作成

SDGs 時代に中量輸送システムが求められる理由をまとめると図 9･5 のようになる。自動車に過度に依存した都市は環境面、社会面、経済面で問題を抱えている。このような問題への対処の一つとして、都市圏の公共交通の主軸たる鉄軌道等の整備・再生が求められるが、需要量や財政への影響等を考慮すれば身の丈に応じたシステムとしなければならない。そのような観点から、地方都市圏の基幹的路線や、大都市圏の補完的路線については、地下鉄などの大量型鉄道よりも、中量輸送システムの活用が適当であると考えられる。

欧州には、LRT タイプの車両が普通鉄道に乗り入れて高い速度で走行しており（後述のように、このような列車をトラムトレインという）、国境を越えて隣国に乗り入れる事例もある。SDGs 時代のわが国の地方都市圏においても、中

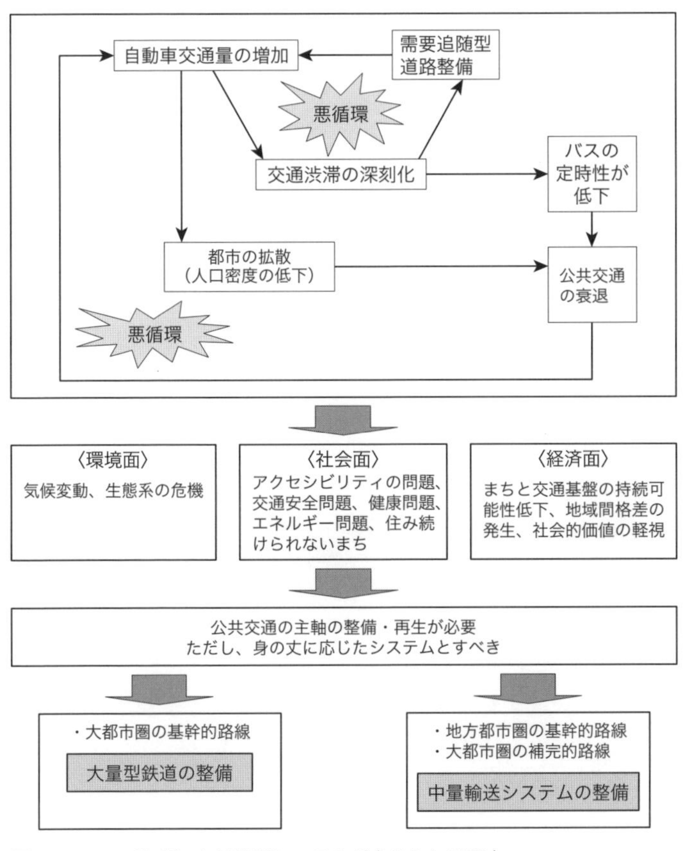

図 9･5　SDGs 時代に中量輸送システムが求められる理由

量輸送システムを十二分に活用した持続可能な交通まちづくりの推進が必要である。

9･2　LRT と地方都市圏の交通まちづくり

1 ──地方都市圏交通まちづくりの中核として脚光をあびる LRT

LRT（Light Rail Transit）は、路面電車の発展型であり、新しい中量輸送システムであるとも言える。LRT は「次世代型路面電車」とも言われるが、単に車両をバリアフリーな新型に置き換えただけのものではない。2018 年に出版さ

表 9·4　世界における LRT 導入事例（2018 年 4 月現在）

	開業年					
	1971 ～ 80	81 ～ 90	91 ～ 2000	01 ～ 10	11 ～ 15	16 ～
アジア	0	3	8	10	5	12
うち日本	0	0	0	1	0	1
うち中国	0	1	0	2	1	7
オセアニア	0	0	1	0	1	0
アフリカ	0	1	0	0	6	1
北米	1	7	7	10	6	6
中南米	0	2	2	2	2	4
欧州	5	15	15	44	12	4
うちフランス	0	2	6	17	8	0
うちドイツ	3	1	3	4	0	0
うちスペイン	0	1	0	8	3	1
計	6	28	33	66	32	27

注：LRT 等とは、Light Rail と Tram、Tram Train、Rubber Tyred Tram の総称である
出典：Light Rail Transit Association "A world of trams and urban transit"
https://www.lrta.info/archive/world/worldind.html（2022 年 8 月 7 日最終閲覧）より作成

れた『広辞苑 第七版』には、LRT とは「路面電車を改良した新交通システムの一つ。車両や地上設備の性能を向上させるなどして高速・大量輸送を可能にし、乗降の利便性なども高めたもの」とある。また、民営鉄道協会は「路面電車の近代化を目指して開発された低床式の LRV（Light Rail Vehicle、LRT 型の車両）を用い、走行空間を新しく整備した都市公共交通システムのことを「LRT」といいます」[注2]と説明している。LRT の特性は次項で詳述する。

路面電車は一時期衰退していたが、近年、その可能性が見直されつつあり、欧州各国の地方都市圏では LRT や路面電車の新規開業が相次いでいる（表 9·4）。例えばフランスでは、2006 年にヴァランシエンヌ（約 4.3 万人）[注3]、クレルモンフェラン（約 14.8 万人）、ミュールーズ（約 10.8 万人）の三つの地方都市で LRT が開業した。その後も開業が相次ぎ、最近では 2012 年にルアーブル（約 16.8 万人）、ブレスト（約 14.0 万人）、2013 年にディジョン（約 15.8 万人）、トゥール（約 13.7 万人）、2014 年にブザンソン（約 11.8 万人）、オーバーニュ（約 4.8 万人）、2019 年にアヴィニョン（約 9.1 万人）で新規開業があった。首都のパリとその近郊においても、2006 年から 2022 年 8 月までの間に 10 路線のトラムが開業している[注4]。

青木・湧口（2020）[注5]によると、フランスでは人口25万人程度までの都市圏の多くでLRT（トラム）が導入されており、最も人口規模の少ない都市圏は18.9万人のル・マンである。また、フランスで導入が進んだ背景には、1）移民問題・若者問題をはじめとする都市問題への対応（郊外公営住宅の低所得層と中心部を結ぶ手段としての位置づけ）、2）「交通負担金」制度や国からの補助金といった財政面での裏付けの存在、3）環境問題への関心の高まりと公共交通重視の姿勢、の3点が挙げられる。

隣国のスペインにおいても、2007年だけでセビージャ、テネリフェ、パルラ、ムルシアという四つの地方都市と、首都マドリッドでLRTが開業した。57都市にLRTや路面電車が走っているドイツでも、昔ながらの路面電車をLRTへ再生する動きが各地で見られる。

LRTは、後述のようにさまざまな長所を有しており、地方都市圏の公共交通幹線再生の真打ちとも言える。

2 ——LRTの特性

LRTは、「都市圏における電気駆動のレールウェイシステムで、地上、高架あるいは地下の専用軌道を、または、時として道路上を、単車または数両の短い連結で走行する性能を有し、乗客の乗降が軌道または車両の床レベルで行われるシステム」である（米国連邦運輸調査局（1988）による定義）。あるいは、「近代的な路面電車から高速輸送システムの範囲で、段階的な建設が可能で、それぞれの段階でシステムとして完成された姿であり、さらにより高度なシステムにも発展可能なレールを基本とした交通形態で、地下、地上、高架いずれでも自らの軌道上で走行されるシステム」と定義することもできる（OECD傘下の欧州31カ国の運輸大臣会議（1991）での定義）[注6]。

これらから、LRTの特性を以下のようにまとめることができる。

a：基本的に電動のため、クリーンである

b：単車または数両の短い連結で走行する、中量輸送機関である

c：地上、高架あるいは地下の専用軌道や、道路上を柔軟に走行する

d：段階的な整備が可能である。例えば従来の路面電車ネットワークにLRVを導入することから始め、電停のバリアフリー化、要所の専用軌道

化など段階的にグレードアップすることができる。地下鉄やAGT、モノレールは専用軌道が完全な新線として開通しないと運行できないが、LRTは既存の路面電車網を活かしながら、段階的にシステムを高度化することができる

f：バリアフリー

電停へのアクセス性がよく、車両も超低床化されるなど、バリアフリー型の交通機関である

g：まちの賑わいと景観の創出

市街地活性化にも貢献し、都市のシンボル的存在となる

h：交通まちづくりの中軸

公共交通関連施策＋自動車交通関連施策＋まちづくり関連施策からなる「交通まちづくりパッケージ」の中軸となりうる

3 ――従来型の路面電車とLRTの比較

(1) まちのシンボルとなる斬新な外観

LRTは「次世代型路面電車」と訳されることがあるが、従来型の路面電車との主な相違点の一つとしてデザインの斬新さを挙げることができる。

図9･6は、広島電鉄の昔ながらの路面電車車両と、LRVの外観を比較したものである。左は1950年代に製造された車両である。右のLRV「Green mover max」は、2005年にグッドデザイン賞を受賞した超低床車両で、「日本の風土、

図9･6　昔ながらの路面電車車両（左）とLRV（右）の外観（いずれも広島市内、左：2000年7月、右：2012年2月）

特に広島の都市イメージを表現する」「親しみやすさ、柔らかさを感じさせる」デザインとなっている注7。

図 9･7　センターポール化（大阪市阿倍野区内、2022 年 7 月）

ただし図 9･6 左の写真から明らかなように、LRT や路面電車に関連する架線によって、まちの景観に悪影響が及ぶこともある。この問題への対処として、架線をなるべくすっきり見せる「センターポール化」（図 9･7）や、全区間あるいは景観への配慮が特に求められる区間のみを蓄電池で走行する「架線レス化」といった取組も行われている。なお、図 9･7 の例では、さらなる景観向上のために軌道敷の緑化（芝生軌道化）も併せて実施されている。

(2) バリアフリー

LRT は、バリアフリーでも従来型の路面電車とは一線を画している。図 9･8 は乗降口を比較したものである。昔ながらの車両は、電停との間に大きな段差があり、車椅子での利用には大きな困難が伴う。一方、LRV では、乗降口が広

図 9･8　乗降口が狭くて段差のある旧型車両（左）と広くて段差のない LRV（右）
（いずれも広島市、2017 年 11 月）

くて段差もなく、また電停の幅も広いため、車椅子の客が1人で方向転換し、車両に乗り込むことができる。

乗降口に段差がなければ、ベビーカーでの利用も容易であり、高齢者にとっても優しい移動手段となる（図9･9）。

乗降口の段差をなくすだけではなく、さらに進んで電停を歩道すなわち「まち」と一体化させている事例もある（図9･10）。一方、図9･11のように幅が狭く、横断歩道を渡ってアクセスする形の旧型電停もまだまだ残っている。

LRTを軸とした交通まちづくりでは、自宅から電停、電停から車両内、そして車両内から「まち」への段差を連続的に取り払うことで、都市圏全域の「面」としてのバリアフリー化の達成が期待される。LRTは、SDGs時代の地方都市圏の幹線公共交通として、人と環境に優しい社会の中心に位置づけることができる。

ベビーカーや車椅子でも楽に乗降できる（ベルリン、2019年9月）

杖をついた高齢者が単独で外出できる（富山市、2022年5月）

図9･9　LRTを軸とした面的バリアフリー

図9･10　まちと一体化したサイドリザベーション型電停（札幌市、2022年10月）

図9･11　旧型の幅が狭いセンターリザベーション型電停（札幌市、2022年10月）

(3) 多様な走行空間

路面電車はその名のとおり、基本的に道路上に設けられた軌道（併用軌道）を走行するものである。これに対してLRTは、併用軌道や地下・高架・地上の専用軌道、普通鉄道線への乗り入れなど、走行空間が多彩である。例えば6章で紹介したカールスルーエのように列車が集中するメインストリート区間を地下専用線としたり、ストラスブールのようにターミナル駅への乗り入れ部分を地下専用線化することによって定時性や高速性を確保しつつ、ほかの区間は沿線へのバリアフリー・アクセスに優れた併用軌道とすることによって、費用対効果の大きな幹線交通システムを実現することができる。カールスルーエの地下専用線は、路面電車ネットワークを活かしながら、要所のみ地下化したの段階的整備の例でもある。図9･12は、ストラスブールの例である。普通鉄道線への乗り入れについては次項で述べる。

郊外では幹線道路の中央の準専用軌道を走る

都心部では併用軌道を走行して「まち」のど真ん中に至る

要所で地下専用線に潜る

TGVの発着する鉄道ターミナル直下のホームに至る

図9･12　LRTの多様な走行空間（ストラスブール、2008年9月）

（4）既存鉄道網の有効活用 1：カールスルーエの事例

ドイツのカールスルーエ（人口 29 万人）では、市街地の併用軌道から、ドイツ鉄道へ乗り入れて郊外へ向かう「トラムトレイン」が運行されている。塚本編（2019）[注8]によると、同市の路面電車網は 76 km であるが、1992 年からトラムトレインが世界で初めて開始され、その利便性の高さから、2021 年現在では直通運転を実施している郊外鉄道線は 500 km を超えている。ネットワークはカールスルーエ市域（図 9･13 の左側）を超えて広域的な広がりを見せている。図 9･13 は、そのごく一部である。図 9･14 の左は、カールスルーエの併用軌道を走行中のトラムトレインで、これから鉄道線に乗り入れて 15 km ほど郊外にあるホーフシュテッテンへ向かうところである。図 9･14 の右側は郊外鉄道線を走行中のトラムトレインである。ネットワークがとても広くて稠密なので、その細部については、図 9･13 の出典からダウンロードして閲覧することをお勧めする。

なお、カールスルーエをはじめ、ドイツの多くの地域では「運輸連合」が形

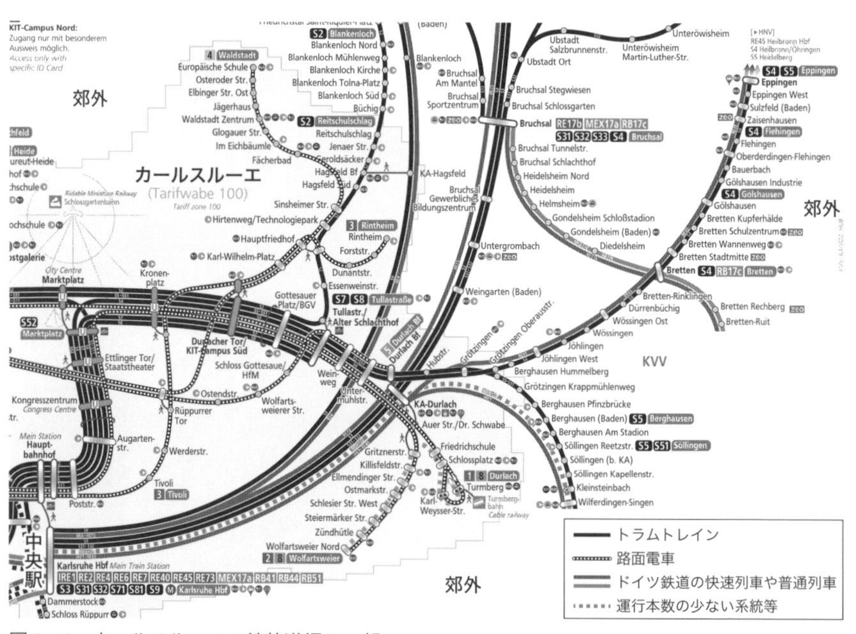

図 9･13　カールスルーエの鉄軌道網の一部

出典：KVV “Liniennetzplan Schiene” より作成
https://www.kvv.de/service/downloads.html（2022 年 10 月 23 日最終閲覧）

図9･14　トラムトレイン（カールスルーエ、2008年9月）

成されている。この制度は、一定の地域内の運輸事業者が連携し、ゾーン制の均一運賃制度の導入や運行時刻の調整等を行うことで、「一つの時刻表、一枚の乗車券、一つの運賃制度」という状況を実現し、利便性を高めようとするものである。青木（2019）[注9]によると、運輸連合は連邦政府、州政府、関連地方自治体と交通企業の合意に基づいて結成され、地域全体の公共交通政策と連動しながら、交通サービスの全体計画の策定や、それに基づく各交通企業の運行計画の調整や運賃制度や運賃水準の決定といった役割を担っている。また運賃の共通化やゾーン化、お得な運賃設定といった利便性向上施策による交通企業の収入減少分に対しては、連邦政府、州政府、地方自治体が助成を行い、運輸連合がその受け皿となって各交通企業に助成分を配分する役割を担う。

西村・服部（2000）[注10]によると、カールスルーエの運輸連合は、カールスルーエをはじめとする七つの地方自治体（域内面積3550 km^2、人口130万人）を範囲としており、域内の近距離路線・LRT・バスの乗車券の発行や、ダイヤ調整、広報、マーケティング等を行っている。ドイツの運輸連合の収支率は、マンハイムが31%、ルール地方が36%、ケルン・ボンが42%、シュツットガルトが45%、ハンブルクが52%、ミュンヘンが58%であり、カールスルーエ運輸連合も収支率35.5%という赤字状態である。赤字分は電力収入の黒字や税金等から補填されている。

わが国の公共交通は独立採算が原則であり、運輸連合の本格的な導入事例はない。しかし、地域の鉄道会社、バス会社等が運輸連合を組み、地域の民官学と連携しながら、交通計画を策定し、共通運賃制度を組み、時刻を調整し、共同で広報活動を行ったり、モビリティ・マネジメントを展開するなど、交通システムすべてをコントロールするような状況が一つの方向性としてあり得る。今後、都市圏の交通システムの再生に向けて、ドイツの運輸連合制度に関するさらなる研究が求められる。

9･3 LRTを軸とした地方都市圏の交通まちづくり：ストラスブールの事例

1 ――ストラスブールのLRT

フランスのストラスブールは、2021年現在の人口28.5万人、都市圏人口50.6万人の地方都市である。「ヨーロッパの十字路」と呼ばれるアルザス州の州都であり、古くから交通の要衝であった。旧市街は1988年にユネスコの世界遺産に指定されている。市域面積は約171 km^{2}で、都心部は東西1 km、南北0.8 km程の大きさである。この地方都市ではLRT（トラム）を軸とした交通まちづくりが展開され、世界的に注目されている。LRT導入に至る経緯とその後の展開を表9･5に示し、以下、この表に沿って説明する。

アンドレ・ヴォン・デ・マルク（2006）[注11]によると、かつてストラスブールには路面電車があったが、1962年に廃止された。その後、さまざまな都市交通問題が起こり、これらに対処すべく1973年の地域マスタープランで路面電車の再整備やバス路線再編等が提案され、1985年には地下新線によるAGTの新設が決定される等の動きがあったが、後者については整備費用等の問題から実現には至らなかった。1988年には旧市街地が世界文化遺産に登録されたが、市街地を南北に貫く幹線道路には1日5万台の自動車が走行し、うち2.4万台が通過交通という状況で、渋滞、大気汚染、騒音といった問題への対処が求められた。都心は精気を失っていた。1989年時点での交通機関別分担率（徒歩は含まない）は自転車が15%、公共交通機関は11%で低下傾向、自動車は72%となっていた。

このような中で1989年にはLRT推進派の市長が当選し、そのもとでLRT整備を軸とした交通計画が策定され、1991年には2010年までに自動車の分担率を50%に下げ、公共交通と自転車のそれを各々25%へと引き上げることを目

表 9･5　LRT 導入に至る過程とその後の展開

1962 年	路面電車廃止
1973 年	地域マスタープランにおいて、都心部への歩行者専用ゾーンの導入による通過交通の排除や、路面電車の建設、バス路線再編など提案
1985 年	地下新線による AGT 建設を決定したが、整備費用等が問題視される
1988 年	旧市街地（約 1 km²）が世界文化遺産に登録される
1989 年までに	交通機関別分担率は自動車が 72%、公共交通機関が 11%、自転車が 15%で、公共交通機関の分担率は低下傾向。この中で都心を南北に貫く幹線道路には 5 万台 / 日の車が走り、うち 2.4 万台は通過交通。→ 渋滞、大気汚染、騒音
1989 年	LRT 推進派の市長が当選。LRT 整備を軸とした交通計画を策定することになった
1991 年	2010 年までに自動車の分担率を 50%に下げることを目標とした（公共交通と自転車をそれぞれ 25%へ引き上げる）新しい交通計画が公表された ・計画実現のために、活発な広報キャンペーンや市民レベルの協議会による合意形成がはかられた
1992 年	・都心部を迂回する高速道路が完成 ・都心部を貫く幹線道路を遮断し、都心部はゾーン 30 化して一方通行や通行禁止などの大幅な交通規制を実施。平面駐車場化していた都心の広場は歩行者空間として再生（のちに LRT の電停を併設）
1994 年	LRT の A 線が開業。一部区間は地下新線を走行し、大部分の区間は道路上を走行。未来的デザインの 7 車体連接、100%低床車による運行。電停にも未来的デザインを採用、たとえば券売機は円筒形
その後	LRT 開業に併せてバス網を再編し、数カ所で LRT と結節させるとともに運行本数を 3 割増加。環状道路の外側にはパークアンドライド用の駐車場を 3 カ所（1700 台）設置し、その駐車料金は公共交通の人数分の運賃込みで 1 日 15 フランに設定（都心部駐車場の 1 ～ 2 時間分）。一方で都心部の駐車場容量は 4000 台に抑制。電停やバス停の近辺に自転車預かり所を設置
1998 年	A 線を 2.8 km 延伸 ・この時点で公共交通の総利用者数は 45%増加 ・パークアンドライドの利用者は、少なくとも LRT 利用者の 10%。これらの人々（月間 10 万人程度）はそれまで公共交通を利用していなかった人々であろうと推定されている ・一方で都心の自動車交通量は 15%減少。一酸化炭素、窒素酸化物などの汚染数値が半減 ・中心部の歩行者通行量は、LRT 導入前に比べて 2 ～ 3 割増
2000 年	B 線開業 ・都心部の広場で A 線と交差 ・沿線では不動産投資が活発化し地価上昇、有名店の進出など都市活性化に寄与
2023 年現在	ネットワークが順次延伸され、LRT 6 路線約 68 km と BRT 2 路線の体制となる。うち 1 路線は国境を越えてドイツにも乗り入れ

出典：アンドレ・ヴォン・デ・マルク（2006）「ストラスブール市のトラム～躍進する都市のプロジェクト～」“国際シンポジウム 2006 環境・都市・交通の未来戦略” 資料、pp.23 ～ 27 より作成

標とした新しい交通計画が公表され、計画実現に向けて活発な広報キャンペーンが行われ、市民レベルの協議会による合意形成がはかられた。

1992年には都心部を迂回する環状道路が完成し、これを待って同年、都心部を貫く幹線道路の遮断がなされるとともに、都心部では一方通行や通行禁止などの大幅な交通規制が実施されるなど、面的な交通静穏化策が展開された（図9・15）。都心部にも自動車でアクセスはできるが、道路がループ上となっているため、そのまま都心部を通過することはできないという「交通サーキュレーション」が採用された[注12]。

そして2年後の1994年、初めてのLRTであるA線が都心部を南北方向に貫く形で開業した。この路線の一部区間は地下新線とされ、大部分の区間は道路上を走行している。平面駐車場と化していた都心の広場は歩行者空間として再

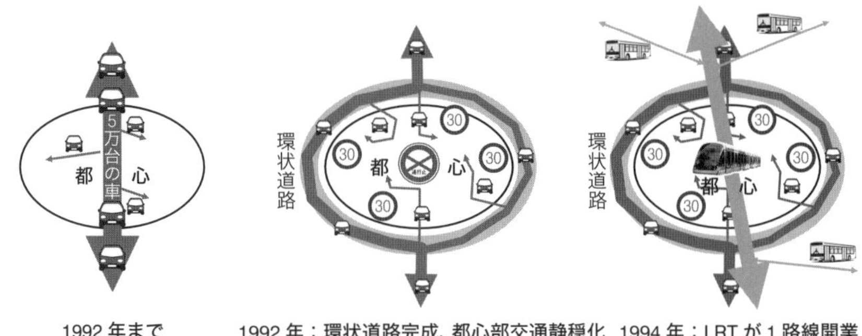

1992年まで

1992年：環状道路完成、都心部交通静穏化
都心部の幹線道路を遮断
都心部は全域ゾーン30の交通規制
駐車場制限

1994年：LRTが1路線開業
バスも大幅に利便性向上

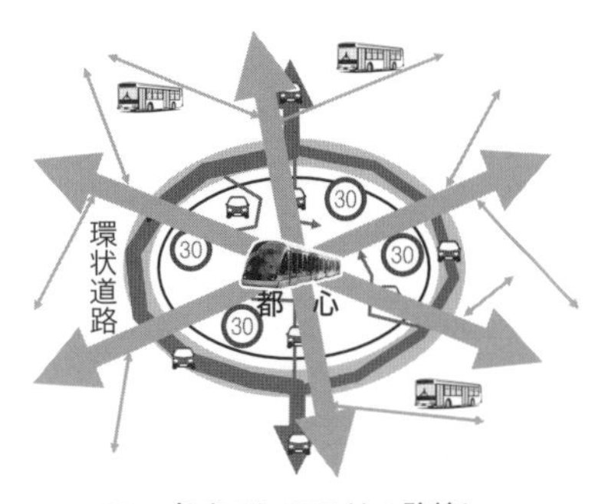

2013年までにLRTは6路線に

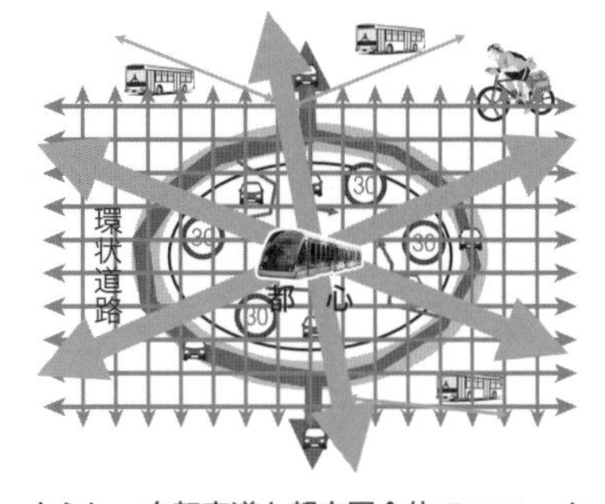

さらに、自転車道も都市圏全体で600kmに

図9・15　LRT導入前後のストラスブール中心部の交通網のイメージ

生され、LRT の電停が併設された（図 9･16）。この Homme de Fer（オム・ド・フェール）電停には 2023 年現在 LRT の 6 路線中 5 路線が集まり、ひっきりなしに発着する LRT が市街地に賑わいをもたらしている。地下には 3 層構造の大がかりな駐車場もあるが、収容台数は約 240 台であり、満車でも LRT 1 〜 2 編

図 9･16　ストラスブール中心部のオム・ド・フェール電停（2008 年 9 月）

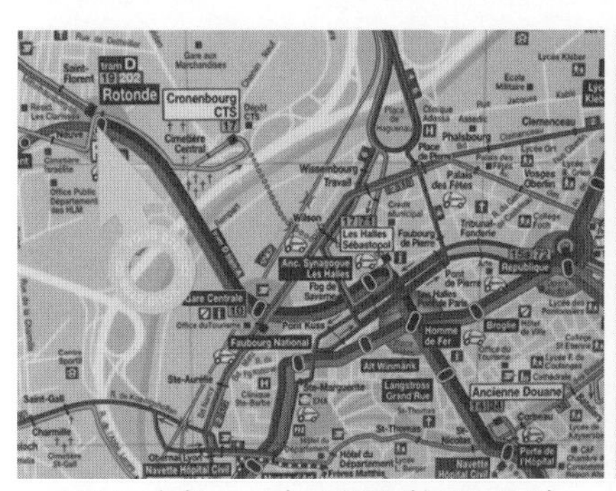

ロトンデ（Rotonde）の位置（左上にある）

自転車駐輪場

電停すぐのパークアンドライド駐車場

電停と一体化したバス停

図 9･17　総合電停の例（ロトンデ）（2008 年 9 月）

成分の人にしか対応できない。LRTはこの電停に次々やってくるのである。はたして自動車とLRTのどちらが効率的に賑わいをもたらすのであろうか？

同時に路線バスも運行本数を3割増やすなど大幅にテコ入れされ、LRTと郊外の電停で便利に接続する仕組みとなった。また、都心部の駐車場容量を4000台に抑制する一方、環状道路の外側にはパークアンドライド用の駐車場を設置し（当初は3カ所、計1700台分。2022年現在では11カ所に増えている）、その駐車料金は公共交通の人数分の運賃込みで2022年現在1日4.1～4.6ユーロ（2022年の年間平均のレートで570～640円程度）に設定されている。これは都心部駐車場（例えば図9･16(右)）の1～2時間分に相当する額である。さらに電停やバス停の近辺には自転車駐輪場が設置された。図9･17は、2022年11月現在二つのLRT系統と四つのバス路線が結節するRotonde（ロトンデ）電停である。この電停にはパークアンドライド用駐車場と自転車駐輪場が併設されている[注13]。

車両は内外装ともに未来的にデザインされ、1編成あたりの定員は約300名である。床と電停との間には段差がない（100%低床車）など、バリアフリーにも大きな配慮が払われている。車内は狭いのだが、自転車を持ち込んでの乗車も可能となっている（月～土のラッシュ時は除く）（図9･18）。

塚本ほか(2019)[注14]によると、LRTには優先信号システムが備わっており、運転席のボタンを押すことで交通信号を「進行」に変えることができる。したがって郊外から中心部への所要時間はLRTのほうが自動車よりも速い。

図9･18　ストラスブールのLRT車両
狭い車内だが（左）自転車の持ち込みも可能（右）（2008年9月）

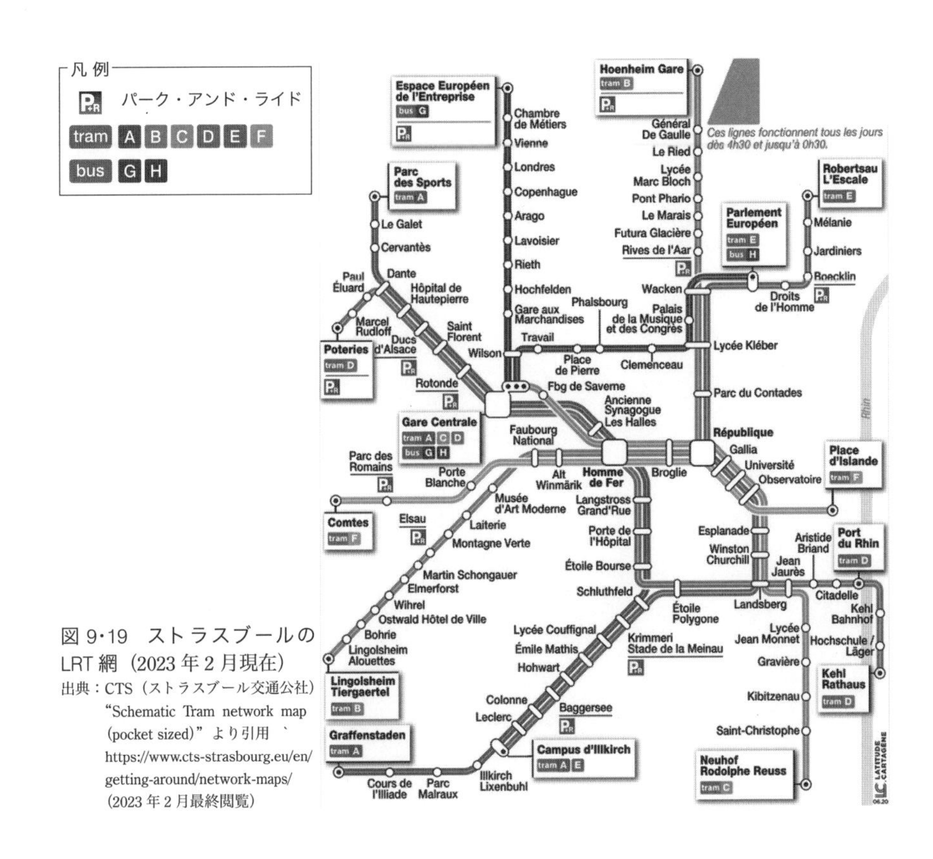

図 9･19　ストラスブールのLRT網（2023年2月現在）

出典：CTS（ストラスブール交通公社）"Schematic Tram network map (pocket sized)" より引用 https://www.cts-strasbourg.eu/en/getting-around/network-maps/（2023年2月最終閲覧）

ストラスブールのLRTは2013年までにA～Fの計6路線に拡張され、2023年2月現在ではLRT6路線とBRT2路線のネットワークとなっている(図9･19)。1994年の開業当初はA線のHautepierre Maillon（オートピエール・マイヨン、現Cervantés：セルバンテス）からBaggersee（バガルゼー）までであったことと比べ、大幅な拡張となっている。加えて312 km^{2}の域内に全長600 kmの自転車専用道路と2万本の駐輪アーチも整備されている（ヴァンソン藤井・宇都宮、2015）[注15]。先述のように自転車はトラムへ持ち込むことができるなど、公共交通と密接に連携している。

このようにしてストラスブールでは自動車から公共交通や自転車への転換を進めていったのである。

2 ──LRT の整備費用と効果

ヴァンソン藤井（2011）[注16]によれば、LRT の整備費用は、A 線とその延長（12.5 km）が 3 億 9300 万ユーロ（2022 年の年間平均のレートで約 544 億円）、B 線・C 線（12.5 km）が 2 億 9200 万ユーロ（同約 407 億円）、E 線と B・C・D 線延長（13.6 km）が 4 億 2000 万ユーロ（同約 586 億円）などとなっている（F 線や D 線の延長などもあるが簡便化のために省略する）。38.6 km に 11 億 200 万ユーロ（同約 1538 億円）であるから、1 km あたりの整備費用では、2855 万ユーロ（同約 39.8 億円）である。先述のように、地下鉄に比べれば一ケタ安い費用で整備できていると言える。

このような費用を投じて整備された LRT の効果はどうであっただろうか。青木・湧口（2020）[注17]によると、ストラスブール都市圏の自動車分担率は 1985 年に 48%、1997 年に 52% となっていたが、LRT 導入後の 2009 年には 45% へと低下した。

6 系統の LRT の利用者数は 1 日約 30 万人に及ぶ[注18]（図 9・20）。つまり年間 1 億人程度の利用があるわけで、これはわが国の路面電車で最多の利用者数を誇る広島電鉄市内軌道線（6 系統、19.0 km）の年間約 3784 万人（2019 年度）[注19]の 3 倍程度に相当する。

谷口ほか（2019）[注20]によると、ストラスブールの都市圏人口は 1995 年の約 44.8 万人から 2015 年には約 48.2 万人へと 7.9% 増加した。これと同じ時期に公共交通利用者数は、1 日約 14.9 万人から同約 33.0 万人へと 2 倍以上（222%）

図 9・20　都心に向かう人があふれた電停（2008 年 9 月）

図 9・21　裏通りにまで買い物客の姿がある都心（2008 年 9 月）

の増加となり、LRTを軸とした公共交通サービス水準の抜本的向上と都市圏の発展との好循環が見られる。

LRTの沿線では不動産投資が活発化して地価が上昇するとともに、有名店の進出などが相次ぎ、都市活性化に大きな寄与があった(図9･21)。ヴァンソン藤井・宇都宮（2015)[注21]によると、ストラスブールにはシャッター通りは一本もないという。

このようにストラスブールでは、LRTをはじめとする公共交通網の再整備や歩行者空間の拡大、自転車通行環境の整備と、環状道路整備やパークアンドライドによる都心への自動車交通量の削減等の交通まちづくり施策がセットで実施され、都心部の活性化に大きな成果を挙げた。1章から4章で述べたように、交通手段を自動車から公共交通等へ転換すれば、環境、社会、経済の三つの面でさまざまなメリットが期待できる。ストラスブールでも先述のようなまちの賑わい向上効果等に加え、二酸化炭素排出量の削減、都心部の渋滞緩和、交通安全性の向上といった複合的な効果が生じたものと見られる。

9･4 わが国の地方都市圏の交通まちづくりとLRT

わが国には2021年9月現在で21都市に約206kmの路面電車がある（図9･22)。これらのほか、路面電車との直通運転を行っている鉄道路線として、6章で取り上げた富山地方鉄道富山港線（旧富山ライトレール）6.5kmや、万葉線新湊線4.9km、福井鉄道福武線18.1km、えちぜん鉄道三国芦原線6.0km、広島電鉄宮島線16.1km、伊予鉄道城北線2.7kmの計約54kmがある。

これらのうち、富山市では「串とお団子」によるコンパクト・プラス・ネットワーク政策が打ち出され、その中核的プロジェクトとして富山ライトレールの整備等が行われた（詳細は6章を参照のこと)。また、福井市（2020年国勢調査人口は26.2万人）では鉄道のLRT化や路面電車との相互乗り入れ、郊外でのパークアンドライド推進、新駅設置などの施策が展開されている。広島市(同120.0万人）では既存の路面電車網に輸送力のある超低床LRV（カバー裏および、後袖上の写真参照）が多数投入されているほか、ターミナル電停の抜本的なリニューアルや、各電停のバリアフリー化といった取組がなされ、2025年

図 9･22　日本の路面電車分布（2023 年 2 月現在）
出典：国土交通省「LRT の導入支援」より作成
https://www.mlit.go.jp/road/sisaku/lrt/lrt_index.html（2023 年 2 月 25 日最終閲覧）

春には広島駅ビル 2 階への乗り入れや、同駅と市内中心部方面を短絡する新線が実現する予定である注 22（図 9･23）。松山市（同 51.2 万人）では、路面電車網に蒸気機関車型のディーゼル機関車が牽引する観光列車「坊ちゃん列車」が走行し、地域振興に貢献しているほか、鉄軌道網を主軸とした交通まちづくりが推進されている。

図9・23　広島電鉄の新線と広島駅ビルへの乗り入れのイメージ
出典：広島市「広島駅南口広場再整備等パンフレット」（https://www.city.hiroshima.lg.jp/soshiki/360/250538.html）

また、宇都宮市（同51.9万人）は隣の芳賀町（同1.5万人）とともに2023年8月の運行開始を目指してLRTの新線を整備し、同年2月現在試運転中である。宇都宮市によると、このLRTはJR宇都宮駅東口から芳賀町の芳賀・高根沢工業団地まで14.6kmの複線を最高時速40km、所要時間約44分（快速は約37～38分）で走行し、停留所は19カ所（すべてバリアフリー化）、定員160人の3車体連接型LRVで運行される。運行時間帯は午前6時台から午後11時台、運行間隔はピーク時6分間隔、オフピーク時10分間隔で、平日の需要予測は1日当たり約1万6300人である。運賃は対距離制で150～400円に設定されている。事業方式としては公有民営型の上下分離方式が採用され、「上」の列車営業を第三セクターが、「下」の軌道などのインフラ整備を宇都宮市と芳賀町が担当する。概算事業費は約684億円で、1kmあたり約46.8億円となっている[注23]。将来的にはJR宇都宮駅東口から都心部方面への延伸が構想されている。

交通まちづくりとは、「まちづくりの目標に貢献する交通計画を、計画立案し、施策展開し、点検・評価し、見直し・改善して、繰り返し実施していくプロセス」（交通まちづくり研究会、2006）[注24]である。わが国でも今後、持続可能なまちの実現に向け、LRT等の中量輸送システムを主軸とした総合交通政策が、土地利用政策や環境政策、道路政策などの関連政策分野との密接な連携のもと、「交通まちづくりパッケージ戦略」として推進されるものと考えられる。

9・5 BRTと地方都市圏の交通まちづくり

1 ――BRTとは

BRT（Bus Rapid Transit）は、直訳すると「バス高速公共交通」であり、都

図 9・24　BRTの導入事例（2022年4月1日現在）
出典：国土交通省（2022）『令和4年版交通政策白書』p.49より作成

市や都市圏の幹線輸送を担いうる点で、LRT 等の軌道系中量輸送システムと並列的に位置づけることができる。

BRT について、わが国では国土交通省（2021）において「連節バス、PTPS（公共車両優先システム）、バス専用道、バスレーン等を組み合わせることで、速達性・定時性の確保や輸送力の増大が可能となる高次の機能を備えたバスシステム」[注25]との説明がなされている。また、中村（2017）は「従来の都市内路線バスに比べて、速度が高く、定時性が高く、輸送力が大きいシステムの総称」[注26]としている。

これら二つの定義に共通するのは、速達性、定時性、輸送力である。

ただし、中村・牧村・外山（2016）が指摘するように「多くの国で、国としての明確な、定量的指標を含んだ定義はない」[注27]という状況にあり、この点は日本も同じである。国土交通省は、2022 年 4 月 1 日現在の BRT 導入事例として、28 カ所を示している（図 9･24）。

2 ──BRT と LRT

BRT と LRT の間にはどのような違いがあるのであろうか。表 9･6 は両者の特性をさまざまな角度から比較したものである。

わが国の BRT で運用されている連節バス車両は、2 車体連節で長さ 18m、定員 100 名前後のものが一般的である（図 9･25（左））[注28]。ただし BRT の中には、連節ではない車両が専用道等を走行するタイプもある（図 9･25（右））。これに

岐阜乗合自動車の「清流ライナー」（2011 年 2 月）

東日本旅客鉄道の「気仙沼線 BRT」（2015 年 3 月）

図 9･25　BRT の例

表 9･6　わが国における LRT と BRT の特性の比較

項目		LRT	BRT
運行上の特性	定時性	・専用軌道走行の場合は、定時性に優れる ・併用軌道を走行する場合は、一般車の進入を防ぐ対策が必要となる	・専用道走行の場合は、定時性に優れる ・バス専用レーンや優先レーンを走行する場合は一般車の進入を防ぐ対策が必要となる
	高速性	・併用軌道の最高時速は 40 km（軌道運転規則による）	・最高時速は 60 km（道路交通法による）
	輸送力	・1 編成あたりの定員は 86 〜 151 人（広島電鉄の長さ 18 〜 30 m の超低床車両の場合）	・1 台あたりの定員は従来型車両で約 60 〜 80 人、連節バスで 90 〜 120 人（ISUZU のバス車両の場合）
	機動力	・適切な軌間や架線電圧等を有する軌道上のみを走行できる	・連節バスは道路運送法に基づく特殊車両の通行許可を受けた上で、使用路線を限定して運行される ・在来型車両の運行路線の自由度は高い
	路線のわかりやすさ	・軌道があるため路線が認設されやすい ・Google Maps などインターネット上の地図や市販の地図などにも路線が掲載され、来訪者にもわかりやすい	・バス専用レーンのカラー舗装などにより路線の認識が容易になる ・Google Maps などインターネット上の地図や市販の地図などには路線が掲載されない
	事業者	・軌道事業のノウハウが不可欠となる	・既存路線バス事業者が比較的参入しやすい
快適性	バリアフリー	・車両と停留場との間に段差がなく、車いすでも介助なしで乗降できる	・運転手が車体からスロープを出し、介助することで、車いすの乗降ができる
	乗り心地	・騒音や振動が少なく、乗り心地が良い	・乗り心地は一般のバスと同じ
	利用しやすさ	・停留所を車道中央部に設置する場合は、横断歩道によってアクセスする必要	・一般バスと同様、車道外側に停留所を設置すれば歩道からアクセスしやすい
環境	二酸化炭素などの排出量	・一般的には電動であり、CO_2 や NOx を車両からは排出しない	・電動の場合は同左（日本の事例なし） ・ディーゼルエンジンによる駆動の場合は、CO_2 や NOx を車両から排出する
まちづくりへの寄与	沿線への施設等の誘導	・軌道や停留所等のハード面の整備がなされるため、継続的サービスとして認識されやすく、沿線への住宅や施設の立地等、長期的なまちづくりの効果が期待できる	・ハード面の整備が限定的であれば、継続的サービスとして認識されにくい ・長期的なまちづくりの効果を発揮するには、容易に変えにくい路線や停留場などが必要
	将来性	・既存の路面電車がある場合、それを段階的にグレードアップすることができる ・既存鉄道への乗り入れができ、拡張性に優れている	・BRT としてサービスを開始したのちに LRT へのステップアップを図るなど、段階的な整備を期待できる
	シンボル性	・独自デザインによる車両の導入により、まちのシンボル的な存在になる	・同左
	景観の魅力向上	・軌道内側に芝生を敷くことができ、都市空間の魅力が向上	・走行空間のカラー舗装により、景観の演出ができる
初回整備費用（更新費用含まず）		・km あたり 43 〜 77 億円 （堺市が 3 路線について試算した結果による。車両、軌道、変電所、停留所、路盤、道路改築、用地補償費等を含む）	・km あたり 11 〜 14 億円 （堺市が 3 路線について試算した結果による。車両、PTPS（公共交通優先システム）、バスロケーションシステム、カラー舗装、停留所、道路改築、駅前広場改築等を含む）

出典：辻本勝久（2022）「和歌山市 BRT 構想の需要予測」『和歌山大学経済学会研究年報』第 26 号、pp.439-452 より引用

対してわが国で運用されているLRT型の車両（LRV）は、軌道運転規則により、併用軌道を走行する場合は長さ30mまで、定員150名程度（例としてp.186の図9･6(右)）となっている。長さ十数m、定員数十人程度の車両が用いられることもある（例えばp.188の図9･9の車両で定員80人）[注29]。つまり、わが国ではBRTとLRTとの間の輸送力差はそれほどないと考えられる。

表9･6に示すように、LRTとBRTには一長一短がある。総じて輸送力や路線のわかりやすさ、バリアフリー、環境への優しさ、乗り心地、長期的なまちづくり効果、既存鉄軌道への乗り入れなどを重視する場合はLRTが、初回整備費用や既存路線バス事業者の活用、機動力などを重視したい場合はBRTが優位となるものと考えられる。

3 ——BRTの事例

名古屋市（2020年の人口約233.2万人、面積326.5km²）のガイドウェイバス志段見（しだみ）線（ゆとりーとライン）は、同市郊外から都心部まで11.3kmのうち、都心側6.8kmを高架化し、ガイドウェイバスとしたものである。高架部の駅の間隔は平均800mである。ガイドレールによって誘導するため、幅員が一般の高架道路（10m程度）よりも狭い7.5m程度となっている。総建設費は300億円（1kmあたり44億円程度）であり、地下鉄よりも大幅に安い。

普通鉄道ほどの輸送力はないが、3000人/h～1万人/hの輸送も可能である。一般のバスが渋滞時に1時間を要する区間を13分で結び、ガイドウェイ区間の表定速度は約30km/hと地下鉄並みである。

志段見線の場合、当初はAGTの導入が計画されたが、そこまでの需要が見込めなかったことや、既存のバス事業者による運行が可能であること、高架部の順次延伸や、AGTへの転換といった段階的整備が可能であること等を考慮して、ガイドウェイバス方式が導入された。

図9･26　名古屋市の基幹バス（2022年8月）

ガイドウェイバスは、ドイツのエッセンやマンハイム、米国のラスベガス、英国のイプスウィッチやリーズ等でも導入されている。ガイドウェイ方式以外のBRTとしては、米国のボストン、ブラジルのクリチバ等の例がある[注30]。

名古屋市では、ガイドウェイバス以外によるBRT化も行われている（図9・26）。道路の真ん中に「基幹バスレーン」[注31]というバス専用車線を設け、シェルター式バス停や、運行状況表示システム、公共交通優先信号等と組み合わせ、幹線バスのサービスレベルの向上が図られている。この場合、既存道路を活用

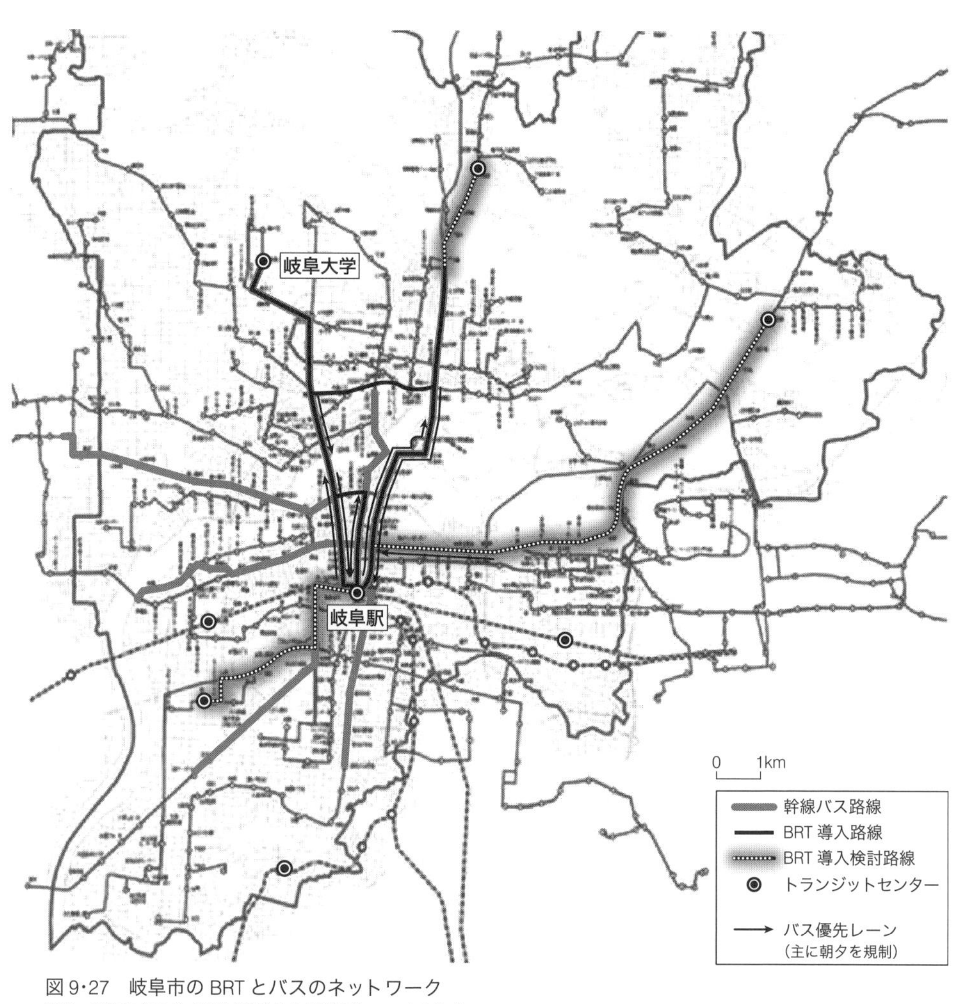

図9・27　岐阜市のBRTとバスのネットワーク
出典：岐阜市（2021）『岐阜市地域公共交通計画』p.29より作成

可能であるため整備費用はさらに小さくなるほか、整備に要する期間が短く、従来の路線バスの技術や事業者をそのまま活用できるといった利点がある。新出来町線では9.2 kmの所要時間が42分から30分に短縮された。

岐阜市（2020年の人口約40.2万人、面積203.6 km^2）では、公共交通のマスタープランである「地域公共交通計画」の中に、骨格となるバス路線として「8幹線・2環状」を位置づけ、その一部にBRTを導入する計画で、既に一部は実現済みとなっている（図9･27）。同市の鉄道ネットワークは南部に偏っており、駅数も12（参考：ほぼ同面積の和歌山市は31）であるため、市の公共交通幹線としてのBRTへの期待は大きいものと考えられる。

わが国の地方都市圏の中には、需要量、整備・運営コスト、地形的制約、既存のバスネットワークの活用等の観点から、LRT等の軌道系中量輸送システムに変えてBRTの導入を選択する都市圏がさらに増えてくるものと考えられる。単位あたり二酸化炭素排出量では電動のLRT等に及ばないものの、地方都市圏の幹線輸送を担いうる点で、LRT等の軌道系中量輸送システムとBRTはほぼ並列的に位置づけることができる。都市内あるいは都市圏内の幹線交通の抜本的改善案の一つとして、BRTの活用を考慮することが望まれる。

また、茨城交通（旧・日立電鉄交通サービス）の「ひたちBRT」や、東日本旅客鉄道の「気仙沼線・大船渡線BRT」のように、鉄道の跡地や被災区間をバス専用道に転換してBRT化し、整備費用や運行コストを抑えつつ、柔軟なルート設定や駅数の増加、増便、バリアフリー化等を実現させている例もある。人口減少時代の地方都市圏においては、地域の交通手段を守るという観点から、利用者の少ないローカル鉄道の代替として、BRTの活用も含めた幅広い議論が必要となる。

第10章

地方都市圏におけるバスの再生

10・1 バスの法的位置づけ

バス等の自動車を用いた有償の旅客運送にはさまざまな形態がある（表10・1)。これらはすべて地域公共交通やそれに準ずるものとして重要であるが、本章では主に一般乗合旅客自動車運送事業（乗合バス）と、それに類似する公共

表 10・1　わが国の道路運送法における運行形態

<table>
<tr><th>区分</th><th>種類</th><th>種別</th><th>運行の態様別</th><th>代表的な運行形態</th></tr>
<tr><td rowspan="6">旅客自動車運送事業</td><td rowspan="5">一般旅客自動車運送事業</td><td rowspan="3">一般乗合旅客自動車運送事業（乗合バス）</td><td>路線定期運行</td><td>路線バス
コミュニティバス
乗合タクシー</td></tr>
<tr><td>路線不定期運行</td><td rowspan="2">コミュニティバス
乗合タクシー
デマンド交通</td></tr>
<tr><td>区域運行</td></tr>
<tr><td colspan="2">一般貸切旅客自動車運送事業</td><td>貸切バス</td></tr>
<tr><td colspan="2">一般乗用旅客自動車運送事業</td><td>タクシー</td></tr>
<tr><td colspan="3">特定旅客自動車運送事業</td><td>従業員送迎バス</td></tr>
<tr><td colspan="4">国土交通大臣の許可を受けた場合等における、貸切バス事業者、タクシー事業者による乗合旅客の運送</td><td>鉄道代行バス
イベント送迎シャトルバス</td></tr>
<tr><td rowspan="4">自家用自動車による有償の旅客運送</td><td rowspan="2">自家用有償旅客運送</td><td colspan="2">公共交通空白地有償運送</td><td>公共交通空白地有償運送</td></tr>
<tr><td colspan="2">福祉有償運送</td><td>福祉有償運送</td></tr>
<tr><td colspan="3">国土交通大臣の許可を受けて行う運送</td><td>幼稚園バス</td></tr>
<tr><td colspan="3">災害のため緊急を要するときに行う運送</td><td>（災害時の特殊事例）</td></tr>
</table>

出典：国土交通省神戸運輸監理部兵庫陸運部（2019）「デマンド型交通について」
https://web.pref.hyogo.lg.jp/ks05/documents/01-02shiryo1.pdf
および国土交通省自動車局旅客課（2020）『自家用有償旅客運送ハンドブック』より作成

交通空白地有償運送注1に関する内容で構成する。

10・2 バスの特徴

1 ── 生活に密着するバス

3 章で述べたように、乗合バスの経営状況は厳しい。国土交通省（2022）注2によると、地方部を中心にバス路線の廃止が続いており、2010 年度から 2020 年度までに廃止された距離は 1 万 3845 km（地球 3 分の 1 周に相当）に上る。

一方でわが国の乗合バス路線網は約 53.7 万 km（2020 年度）におよび、旅客鉄軌道網の約 2.8 万 km（2019 年度）を大きく上回る注3。つまり乗合バスはより地域に密着した交通機関であり、その分、人々の暮らしに密着したきめ細かいサービスが期待され、高齢化が進む中にあってその役割は拡大している。図 10・1 は、細い道を通って地域のすみずみまで到達し、小売店舗の玄関前まで利用者を送り届けるバスの一例である。

2 ── 労働集約型産業

乗合バスの運行費用は、標準原価（実車走行 km 当たり運送原価）として国土交通省から毎年公表されている。コロナ禍前の 2019 年度のデータを見ると、全国平均の実車走行 km あたりの運送原価は 490.53 円で、その内訳は多い順に人件費が 279.08 円（約 56.9%）、諸経費が 112.56 円（約 22.9%）、燃料油脂費が 39.75 円（約 8.1%）、車両償却費が 29.65 円（約 6.0%）、車両修繕費が 28.55

図 10・1 生活に密着するバス（伊賀市、2022 年 6 月）

円（約5.8%）、利子が0.94円（約0.2%）である[注4]。つまり、運送原価に占める施設保有に関連する経費（車両償却費と車両修繕費）の割合が比較的小さい一方、人件費の割合が高いことから、乗合バス事業は労働集約型産業であると考えられる。人件費の割合はコロナ禍の2020年が58.5%、2021年が57.9%で推移している[注5]。2020年度の大手民鉄16社の営業費用に占める人件費の割合が32.9%であることと比べても、乗合バス事業の労働集約性がわかる。

3 ——零細性

乗合バス事業は初期投資が少なく、新規参入や路線の新設が容易で、民営事業者2298者中の約95%が資本金1億円以下である（2022年3月末現在）[注6]。

4 ——大きい利便性向上の余地

乗合バスは速度が遅く、時間が読めず、都市部では系統がこみ入っていて使いづらいなど、利便性向上の余地が大きい交通機関でもある。

乗合バスの表定速度[注7]は、大阪市が1960年度に13.2km/h、2003年度に12.9km/h、2016年度に11.8km/hとなっている。同年度の東京23区が11.1km/h、横浜市が12.3km/h、名古屋市が13.1km/h、京都市が13.0km/hであることから、乗合バスの表定速度は、年度や都市によって多少の増減はあるものの、おおむね11～15km/hの範囲で推移[注8]しており、劇的な改善は見られていない。

乗合バスは、道路混雑や信号サイクルの影響を受けるため、バスレーンやバス優先信号など後述の施策がない状況の中では、自家用車よりも速度が遅く、経路変更による渋滞回避ができないため定時性にも難があり、その上door-to-doorの面でも劣位となる。

さらに、「地域密着型の公共交通機関」という長所の裏返しでもあるが、乗り慣れないバス路線はわかりにくく、情報収集のためのストレスがかかる。また、バス停の一般的な標示柱に掲示されている情報量は決して十分とは言えない。例えば図10･2の例では、表示されている路線が果たして目的地を通るのか、バス停の周囲には何があるのか、乗りたいバスは時刻通りに走っているのか、バリアフリー型の車両なのか、運賃はいくらなのかといった情報が掲載されていない。都心部等では、行き先の異なるバス停が狭い範囲内にひしめきあい、利

図 10·2　バス停の一般的な標示柱とその情報量（新宮市、2022 年 6 月）

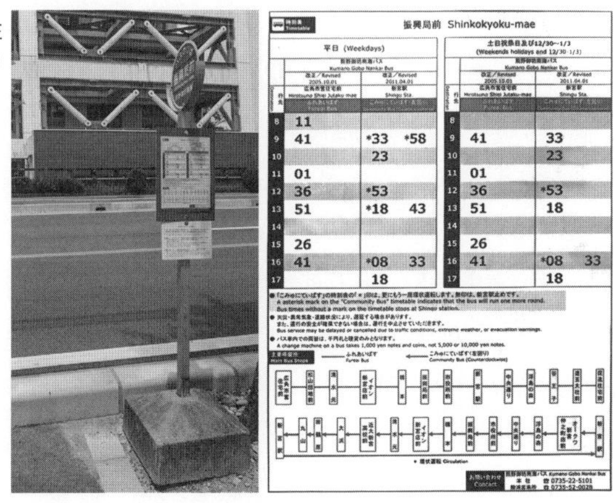

用者を混乱させている場合もある。

10·3　生活公共交通サービスたるバスの維持・活性化と地方の責務

2007 年に「地域公共交通の活性化及び再生に関する法律」が施行された（その後、改正法が 2020 年 11 月 27 日に施行）。そのもとで 2022 年度現在、国は「地域公共交通確保維持改善事業」の制度を運用中である。国土交通省によると、この制度は「地域の多様な主体の連携・協働による、地域の暮らしや産業に不可欠な交通サービスの確保・充実に向けた取組を支援」注 9 するものである。すなわち、市町村や交通事業者、地域住民等の「地域の多様な主体の連携・協働」による取組を国が支援する形となっている。バスなどの地域公共交通の運営を事業者まかせ、国まかせにする時代は終わり、市町村や地域住民が「わが町のバスをどうするか」を主体的に考えるべき時代となっている。

とりわけ市町村の責務は大きい。日本国憲法第二十五条には、「すべて国民は、健康で文化的な最低限度の生活を営む権利を有する」と記されている。また、交通政策基本法第九条には「地方公共団体は、基本理念にのっとり、交通に関し、国との適切な役割分担を踏まえて、その地方公共団体の区域の自然的経済的社会的諸条件に応じた施策を策定し、及び実施する責務を有する」とある。市町村には、住民が、健康で文化的な最低限度の生活水準を確保するために、どのくらいの生活公共交通サービスが必要とされるのかを分析し、その結果に基づいて、あるべき交通体系を計画し、実現していく責務がある。

「地域公共交通確保維持改善事業」の支援対象としては、1）地域間交通ネットワークを形成する幹線バス交通の運行や車両購入等、2）過疎地域等のコミュニティバス、デマンドタクシー、自家用有償旅客運送等の運行や車両購入、貨客混載の導入、3）旅客運送サービス継続のためのダウンサイジング等の取組、4）離島住民の日常生活に不可欠な交通手段である離島航路・航空路の運航等、5）高齢者等の移動円滑化のためのノンステップバス、福祉タクシーの導入、鉄道駅における内方線付点状ブロックの整備、6）地域鉄道の安全性向上に資する設備の更新等、7）公共交通のマスタープランである「地域公共交通計画」の策定に資する調査等、8）バリアフリー化を促進するためのマスタープラン・基本構想の策定に係る調査、が挙げられている。2022年度の予算は約206.9億円である[注9]。

10・4 都市のバスシステムの再生方策

1 ── 再生のメニュー

先に述べたように、バスの維持・活性化に関する地方自治体の責務が大きくなっているが、具体的にどのような再生方策が考えられるのだろうか。都市のバスシステムの再生方策は表10・2のとおりである。以下では、これらのうち主だった方策について説明する。

2 ── 走行環境の抜本的な改善

走行環境を抜本的に改善するための方策としては、1）バス専用レーンや優先レーンの設置、2）バス専用道路の設置、3）バス逆行レーンの設置、4）テラス型バス停の導入、5）バス優先信号の設置といったことが考えられる。

(1) バス専用道路やバス専用・優先レーンの設置

バス専用道路やバス専用レーン（バス専用通行帯）、バス優先レーン（バス優

表 10･2　都市のバスシステムの再生方策

<table>
<tr><td rowspan="17">公共交通機関の利用向上策</td><td rowspan="6">バスの走行環境の改善</td><td>①バス専用道路</td></tr>
<tr><td>②バス専用レーン、バス優先レーン</td></tr>
<tr><td>③交差点での優先方策（優先信号、先出信号、専用右（左）折車線等）</td></tr>
<tr><td>④リバーシブルレーン（中央線変移）（3 車線以上の道路において、中央線の位置を時間帯によって変更する）</td></tr>
<tr><td>⑤テラス型バス停</td></tr>
<tr><td>⑥その他（道路幅員構成の変更や交通規制等）</td></tr>
<tr><td rowspan="3">バス停の改善</td><td>①乗換えシステム（パークアンドライド、サイクルアンドライド）</td></tr>
<tr><td>②情報提供（バスロケーションシステム、案内情報の充実）</td></tr>
<tr><td>③その他（違法駐車の監視システム、住民参加によるバス停の美化等）</td></tr>
<tr><td rowspan="2">車両の改善</td><td>①車両の改善（小型化、大型化、低床化、低需要路線にあっては乗合タクシー化等）</td></tr>
<tr><td>②車内環境の改善</td></tr>
<tr><td rowspan="4">運用面の改善</td><td>①ダイヤ面改善（パターンダイヤ、連絡ダイヤ、終バス延長、深夜バス等）</td></tr>
<tr><td>②停車方式の改善（急行バス、フリー乗降制等）</td></tr>
<tr><td>③ルートの改善（コミュニティバス、デマンド交通、ゾーンバス、通勤通学専用バス、シャトルバス等）</td></tr>
<tr><td>④その他（渋滞時の経路変更等）</td></tr>
<tr><td rowspan="2">その他</td><td>①交通結接点改善（駅前広場、バスターミナル等）</td></tr>
<tr><td>②輸送システム改善（ガイドウェイバス等。9 章参照）</td></tr>
<tr><td colspan="2" rowspan="4">自動車交通抑制策</td><td>①ノーカーデー</td></tr>
<tr><td>②マイカー乗入れ規制</td></tr>
<tr><td>③モビリティ・マネジメント（5 章参照）</td></tr>
<tr><td>④その他（違法駐車対策等）</td></tr>
</table>

出典：都市交通研究会（1997）『新しい都市交通システム』山海堂、p.149 より作成

先通行帯）は、バスとほかの自動車交通を分離させ、高速性と定時性を向上させようとするものである。図 10･3 は和歌山市中心部を南北に貫く中央通り（国道 42 号）に設定されているバス優先レーンである。この事例では片側 3 車線のうち最も外側の車線が 7 時から 19 時までバス優先とされており、写真のようにバスのスムーズな走行に一定の役割を果たしている。

図 10･4 は姫路市のトランジットモールである。この事例では姫路駅前への進入をバスとタクシーに限定（バス・タクシー専用道化）するとともに、歩道が大幅に拡幅され、公共交通の円滑な運行と安全快適な歩行空間の形成がなされている[注 10]。

日本のバス専用レーンやバス優先レーンの設置区間は年々増大していたが、

図 10･3　バス優先レーン（和歌山市、2021 年 3 月）

図 10･4　トランジットモール（姫路市、2022 年 6 月）

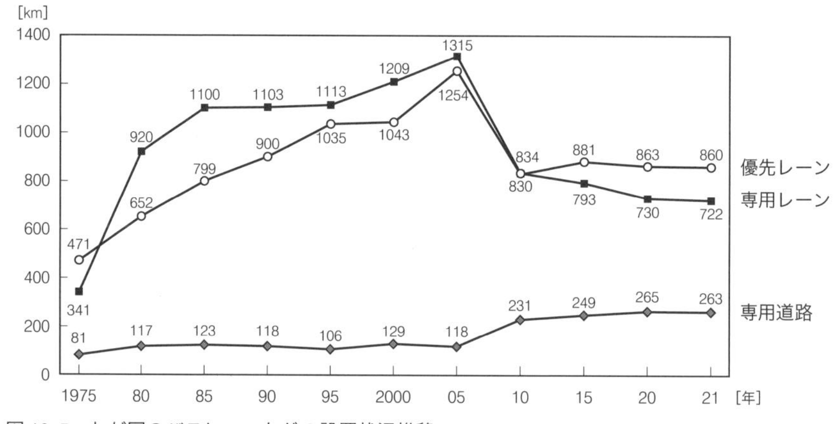

図 10･5　わが国のバスレーンなどの設置状況推移

注：各年とも 3 月末現在である

出典：国土交通省自動車交通局監修『数字でみる自動車』および日本バス協会『日本のバス事業』より作成

2005 年から 2010 年にかけて大きく減少し、以後は横ばいないし減少傾向にある（図 10･5）。一方、バス専用道路の延長は 2000 年から 2021 年にかけて倍以上に増えている。各地で進められている BRT の導入において、定時性や高速性を向上させるためにはスムーズな走行空間が不可欠であることから、今後バス専用道やバスレーンの新設・再整備が進む可能性がある。

(2) バス停の構造の工夫

バス停の構造には、主にバスベイ型、ストレート型、三角形切り込み型、テラス型、切り込みテラス型の 5 種類があり、それぞれにメリット・デメリットを有する（表 10･3）。

5種類のうち最も一般的なものは、歩道側に切り込みを入れるバスベイ型や、歩道の形状を変えないストレート型である(図10･6)。これらのバス停では、図10･6の左の写真のように道路交通法違反[注11]の駐停車車両による障害が発生し、バスが歩道にきちんと正着（図10･6(右) のような状態）できず、利用者に車道上での乗降を強いることもある。図10･7は三角形切り込み型で、バスが正着しやすいとされる。山口県宇部市の例では、切り込みの狭さから正着しにくかったバスベイ型停留所を三角形切り込み型に改良し、成果を挙げている（杉山、2003)[注12]。

テラス型バス停とは、歩道を車道側に張り出させた形状のバス停である。この構造では、バスの発着が円滑化するとともに、安全かつ楽な乗降が可能となる。図10･8は、大阪市大正区のテラス型バス停である。この事例では、大正通の大正橋〜大運橋間約3.8kmにおいて、片側3車線のうち最も外側の車線がバ

和歌山市のブラクリ丁バス停（2022年9月）高野町の千手院橋東バス停（2022年11月）

図10･6　バスベイ型（左）とストレート型（右）のバス停

図10･7　三角形切り込み型のバス停（広島市横川駅前、2017年11月）

図10･8　テラス型バス停（大阪市大正区、2022年9月）

表 10･3　バス停の構造と特徴

	歩道の幅員	乗合自動車の正着		本線交通への影響
		周辺に路上駐車なし	周辺に路上駐車あり	
バスベイ型（図 10･6 左）	●歩道側に切り込むため、歩道の幅員が狭い場合、歩道の有効幅員を侵す可能性がある	●切り込み形状によっては停留所に正着することが困難な場合がある ●バスのオーバーハング（タイヤから前や後ろへはみ出た車体部分）のため、バスベイの長さによっては停留所に正着することが困難	●切り込みの形状や周辺の路上駐車の状況によっては停留所に正着することが困難	○バスは停車帯に入り込むため、バスの停車による本線交通への影響は少ない ○乗降の利便性を図るとともに、後続車の追い越しを容易にさせることができる
切り込みテラス型（既存のバスベイ型の改良）	●テラスを設置するためには、一定以上の長さのバスベイ型の切り込みが必要であることから、歩道の幅員が狭い場合、歩道の有効幅員を大きく侵す可能性がある	○バスベイ内の張り出したテラスを設置することにより、テラス手前でバスを安全に歩道に寄せることが可能になり、正着が容易となる	●周辺の駐車の状況により困難になる場合がある	○バスは停車帯に入り込むため、バスの停車による本線交通への影響は少ない ○乗降の利便性を図るとともに、後続車の追い越しを容易にさせることができる
テラス型（図 10･8）	○車道側にはみ出して設置するため、歩道の有効幅員を侵しにくい	○容易である	●テラス部の幅によっては正着が困難になる場合がある	●バスの停車中は、後続車の通行が困難 ●広い路肩や停車帯をもたない道路では、停車付近では 1 車線分通行できないので、交通容量が減る ●張り出し部分で事故の危険性がある
ストレート型（図 10･6 右）	○道路の全幅員に余裕がなく歩道に切り込みを入れて停車帯を設けることができない場合等に歩道の幅員を変えることなく、歩道内に停留所を設ける ●歩道内にベンチや上屋等停留所付属施設を設置する場合には、歩道の幅員が狭い場合、有効幅員を侵す可能性がある	○容易である	●周辺の駐車の状況により困難になる場合がある	●バスの停車中は、後続車の通行が困難
三角形切り込み型（図 10･7）	○歩行空間やバス待ち空間を広く確保できる	○斜めに進入するため、正着が容易である	●周辺の駐車の状況により困難になる場合がある	●バスの右側後方が車道側にはみ出すため、場合によっては後続車に影響がある ●バスの運転席から後方が確認しにくいため、発車時に十分な注意が必要

凡例：○メリット、●デメリット

出典：国土交通省『道路の移動等円滑化に関するガイドライン』p.3-3 より引用

イメージ
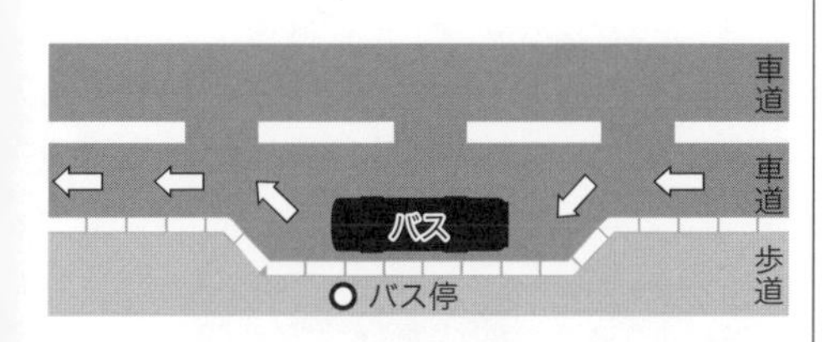
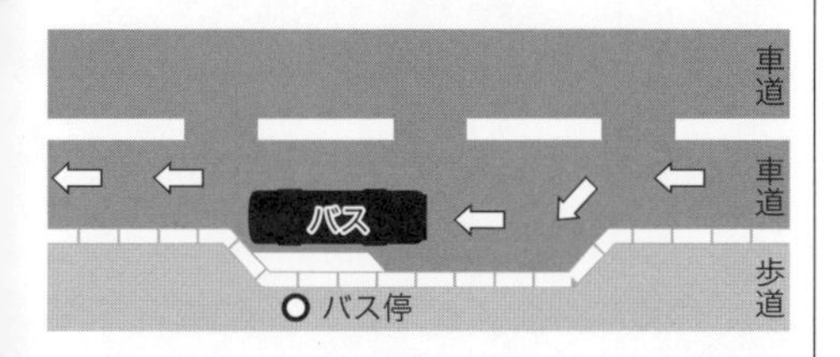
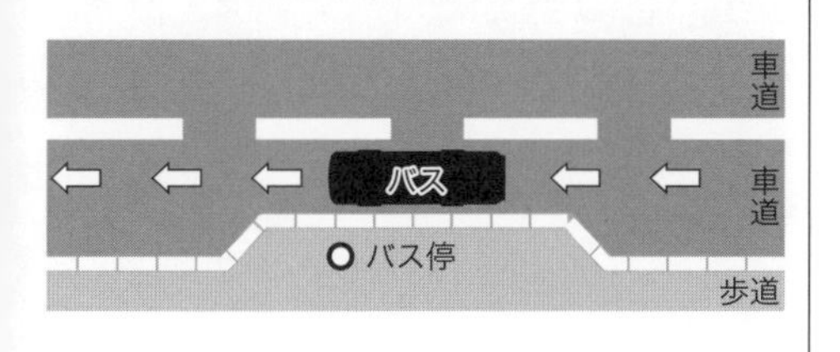
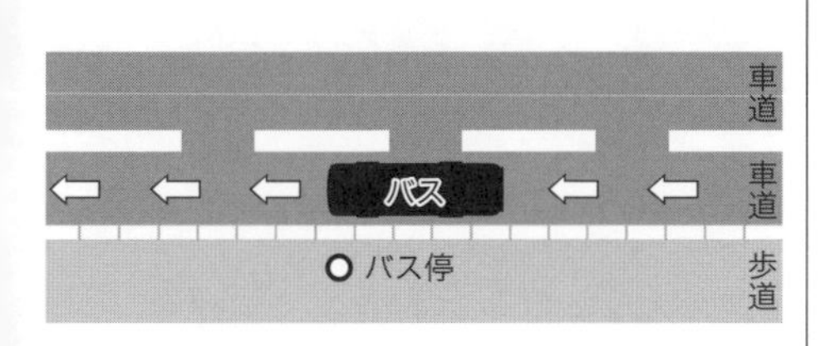
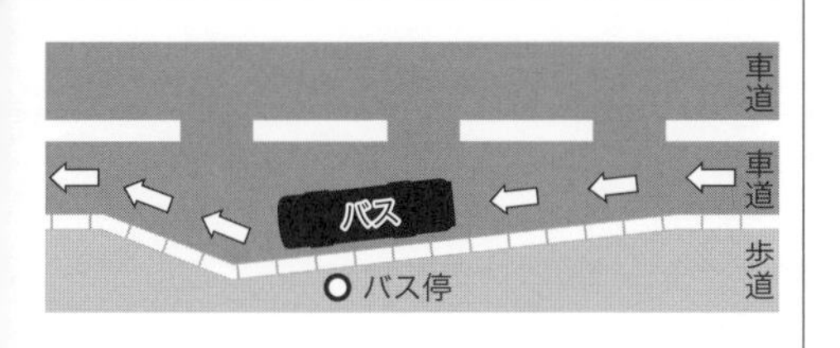

ス専用レーンに指定され、テラス型バス停と一体的に運用されている。多くの区間ではバス専用レーンと歩道と間に停車帯が設けられており、停車車両によるバス通行の支障が少ない。また、バス停には屋根、風よけ、ベンチ、バスロケーションシステムなどが設置されている。さらにニーリング機構（図10･8のようにバス停側に車体を傾けて乗降しやすくする機構）を備えたノンステップバスによる高頻度の運行がなされるなど、総合的に見て水準の高い事例となっている。

地方都市においても、例えば和歌山市の中心部を東西に走る片側4車線のけやき大通りには、バス優先通行帯と歩道との間の停車帯部分を活用したテラス型バス停（新内バス停）の設置事例がある。いずれにせよ十分な道路幅員がないと設置が難しい構造である。

(3) バス逆行レーン

バス逆行レーンは、一方通行道路において、バスのみに逆行を認める特別レーンである（図10･9）。この方式では、バスが対向してくることから路側駐車できない。

(4) 公共車両優先システム（PTPS）

公共車両優先システムとは、「優先

図 10・9　バス逆行レーン（英国ダービー、2008 年 9 月）

図 10・10　公共車両優先システム（PTPS）の装置（和歌山市、2022 年 5 月）

信号制御により、バス運行の定時性を確保するなど、公共交通機関の利便性向上を目的としているシステム」注13であり、PTPS（Public Transportation Priority Systems）とも呼ばれる。わが国でも 2000 年には 95.7 km に設置されていたが、2010 年には 744.1 km、2015 年には 880.5 km、2021 年には 1005.9 km へと拡充されている注14。

図 10・10 は和歌山市内と海南市内で 2001 年度から導入されている PTPS である。2022 年 9 月現在の設置区間は和歌山市駅から国道 42 号を経由して海南駅前までの区間と、和歌山駅から西汀丁交差点までのけやき大通りとなっている注15。この整備により、最混雑時間帯の遅延が 3 〜 5 分緩和されるなどの効果が見られた注16。2023 年現在、和歌山市内では県道 752 号線の延時交差点が交通渋滞によるボトルネックとなっており、PTPS の新たな導入が期待される。

3 ── 乗り換えシステムの改善

パークアンドライドは、駅やバス停付近に駐車場を設けることで、自動車と公共交通の乗り換えを円滑化しようとするものである。わが国では既に 2003 年の段階で「市民や企業の一部に定着しつつある」（原田、2003）注17とされるなど、全国各地に根付いてきている。

わが国におけるパークアンドライド実用化の先駆的事例として、神戸市北区にある箕谷駐車場の事例を挙げることができる（図 10・11、図 10・12）。このパークアンドライドは 1976 年に開始されたもので、神戸都心から見て六甲山系の裏側にあたる阪神高速 32 号新神戸トンネル北口に設置されている。周囲には

図 10･11　箕谷パークアンドライド（2022 年 7 月）

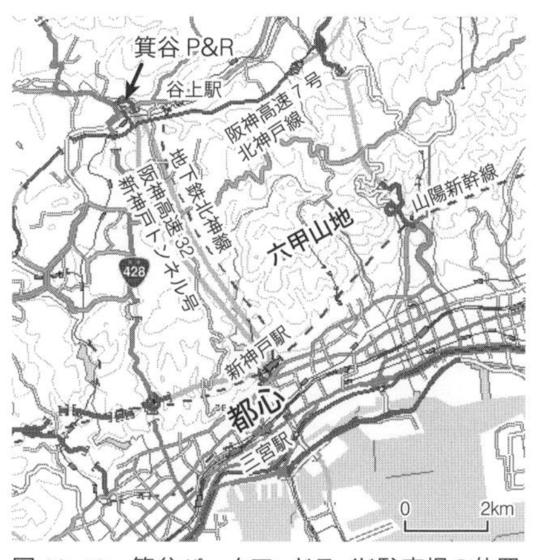

図 10･12　箕谷パークアンドライド駐車場の位置
出典：旺文社「Super Mapple Digital」より作成

住宅団地が広がっている。駐車場は 24 時間営業で、収容台数は第 1・第 2 駐車場を合わせて 369 台となっている[注 18]。

箕谷駐車場からすぐの箕谷バス停からは、都心方面へのバスが運行されており、新神戸駅まで約 9 分、三宮駅まで約 18 分で到達できる。自家用車で神戸都心へ向かう場合には、有料の新神戸トンネル（2023 年 2 月現在、普通車の ETC 料金は片道 500 円）を抜けるか、山越えの国道 428 号線（山越え区間は片側 1 車線のワインディングロード）を走行することになる。一方、箕谷駐車場の利用料金は、IC カード利用の場合で 1 日 460 円（現金なら 500 円）、1 カ月の定期料金が 1 万円で、新神戸や三宮までのバス運賃は片道 450 円である[注 19]。バスが平日朝ラッシュ時には 2 〜 3 分間隔で運行されていることもあって、箕谷のパークアンドライドは利用者に支持されてきた。ただし近年は、並走する旧北神急行電鉄北神線（谷上駅〜新神戸駅）が 2020 年 6 月より神戸市営地下鉄北神線となり、運賃が谷上駅〜三宮駅間で 550 円から 280 円へと大幅に下がった影響もあって、利用状況が落ちてきている。神戸市道路公社によると、コロナ前の 1 日平均予定駐車台数は 190 台であり[注 20]、先述の収容可能台数を大きく下回っている。

表 10･4　箕谷パークアンドライドの成立要因

パークアンドライドの成立要件	箕谷の事例
出発地が低密に分布しており、効率的なバス路線の設定が難しく、マイカーに依存	箕谷駐車場周辺は、六甲山地を切り開いて造られた、一戸建てを中心とする住宅団地となっている
目的地や目的地までの経路で道路混雑が発生	国道 428 号線の箕谷付近〜都心付近には、兵庫地区渋滞対策協議会が「主要渋滞箇所」に特定する交差点が 3 カ所ある注 21。目的地は都心であり、混雑が予想される
パークアンドライド用駐車場が目的地から比較的離れている	箕谷から三宮までは国道428 号線経由で約 14 km、新神戸トンネル経由で約 10 km ある
道路混雑区間よりも手前にパークアンドライド用駐車場を確保できる	箕谷駐車場は、主な道路渋滞区間よりも手前にある
バスが道路混雑に巻き込まれない	新神戸トンネル等で渋滞に巻き込まれることもあり得る
目的地がコンパクトにまとまっていて、バス下車後の歩行距離が短い	目的地は神戸都心であり、さまざまな施設が集積している
目的地における駐車場確保が難しい	都心部の駐車料金は比較的高く、駐車場の確保も比較的困難である
パークアンドライドの総合的なサービス水準を高く設定できる	所要時間、料金、運行頻度などを含めた総合的なサービス水準において、箕谷パークアンドライドの利用は、自家用車利用よりも優位である

出典：交通エコロジー・モビリティ財団（1993）「バスの活用による都市交通の円滑化に関する調査報告書」より作成

図 10･11 は、平日正午頃の箕谷パークアンドライドの様子である。画面左側に停車しているのは、箕谷バス停から阪神高速 32 号新神戸トンネルを抜けて新神戸駅や三宮駅に至る急行バスである。そのバスの横には、屋根や風よけ、ベンチつきの「シェルターバス停」の設備が見える。画面中央から右側に広がっているのがパークアンドライド用の箕谷第 2 駐車場である（道路を挟んで反対側に箕谷第 1 駐車場がある）。

箕谷パークアンドライドが古くから成立した理由を、交通エコロジー・モビリティ財団がまとめたパークアンドライドの成立要件に照らして整理したのが表 10･4 である。

4 ──情報提供の改善：バスロケーションシステムの導入

バス停におけるイライラ防止や、幅広い情報提供のためには、バスロケーションシステム（バス接近表示システム）が有用である。わが国では 2000 年度末に全国の累計 3420 系統で導入されていたが、2015 年度末には累計 2 万 196

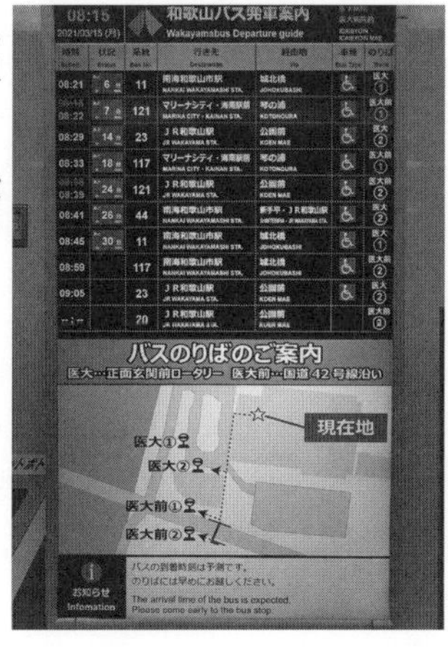

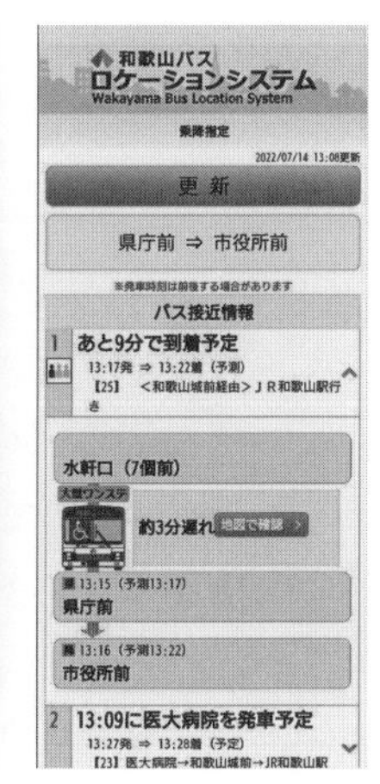

左）図 10・13　バスロケーションシステム（和歌山県立医大病院内、2021 年 3 月）

右）図 10・14　スマホで利用できるバスロケーションシステム（2022 年 7 月）

系統での導入へと大きく増加している注22。

図 10・13 は病院内の案内コーナー前に設置されたバスロケーションシステムの例である。利用者は、バスの行き先や乗り場、出発時刻、遅れの状況、車両のバリアフリー情報、現在地などを確認し、時間まで快適な施設内でゆっくりと待つことができる。この例の場合、多言語化がなされており、英語、中国語、韓国語の表示が順番に出る。

図 10・14 はスマートフォンで確認できるバスロケーションシステムの例である。バスの到着予定時刻、目的地への予想到着時刻、車両のバリアフリー情報などの情報を得ることができる。

5 ── 情報提供の改善：総合的な案内システムの改善

公共交通案内は、シンプルでわかりやすくする必要がある。図 10・15 は、利用者にとってストレスとなるであろう状況の一例である。世界遺産・熊野本宮大社の最寄りとなるこのバス停には、4 社の路線バスと 2 市村のコミュニティバス等が乗り入れている。そのような中、時刻などの案内方法においては、横書きのものもあれば縦書きのものもあり、フォントや色の使い方、多言語化への対応を含め、各社によってバラバラであった。バス停の空きスペースには手当たり次第に案内が掲示され、美観の点で問題があり、情報を求める利用者に相当な負担を強いていた。

図 10・15 の例は、紀伊半島全域における案内改善の取組の中で、2023 年現在では改善されている。ここで、その取組について紹介したい[注 23]。

和歌山・奈良・三重の 3 県にまたがる紀伊半島[注 24]は、世界遺産「紀伊山地の霊場と参詣道」の登録資産をはじめ、観光資源に恵まれたエリアである。そこには 58 の市町村と、10 以上の鉄軌道事業者や路線バス事業者があり、DMO などの観光関連団体も数多い。従来はそれらの主体が、公共交通に関する情報提供を個別に行ってきた。旅人の視点で言うと、紀伊半島は熊野古道で結ばれた一つの地域である。しかし、行政や交通事業者の視点では、紀伊半島には三重県、奈良県、和歌山県の境があり、市町村境もあり、交通事業者間の境もあって、さまざまな制度や慣習や企業文化などが複雑なモザイク状に入り組んでいた。各主体が情報をバラバラに掲示した図 10・15 はそのあらわれとも言える。

その結果として、1) 同一場所に異なる名称のバス停が置かれている、2) バス停での時刻表や路線図などの表示方法が事業者ごとに異なっている、3) バス車内の多言語案内に聴き取りやすさなどの課題がある、4) バス車内や外面の案内表示がわかりにくく、事業者ごとに異なってもいる、5) 駅からバス停までの案内表示が連続していない、6) バス停から目的地までの案内が不足している、7) 地域全域を網羅したルートマップがない、といった状況が発生し、そのしわ寄せは利用者、とりわけ土地勘のない観光客に及んでいた。また、公共交通情報のわかりにくさは、観光客をおもてなしする側にとっても、案内のしにくさという不満につながるものであった。

図 10・15　問題のある掲示例（田辺市本宮町、2017 年 6 月）

このような状況は、「熊野外国人観光客交通対策推進協議会」(2020年度からは「紀伊半島外国人観光客受入推進協議会[注25]」に発展)による二次交通の案内改善の取組によって、次第に解消されつつある。この取組は、図10･15の本宮大社前バス停を含む熊野古道中辺路[注26]エリアを手始めに、2017年度から実施されてきた。協議会がまず着手したのは「二次交通の案内に関する共通整備ガイド」(以下、「共通整備ガイド」)の策定であった。これは、当該地域の鉄道・路線バス事業者の多言語対応や案内方法の統一した整備方針として策定されたものである(図10･16)。その基本方針は1)シンプルな表現とする、2)表記の統一化を図る、3)観光客の行動の流れに沿った案内を図る、4)継続的なマネジメントを行う、である。

「共通整備ガイド」を踏まえた取組は、表10･5のとおり多岐にわたる。協議会では毎年度、アンケート調査やモニター調査等をもとに要改善点を整理し、翌年度以降の取組に反映している。また、「共通整備ガイド」そのものも毎年度改訂がなされている。

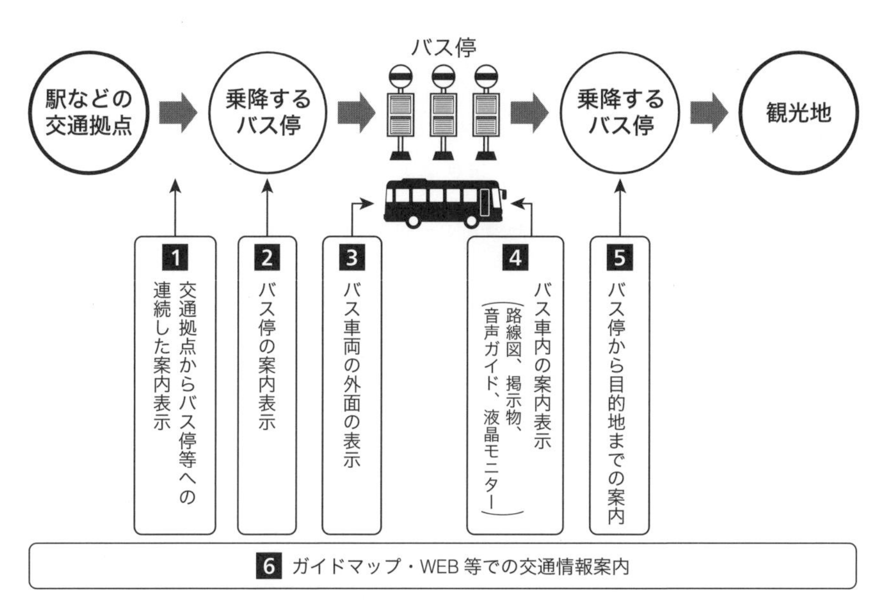

図10･16 「共通整備ガイド」の対象

出典:紀伊半島外国人観光客受入推進協議会(2022)「紀伊半島における二次交通の案内に関する共通整備ガイド(令和3年度更新版)」p.3より引用
https://www.pref.wakayama.lg.jp/prefg/062500/kotsu.html(2022年11月10日最終閲覧)

表 10・5　「共通整備ガイド」に準拠して行われた主な取組

項目	内容
共通路線図の作成	・路線バス各社の路線図をまとめて１枚の共通路線図を作成
共通系統番号の導入	・路線バス各社に共通の系統番号を導入
交通拠点の整備	・紀伊田辺駅、新宮駅、紀伊勝浦駅、熊野市駅、尾鷲駅、那智駅バス停、高野山駅前バス停、本宮大社前バス停において、掲示物の改善や多言語案内表示の充実、乗り換え情報デジタルサイネージの設置、分散していたバス停の集約、多言語でのタクシー乗り場の案内などの中から必要なものを実施
バス停の改善	・路線バス各社の共通路線図、共通時刻表、共通の主要停留所案内、共通の運賃支払い方法案内、共通のバス停周辺マップを作成し掲示 ・なかへち美術館前などのバス停において、分散していたバス停を集約 ・路線バス各社で異なっていたバス停名を統一 ・観光客にわかりにくいバス停名を変更 ・バス停掲示物の共同運用管理方法を検討
バス車内の案内の改善	・車内マナーなどをまとめた多言語の掲示物を作成 ・運賃支払い方法や整理券、両替、降車時の知らせ方に関する多言語の案内を作成 ・運賃支払い方法、車内マナー、車内安全、降車時の知らせ方等に関する各社共通の液晶モニター用データを多言語で作成 ・多言語音声ガイドを作成 ・乗務員用の外国人接遇対応ツールを作成
情報発信	・Google Maps での検索に対応すべく、「標準的なバス情報フォーマット」を活用し、路線バス情報をオープンデータ化 ・共通路線図、主要目的地への行き方案内、主要な乗り場案内、バスの乗り方案内を盛り込んだ多言語アクセスマップを作成

出典：熊野外国人観光客交通対策推進協議会『熊野外国人観光客交通対策の取組の概要』(平成 29 年度版〜令和元年度版) および紀伊半島外国人観光客受入推進協議会『紀伊半島外国人観光客交通対策の取組の概要』(令和２年度版、令和３年度版) より作成

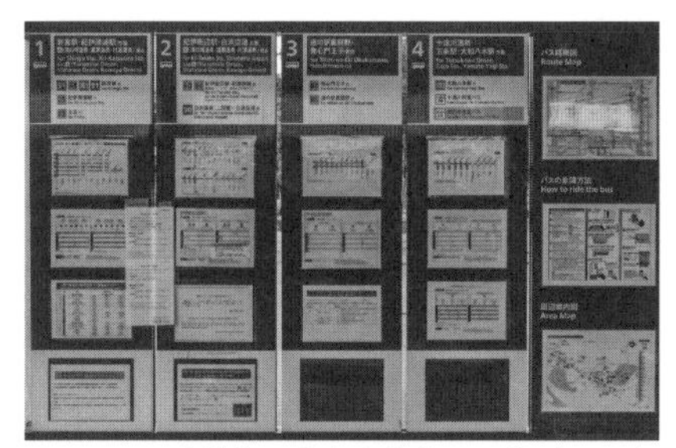
図 10・17　改善後の本宮大社前バス停（2020 年 8 月）

2022 年度現在、対象地域は高野山や奈良県十津川村などの小辺路エリアや、三重県東紀州地域の伊勢路エリア、そして海岸ルートである大辺路エリアにまで拡大され、その取組は世界遺産「紀伊山地の霊場と参詣道」に関連するエリア全域を包含するものへと発展している。また、2022 年度には二次交通部会の下にオープンデータ化促進分科会が設置され、そのもとで「標準的なバス情報フォーマット（GTFS-JP）」の整備が推進されている。

改修前（2020年6月）　　改修後（2021年9月）

図10・18　紀伊半島統一のデザインで再整備された高野山駅前バス停

図10・17は、「共通整備ガイド」にしたがって改修された本宮大社前バス停の様子である。統一されたデザインのもと、すべての路線バスの時刻や主要停留所案内図等の情報が、多言語化された上で整然と掲載されるようになった。また、事業者の枠を越えて、2市村のコミュニティバス等を除くすべての系統に番号が付与され、熊野地域（紀伊半島南部）全域の路線を一枚にまとめたルートマップが掲示された。その他、バスの乗降方法や、バス停周辺の案内図も多言語化の上で掲示されるようになった。さらには、方面別にバス乗り場を割り当てることで、誤乗対策もなされている。また、熊野本宮大社前バス停の近くにあった熊野本宮バス停は、観光客等の混乱を避けるため、大日越（だいにちごえ）登り口バス停に改称された。

図10・18は、紀伊半島統一デザインですっきりと再整備された高野山駅前バス停の状況である。デザイン面で図10・17の本宮大社前バス停と統一されていることがわかる。

以上のような取組を持続可能な形で進めるためには、各自治体や交通事業者、DMO等が応分の負担をしながら「共通整備ガイド」に沿って維持管理を続けていく必要がある。紀伊半島外国人観光客受入推進協議会では、2023年度以降の維持管理や新規整備について、整備カ所・整備内容・管理者・更新費用の負担先について合意を図り、実施していく方向である[注27]。

6 ──ゾーンバス

従来の長くて複雑なバス系統を整理し、「幹線バス」と、「支線バス」を組み合わせることにより、定時性の確保と、車両の効率的運用を図るもので（図10・19)、岩手県盛岡市などで導入されている。

このシステムでは、バス系統をターミナルや鉄道駅などを結ぶ幹線系統と、末端部分を受け持つ支線系統に分割する。支線には小型バスをきめ細かく走ら

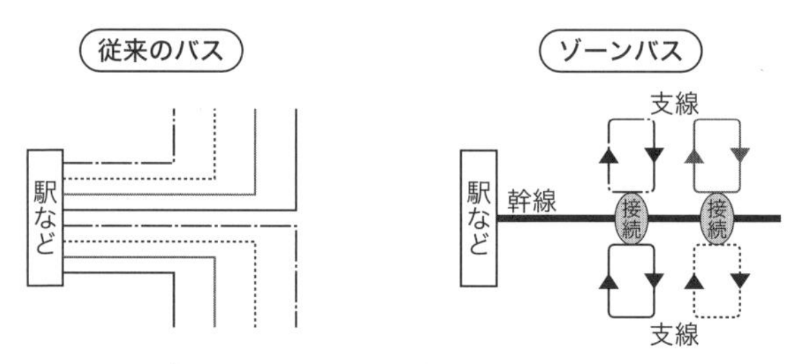

図10・19　ゾーンバスシステムの模式図

表10・6　従来のバスとゾーンバスの長所・短所

	従来のバス（多系統少便数型）		ゾーンバス（少系統多便数型）	
定時性確保	×	系統が長いため、交通渋滞や、乗降客数等の影響が蓄積され、終点に近づくにつれて運行時間の狂いが拡大する。ダンゴ運転化もある	○	支線バスは系統長を短くして定時性を確保。基幹バスはバス優先策で定時性を確保。渋滞等の影響はその系統に止まる
待ち時間	×	目的地によって利用できるバスが限られるため、同じバス台数では低頻度となり待ち時間が増える	○	少系統による高頻度運行のため待ち時間は短い
乗換え	○	少ない	×	多い
わかりやすさ	×	系統が多くわかりにくい	○	系統が少なくわかりやすい
運賃制度	×	長大系統ができるため対km運賃が多くなる。乗り継ぐ場合はその都度運賃を支払う必要がある	○	支線と幹線との乗継ぎでは運賃が増加せず、支払いも1回にまとめることができる。また、支線部分を均一料金制にする等の対応もしやすい
輸送効率性	×	ほとんどのバスが郊外部で低い乗車率となる。多くの系統に最低限の運行本数を確保するため、必要なバス台数や運行距離が多くなる	○	系統数が少なく効率的
			△	基幹部分を鉄道とするとバス事業自体の効率性は低下する
路線開設の柔軟性	△	都心から新系統を伸ばさねばならず、柔軟性にかける	○	支線設置によって比較的柔軟に対応できる

出典：天野光三編（1988）『都市の公共交通』技報堂出版、p.75およびp.312より作成

せ、幹線には大型バス（場合によっては地下鉄やAGT）を走らせる。幹線と支線の乗り継ぎは「乗り継ぎターミナル」で行うが、これに商業施設やコミュニティ施設、公共施設等を複合させれば地域の総合的な核を形成することもできる。表10･6は従来のバスとゾーンバスの長所・短所を整理したものである。

ゾーンバスは、PTPSやバス専用レーン、バス専用道等とパッケージで導入することにより、9章で取り上げたBRTとして機能させることもできる。

7 ── コミュニティバス

(1) コミュニティバスの導入状況

東京都武蔵野市の「ムーバス」を先駆けとして、1990年代後半から導入が相次いでいるコミュニティバスは、国土交通省（2022）によると「交通空白地域・不便地域の解消等を図るため、市町村等が主体的に計画し運行するバス」[注28]である。つまり、鉄道や路線バスによるサービス供給がなされてこなかった「交通空白地域・不便地域」の交通ニーズに対応するため、市町村等が公共施策として主体的に計画し、自らまたは交通事業者に委託して運行するバスであり、比較的安い運賃設定や、小型車両の活用を特色としている。地域の特性に応じて創意工夫されたサービスが行われるケースも見られる。地方部のみならず、都市部においても、高齢化が進む中、徒歩や自転車に代わる足としての需要が増加している。

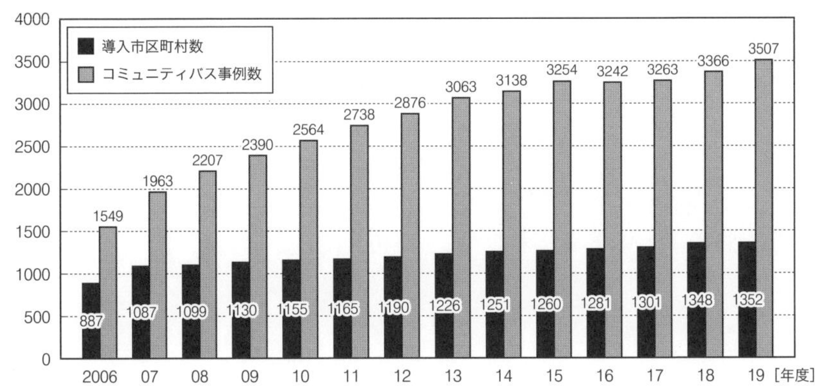

図10･20　コミュニティバスの導入状況

出典：国土交通省『乗合バス事業の現状について』より引用

2021年度現在、コミュニティバスを導入している市区町村数は1352で、全1747市区町村の約77.4%に上り、増加傾向にある。一つの市区町村に複数の路線が存在するケースもあるので、同年度のコミュニティバス事例数は3507となっており、これも増加傾向にある（図10･20）。青木編著（2020）[注29]によると、人口5～30万人規模の中小都市では導入率が8割近い。

(2) コミュニティバス導入の落とし穴

全国に広がっているコミュニティバスには、落とし穴もある（土木学会、2006）[注30]。

第一に、低廉あるいは無料の料金設定や、最低限の（使いにくい）サービス水準による利用者の少なさ、住民の不公平感を背景としたサービス拡張要求によって、事業収支の赤字が拡大し、公的資金の投入額が拡大しかねないことである。公平性を追求するあまり、公共性のない路線設定になってしまっては、誰も使わない「目の抜けたザル」のようなバスになりかねない。コミュニティバスを企画する自治体等には、地域住民の生活圏を把握し、それに応じた路線設定を行うとともに、運行開始後には常にチェックし、改善する体制を整えることが求められる。

第二に、路線バス事業の圧迫と不健全化である。事業収支の赤字拡大を食い止めるために、民間事業者が運行する高需要領域へと低廉な料金で参入すれば、民間事業者を駆逐する結果にもなりかねない。そうすると、コミュニティバスでカバーすべき領域が一層拡大し、公的資金投入額のさらなる増加につながるなど、持続不可能な状況に陥る危険性が出てくる。

このような落とし穴に陥らないためにも1）地域住民の生活行動・ニーズをしっかり調査する、2）コミュニティバスはあくまでも鉄道や民間の路線バスを補完する存在であることに留意する、3）乗合タクシーやタクシーチケットの配付（3･2参照）等、コミュニティバス以外の手段も考慮する、4）運行開始後には常にチェックし、改善する、5）企画運営に住民が主体的に参画し、積極的に利用すること、が求められる。

(3) 競合から協調へ：橋本市の事例

ここで、和歌山県の北東端にある橋本市（2020年現在、人口約6.1万人、面積130.55 km^2、高齢化率約32％）の事例を紹介する[注31]。同市では2004年に市民病院が中心市街地から丘陵上のニュータウンに移転し、市内全域からの移動手段確保の必要性が出てきた。その後2006年3月には旧橋本市と旧高野口町の合併がなされ、より広域の対応が必要となった。そのため2005年には鉄道主要駅と市民病院を結ぶ無料送迎バスの運行が始まり、2006年にはコミュニティバスが市内一律200円の運賃で運行開始された。

コミュニティバスのサービスは、土曜運行開始、増便、ルート新設など次々に拡張された。2011年には敬老バス乗車券制度の開始により75歳以上の市民のコミュニティバス利用が無料化された。そのような中で発生したのが、鉄道、民間バス路線、市民病院無料送迎バス、コミュニティバス、タクシーが競合する状況である。

民間バス事業者は2社あったが、うち1社は段階的に運行本数を縮小し、2016年3月には市内の運行から完全に撤退することとなった。コミュニティバスを運行する市とタクシー事業者との関係も悪化した。2014年度にはコミュニティバスの総事業費が年約5200万円と、2006年度（約2200万円）の約2.3倍にまで膨らんだ。

地域公共交通ネットワークが持続不可能性を増す中、橋本市では地域住民、商工団体、各交通事業者、関係行政機関等の参加のもと、2011年度に「橋本市生活交通ネットワーク計画」、2013年度に「第二次橋本市生活交通ネットワーク計画」、2016年度に「橋本市地域公共交通網形成計画」を策定して、計画的な施策展開を行った。具体的には2017年12月と2020年1月に段階的な地域公共交通の再編を行い、コミュニティバス路線と民間バス路線との競合区間の解消や、客観的基準に基づく一部区間のデマンド交通化、市民病院無料送迎バスの民間バス路線やコミュニティバスへの転換などを行った。また、同時にコミュニティバスへのICカード導入や、コミュニティバスの鉄道主要駅乗り入れ、コミュニティバスとデマンド交通の乗り継ぎ割引の導入、標準的なバス情報フォーマットによる乗換案内アプリへの対応、コミュニティバスと路線バス車両のノンステップ化といった利便性向上策も展開した。

図 10･21　和歌山市地域バス（紀三井寺駅前、2021 年 3 月）

こうした再編によって、市内の幹線交通を鉄道と路線バスが担い、支線をコミュニティバスやデマンド交通が担当するという役割分担が明確となり、地域公共交通に関する事業費も 2019 年度には約 4200 万円へと圧縮された。この成果をもって「橋本市生活交通ネットワーク協議会」は 2020 年度近畿運輸局地域公共交通優良団体表彰を受けた。

(4) 住民参画型のコミュニティバス：和歌山市の事例

和歌山市の「地域バス紀三井寺団地線」は、人口約 36 万人の和歌山市の最南部に位置する紀三井寺団地を中心に運行されている（図 10･21）。このバスは、地域住民で構成する「運営協議会」が運営主体となり、これを市が補助金などでサポートしつつ、事業者に運行委託するというスキームでの運行がなされている。

紀三井寺団地は 1960 年代に形成された団地である。団地の入口は国道に面しているが、そこから団地の奥まで 2 km 程度あり、幅は 1 km 弱という細長い形状をしている。沿線の人口は、団地周辺も含めて少し広めにとらえた数字でおおむね 5000 人であり、高齢化と人口減少が進んでいる。

従来、JR 和歌山駅と紀三井寺団地内を結ぶ民営の乗合バスが 1 時間に 2 本ほど運行されていた。その利用がモータリゼーションの中で減ったことで、バスは減便され、ついには 2009 年 10 月に廃止された。この事態を受けて、その直後から地元自治会より、近畿運輸局や和歌山市に対し、乗合バスの復活や、代替交通手段に関する陳情が行われた。

その後、和歌山市と自治会で協議が重ねられた結果、地域住民を中心とした運営協議会がバスの運行主体となる「地域バス制度」が新たに創設され、そのもとで 2013 年 4 月から「地域バス紀三井寺団地線」が運行されるに至った。

この制度は、1）運営主体として、半数以上を地域住民とする最低 10 人以上

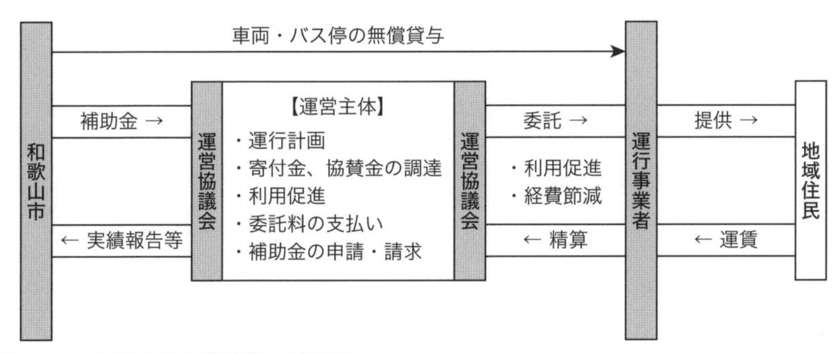

図 10・22　和歌山市の地域バスの仕組み
出典：和歌山市「和歌山市地域バス」より引用
http://www.city.wakayama.wakayama.jp/kurashi/douro_kouen_machi/1007740/1002185.html（2022 年 11 月 11 日最終閲覧）

の運営協議会を設立すること、2）路線は交通不便地域（バス停から 500 m 圏外・駅から 1 km 圏外）が総運行距離の 25％以上になるように設定すること、3）既存の鉄道駅またはバス停と結節し、商業施設、病院、公共施設等を経由すること、4）既存バス路線との競合を避けること、5）試験運行期間は 1 年間とし、その間は市が運行経費の 90％を上限に負担すること（残りは運賃収入や地域負担などで賄う）、6）本格運行時には市が運行経費の 80％を上限に負担すること（残りは運賃収入や地域負担などで賄う）、7）運行経費の 10％が運賃収入で補えない場合は継続運行できないこと、などからなるものである（図 10・22）。

2023 年 2 月現在、紀三井寺団地内を 30 分ほどかけて周回したあと、約 2 km 離れた和歌山県立医大病院と JR 紀三井寺駅へ直行するルートで平日 1 日 5.5 往復（11 便）が運行されている。病院や駅まで直行するのは、民営の乗合バスとの競合を回避するためである。運行形態は定時定路線型となっており、14 カ所のバス停のうち 4 カ所がスーパーマーケット前に、2 カ所が医療施設前に置かれている。運賃は 1 回乗車につき大人および障がい者手帳保持者と小学生は 100 円、小学生未満は無料である。

運行にあたっては、紀三井寺団地 4 自治会の役員らで構成する「紀三井寺団地地域バス運営協議会」が設立された。ここが主体となって、和歌山市のサポートを受けながら、住民へのアンケート調査、運行ルートや運行ダイヤなどの計画、利用啓発活動などに取り組んでいる。

運行開始前に行われたアンケート調査から、利用者は仕事を持たない高齢者に限定されるであろうこと、そうであれば早朝や夜間の運行は必要ないこと、車両は 12 人乗りクラスで足りるであろうことなどを導きだし、運行計画に反映させている。

運行開始後は、バスの運行継続に向け、一律運賃から区間制運賃への改定、フリー降車制の導入、団地内の病院前へのバス停新設、JR きのくに線との乗継を考慮した運行ダイヤの改正といった取組が、地域主体で継続的に進められてきた。

これらの結果、年間の乗車人数はコロナ前まで増加傾向にあり、運行を開始した 2013 年度は 5343 人であったものが、毎年順調に増え、2017 年度には 7796 人と 5 割近い増加となり、その後も 2018 年度が 7064 人、2019 年度が 7366 人となっている。収支率は、運行開始当初は 15.5%であったものが、順調に改善し、2016 年度から 20%を超えて、2017 年度には 23.1%、2018 年度が 20.0%、2019 年度が 20.9%となっている[注32]。

運行開始のセレモニーで、紀三井寺団地地域バス運営協議会会長の小淵氏が、「きょういくときょうようが大事」との話をされた。きょういくとは「今日いく所があること」、きょうようとは「今日用事があること」、この二つが高齢者にとって大事だから、ぜひ地域バスに乗ってお出かけしてくださいというお話であった。

小淵氏の話によると、紀三井寺団地の住民の中には、バスを乗って残そうとの思いから月に 1 回は必ずバスを利用しての食事会を開催しているグループもある。また、利用者と運転手のコミュニケーションも活発であり、フリー降車制度を導入したこともあって、高齢者の荷物を運転手が戸口まで運ぶこともある。その積み重ねで「地域バスに乗ったら運転手さんがそこまでやってくれる」と喜びの声が出ている。2 年目の 2014 年度、3 年目の 2015 年度は 20%に届かず、地域で話し合いがなされた結果、バスは継続しよう、そのために自分たちで募金活動をして資金を集め、それで不足分を埋めようということになった。2016 年度からは 20%を超えたため地域の負担はなくなっている。ただしコロナ禍の 2020 年度と 2021 年度は収支率が 9%台に下がり、約 18 万円 / 年の地域負担が発生している[注33]。

和歌山市では、地域バスをほかの公共交通不便地域にも広げようと考えており、2021年度には、既存バス路線が廃止された地域または公共交通が不便な地域で、かつかねてより地域住民から代替交通の要望があった湊、木本、有功（いさお）の3地区において実証運行が行われた。さらに2022年度には、対象を湊、有功、木本・西脇、川永、安原、四箇郷の6地区に拡大し、地域バスの実証運行が行わた。運賃は一律100円で未就学児は無料に設定された。これは、既存交通への乗り継ぎや往復での利用を容易にするための設定であった。さらに、月額1000円ですべての地域バスが乗り放題となるサブスクリプション型の定期券の導入も試験的になされた[注34]。

また、新型コロナウイルス感染症やデジタルトランスフォーメーションの発展による社会の大きな変容を鑑みて、2012年に策定された「地域バスガイドライン」（最終改訂は2019年4月）や、補助制度のあり方についても、2022年度の実証運行の結果を踏まえながら議論される予定である。

ここで、住民参画の重要性について簡単にまとめておこう。

まず、住民の意見を反映した路線でありバス停であるからこそ、「自らが走らせているバス」という共通認識が醸成される。「バスは行政や事業者が勝手に走らせているもの」という意識がなくなることで、積極的な乗車や、支援金提供、駅やバス停などの清掃活動への参加などが期待できる。

次に、事業者や行政による運営・支援の限界を打破できる。バス事業者はあくまでも営利企業であり、競合他社も含めたバス路線やバス時刻表をつくるのは困難である。また、公平性の縛りがある行政は、特定の営利企業のための路線図や時刻表を作成しづらい。複数の事業者を連携させることができるのは、利用者の立場にあるNPOであり、バスマップも住民が作成したものならば全世帯に配布することができる。住民による活動なら、形式的な公平性よりも意欲が重要であり、意欲ある地域がますます良くなっていく。

持続可能な住民参画を継続するためにはモチベーションが重要である。モチベーションが維持されているところにはボランティア意識を持った人がたくさん集まり、活動が拡大する。したがって、NPOや住民による活動を継続的に発展させていくためには、「モチベーション」を高める題材の存在と、多くの人が熱心に取り組める「仕組み」の構築、活動に参加しない人からも「感謝される」

場面の提供などを整えていく必要がある。

住民参画の方法は、さまざまである。積極的な乗車、資金提供、活性化策の提言、ボランティア運転手としての参画、バスや鉄道を活かしたイベントの企画・実施、駅やバス停の清掃、運転手にありがとうと声をかけてモチベーションを高める行為などは、いずれも立派な活動である。各人が無理なく出来る範囲で小さなことから続けることが望まれる。

和歌山市はかつて南海の貴志川線が廃線になりかけた際、沿線住民が主体となって存続に取り組むなかで、住民・事業者・行政の三位一体型の鉄道再生モデルが形成された地域である。そのような土壌のもとで、紀三井寺団地地域バスをモデルとして、バスや乗合タクシーの分野においても、地域住民が主体となって取り組む状況が広がることを期待したい。一方で、高齢化が進む中、住民パワーでは乗り切れない地域交通問題が増えている。行政等の適切な関与にも期待したい。

8 ——デマンド交通

デマンド交通は、DRT（デマンド・レスポンシブル・トランスポート）やオンデマンド交通とも呼ばれ、国土交通省（2022）は「利用者の要望に応じて、機動的にルートを迂回したり、利用希望のある地点まで送迎するバスや乗合タクシー等」[注28]と定義している。

通常の路線バスは、定まった路線を決められた時刻通りに走る。これを定時定路線という。これに対してデマンド交通は、起終点や経路、時刻表はある程度定まっているが、予約が入った時のみ運行したり、予約があったバス停のみを経由するなど、デマンドに臨機応変な対応をする。おおまかに固定型（起終点、路線、時刻表を固定し、予約があった時のみ運行する）と、迂回型（起終点と時刻表を固定するが、路線については一部のみ固定し、残りの停留所には予約があった時のみ立ち寄る（図10･23)。セミ・ダイナミック型（起終点は固定するが、経路はその都度設定する。時刻については起点出発時間もしくは終点到着時間を固定し、予約がなければ運行しない)、ダイナミック型（起終点も、経路も、時刻も固定せず、予約に応じて運行する）の4タイプがある[注35]。小型のバス車両（乗車定員11名以上）やタクシー車両（同10名以下）が用いられることが多い。予約は停留所で行うものや、電話によるもの、インターネットを用いたものなどさまざまである。

デマンド交通は全国で導入が進んでいる。デマンド交通のうちデマンド乗合タクシーの2020年度のコース数は4768で、2010年度から約1.8倍増となっている（図10･24）。導入市区町村数も2010年度の176から2020年度には573（全市区町村の約32.8%）へと約3.3倍に増えている。青木編著（2020）[注29]によると、特に導入率が高いのは5万〜10万人規模の小都市である。

図10･25は、9人乗りのジャンボタクシー車両を用いて運行されている和歌山県みなべ町の「みなべコミ

図10･25　みなべコミバス（2021年8月）

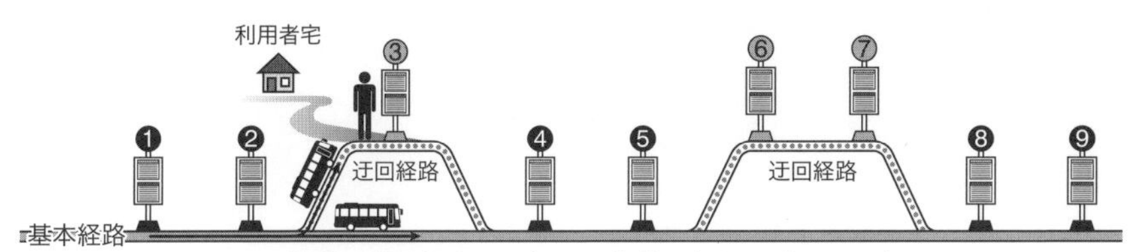

図10･23　迂回型デマンドバスの概念図

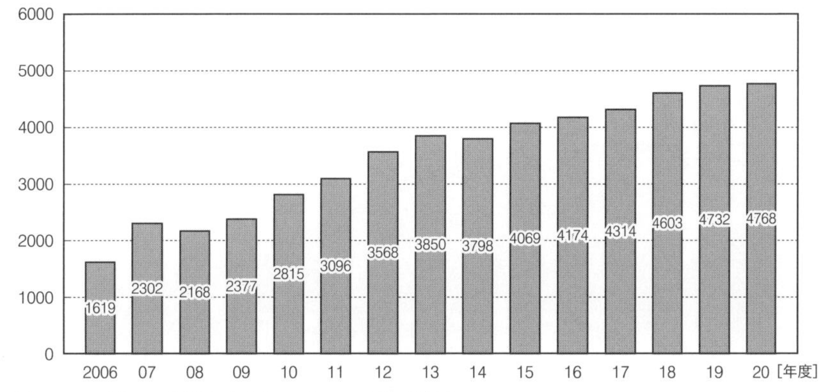

図10･24　デマンド乗合タクシーのコース数の推移
出典：国土交通省（2022）『令和4年版交通政策白書』p.49より作成

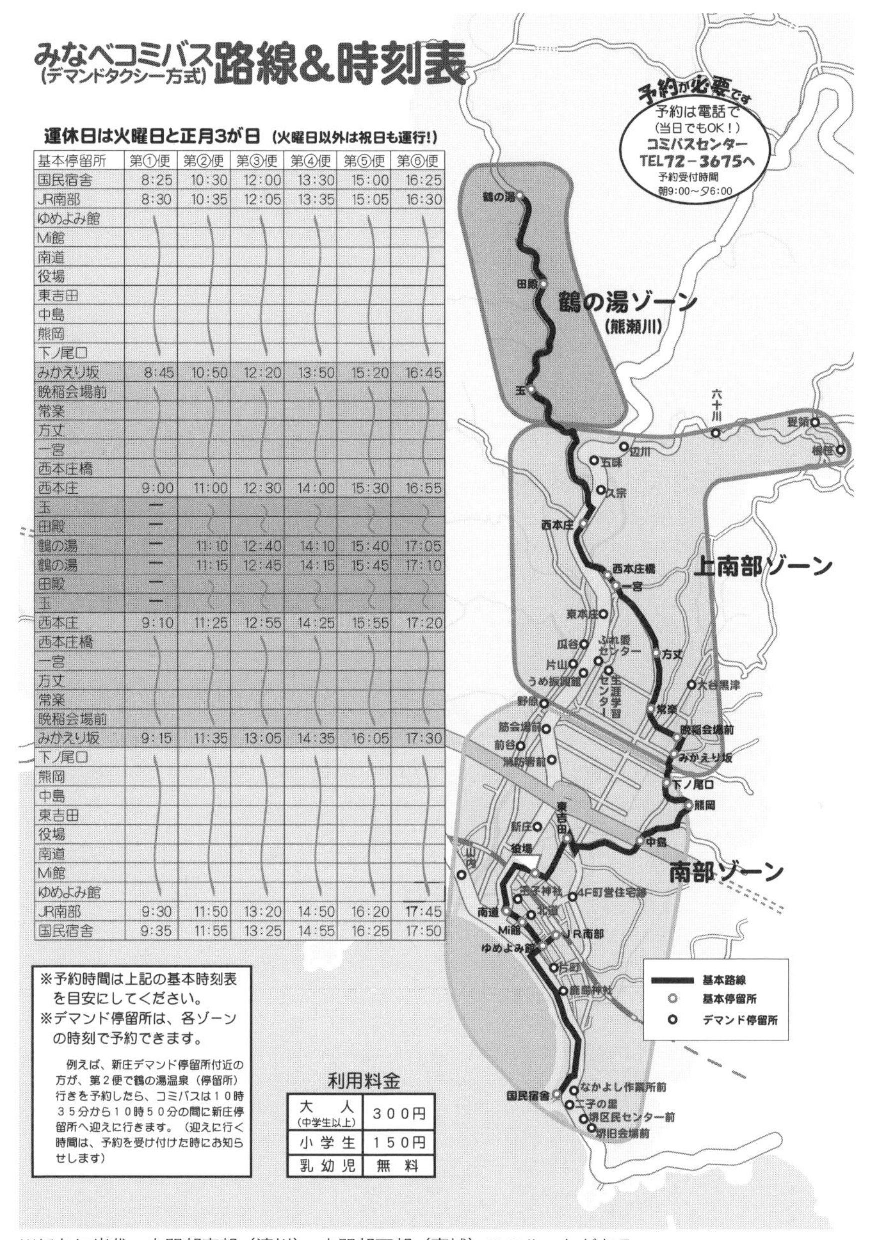

みなべコミバス（デマンドタクシー方式）路線＆時刻表

運休日は火曜日と正月3が日（火曜日以外は祝日も運行!）

基本停留所	第①便	第②便	第③便	第④便	第⑤便	第⑥便
国民宿舎	8:25	10:30	12:00	13:30	15:00	16:25
JR南部	8:30	10:35	12:05	13:35	15:05	16:30
ゆめよみ館						
Mi館						
南道						
役場						
東吉田						
中島						
熊岡						
下ノ尾口						
みかえり坂	8:45	10:50	12:20	13:50	15:20	16:45
晩稲会場前						
常楽						
方丈						
一宮						
西本庄橋						
西本庄	9:00	11:00	12:30	14:00	15:30	16:55
玉	—					
田殿	—					
鶴の湯	—	11:10	12:40	14:10	15:40	17:05
鶴の湯	—	11:15	12:45	14:15	15:45	17:10
田殿	—					
玉	—					
西本庄	9:10	11:25	12:55	14:25	15:55	17:20
西本庄橋						
一宮						
方丈						
常楽						
晩稲会場前						
みかえり坂	9:15	11:35	13:05	14:35	16:05	17:30
下ノ尾口						
熊岡						
中島						
東吉田						
役場						
南道						
Mi館						
ゆめよみ館						
JR南部	9:30	11:50	13:20	14:50	16:20	17:45
国民宿舎	9:35	11:55	13:25	14:55	16:25	17:50

※予約時間は上記の基本時刻表を目安にしてください。
※デマンド停留所は、各ゾーンの時刻で予約できます。

例えば、新庄デマンド停留所付近の方が、第２便で鶴の湯温泉（停留所）行きを予約したら、コミバスは１０時３５分から１０時５０分の間に新庄停留所へ迎えに行きます。（迎えに行く時間は、予約を受け付けた時にお知らせします）

利用料金

大人（中学生以上）	３００円
小学生	１５０円
乳幼児	無料

※ほかに岩代、山間部東部（清川）、山間部西部（高城）の３ルートがある。

図 10･26　みなべコミバス中心部ルートの路線図と時刻表
出典：みなべ町ウェブサイトより引用
http://www.town.minabe.lg.jp/docs/2013091200288/（2023 年 2 月 25 日最終閲覧）

バス」である。このバスは、基本路線を予約に応じて運行する方式となっており、時刻表も決まっている。ただし、基本路線から離れた「デマンド停留所」には予約のあったときだけ寄り道するという、迂回型デマンド方式を採用している。

みなべコミバスは2007年度から導入された。2022年7月現在、中心部ルート、山間部東部ルート、山間部西部ルート、岩代ルートの4ルートがあり（図10・26）、コロナ禍前の2019年度の利用者数は計4351人であった。2021年度の利用者数は計2888人である。

このバスは町が地元のタクシー会社に委託して運行している。中心部、山間部東部（清川）、山間部西部（高城）、岩代の4ルートがあり、9人乗り車両での運行となっている。デマンド交通であるため、利用には電話による予約が必要であるが、路線上であればどこでも乗り降りできる（フリー乗降）という便利さがある。

利用者数は、運行開始からの3年間は9000人前後であったが、2010年度から減少傾向となった。同町の国勢調査人口は2005年の1万4200人から2010年には1万3470人（対2005年で−5.1％）、2015年には1万2742人（同−10.3％）、2020年には1万1818人（同−16.8％）と減少を続けている。とりわけ山間部に位置する旧南部川村地域では、2005年の6232人から2010年には5750人（対2005年で−7.7％）、2015年には5396人（同−13.4％）、2020年には4949人（同−20.6％）という大きな減少となっている。コミュニティバスの利用者数の減少の背景には、こういった人口動態がある。

2016年5月20日に町内でJA紀州の移動販売事業「移動スーパー・とくし丸」が始まり、その影響でコミュニティバス利用者数の減少に拍車がかかった。この移動販売事業は2015年に隣接地域で始まり、「高齢者ら日常の買い物に困っている人の自宅前に、Aコープの商品を積んだ専用の軽トラックで行き販売する」もので「1000点以上の野菜、果物、魚、肉、牛乳、アイスクリームなどをそろえ、週に2度の訪問は地域の「見守り隊」の役目も果たしている」[注36]。その後2018年度の高齢者免許証自主返納支援事業の開始によって増加に転じた。この事業は、65歳以上の町民が運転免許証を自主返納すれば、町内の地域公共交通（コミュニティバス、定期便、タクシー）で利用できる乗車券1万5000

円分と、町内の加盟店で利用できる商品券5000円分がもらえるもので、2021年度に自主返納した高齢者は40人、前年度は49人であった[注37]。

このような中、同町では、新しい需要の開拓を含めた対策を検討する予定である[注38]。

ダイナミック型のデマンド交通の例としては、高知県四万十市が2000年から運行している「中村まちバス」[注39]や、Osaka Metro Groupが2021年から運行している「オンデマンドバス」[注40]がある（図10・27）。これらのうち後者は、2023年2月現在、大阪市内の5エリアで運行されている。エリア内には約300mメッシュごとになるよう乗降場所が設けられ、利用者はスマートフォンまたは電話にて希望日時と希望乗降場所、人数を指定し、乗車する。その際、最適な運行ルートをAIが計算し、運転手に指示する仕組みとなっている。普通運賃は大人210円または300円である。2022年10月の利用者数は月約25000人で、ここ数カ月は横ばいとなっている[注41]。

エリア内の乗降場所から希望場所を選び、出発日時を設定して予約すると、乗車場所への予定到着時刻と、降車場所への予定到着時刻が示される（図10・28）。オンデマンドバスが到着したらスマートフォンの画面を運転手に見せて乗車する。

なおこのアプリは、オンデマンドバスの予約・決済のほか、公共交通やシェアサイクルを含む乗り換え検索ができるなど、MaaSの機能を備えたものとなっている。

デマンド交通導入の基本的な視点は、サービスあたりのコストの削減にある。サービスをより安く提供できるからこそ、地方の小都市や山間部など、需要が

図10・27　オンデマンドバスの車両と乗降場所（2022年4月）

比較的小さく、かつ不規則であっても対応できるのである。一方、デマンド交通は、需要に応じて柔軟に運行するというその特質上、何らかの情報通信システムが導入される。元田・宇佐美（2007）[注42]によれば、全国のデマンド交通の中には、利用者がわずかであるにもかかわらず、数千万円のITシステムを導入し、維持管理にも多額の経費をかけるなど「地域の実態とかけ離れた不要なITシステムに高額の費用を要している例」が見られるという。このような事例は、デマンド交通の基本的な視点を忘れ、需要と供給の効率的なマッチングに関する技術を追求しすぎた例と考えられる。

鈴木（2013）[注43]は、「優れた手法を上手に活用した事例がマスコミ等を通じて世に紹介されると、ブームが巻き起こる。そしてブームの恐ろしいところは、その地域に本当に合ったものなのかどうかという検証がなされないまま、先進事例のコピーが事例を増やし、そのことがさらに世間をまさに“バスに乗り遅れるな”とばかりに駆り立てて、本来の「地域の移動しにくい人たちを救い、安心して地域で生活できるような仕組みをつくる」目的を忘れ、導入することこそが目的となってしまうことである」「要はデマンド交通を導入することが地域を救うのではなく、地域に最も合った手法として選んだデマンド交通こそが機能を発揮するのである」としている。

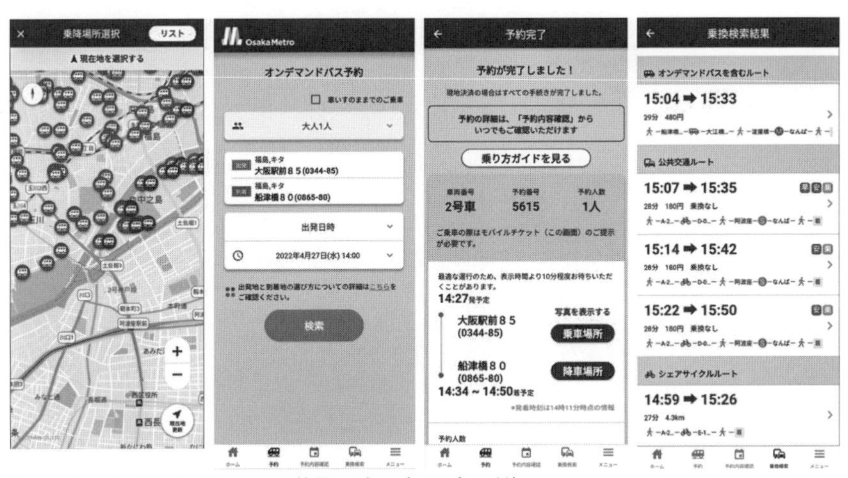

図 10･28　オンデマンドバスの予約用アプリ（2022 年 4 月）

第11章

スマートな交通まちづくり

――和歌山での取組を例に――

この章では、本書全体のまとめを兼ねて、SDGs時代の地方都市圏における新しい交通まちづくりに向けた取組の例を紹介する。

11・1 和歌山市のコンパクト・プラス・ネットワーク

紀州徳川55.5万石の城下町である和歌山市は、和歌山県の県庁所在都市であり、中核市に指定されている。面積は208.8 km^2（大阪市よりやや小さい）で、人口は1980年の40.2万人をピークとして減少傾向にあり、2000年に38.6万人、2020年には35.7万人となって、2040年には28.1万人にまで減る推計となっている[注1]。

和歌山市では人口が減る中、市街地が拡散して人口密度が下がり（図3・10、p.61）、これと同時に交通における自動車依存が進んで、中心市街地の衰退が問題となってきた。近畿圏（京阪神都市圏）パーソントリップ調査の結果によると、和歌山市の自動車分担率は1980年の28％から2010年には53％へと上昇している。

和歌山市内には3社7路線31駅の鉄道網があり、ターミナル駅（和歌山駅、和歌山市駅）は中心部の東西に分立している。乗合バスとしては、民間の路線バス網に加えて、和歌山市が運営する地域住民主体型の地域バスと、デマンド交通がある。また、タクシー、フェリーも存在する。

このような中、和歌山市では、2017年策定の「和歌山市立地適正化計画」と、2019年策定の「和歌山市地域公共交通網形成計画及び和歌山市都市・地域総合交通戦略」（以下、網形成計画）を車の両輪として、コンパクト・プラス・ネットワークが推進されてきた。

図 11･1 は和歌山市が目指すコンパクト・プラス・ネットワークのイメージである。「現在の人口分布」として示されているように、これまではどこが中心ともわからず、市街地がだらだらと広がっている状態であった。これに対し、「将来人口の分布イメージ」として示されているとおり、これからは鉄道駅などの周辺に都市機能や人口が集められて明確な中心拠点や地域拠点を形成していく。また、「平面的に見たイメージ」に描かれているとおり、各拠点間を基幹的な公共交通ネットワークでしっかりとつないでいくことになる。

和歌山市が目指す公共交通ネットワークを図 11･2 に示す。同市は 7 路線 31 駅の鉄道網を有しているため、まずはそれらを公共交通の主軸に位置づけ、中心拠点や地域拠点のほとんどを鉄道ネットワークの上に配置する。

その上で、現行の鉄道網ではカバーできない高需要路線については高頻度運行の基幹的な路線バスで結ぶ。例えば中心市街地を東西に横断する路線（和歌

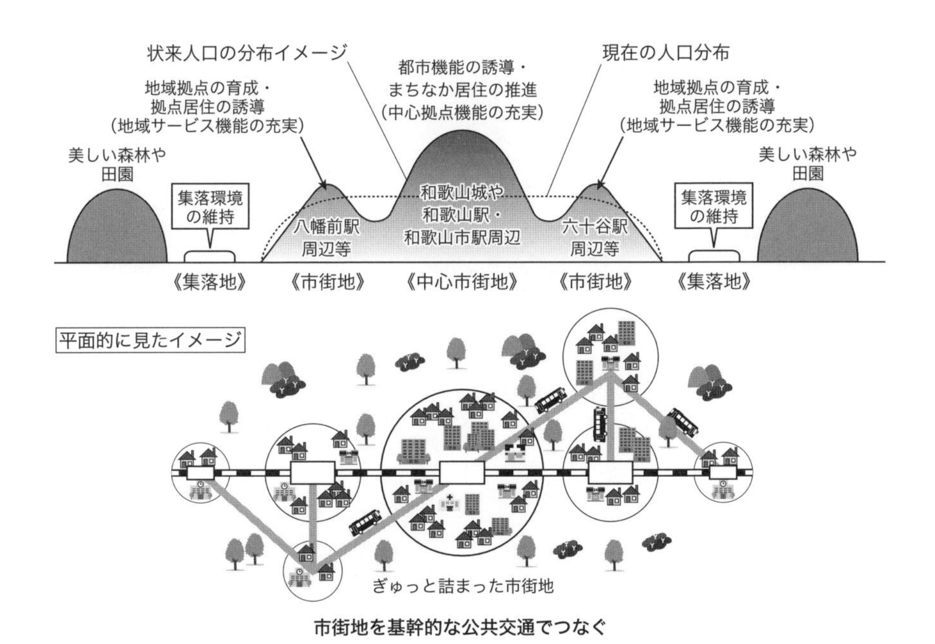

図 11･1　和歌山市が目指すコンパクト・プラス・ネットワークのイメージ
出典：和歌山市（2017）『都市計画マスタープラン（H29 改訂）』、p.63 より作成

山駅〜和歌山市駅間など）や、和歌山大学と中心市街地を直結する路線、中心市街地から官庁街や大規模病院、マリーナシティなどを南北に結ぶ路線が基幹的なバス路線に該当する。その一部はLRTまたはBRTとして整備する方向で研究を進めていく。

さらに、基幹軸を補完する準基幹バス路線や、原則として地域拠点内の駅と周辺地域を結ぶ短距離の支線的路線を位置づける。支線については地域特性に応じて供給されることになりる。具体的には、10章で取り上げた地域住民が運営に主体的に関わる「地域バス」や、予約運行型の乗合タクシー、あるいはシェアサイクルや、グリーンスローモビリティ等が考えられる。いずれにせよ地域住民が主体的に参画する中で、その地域のニーズなどに合った交通やモビリティを用意することになる。

グリーンスローモビリティとは、国土交通省によると「時速20km未満で公道を走ることができる電動車を活用した小さな移動サービスで、その車両も含めた総称」注2である。2022年11月現在、既に福山市鞆の浦地区ではグリーンス

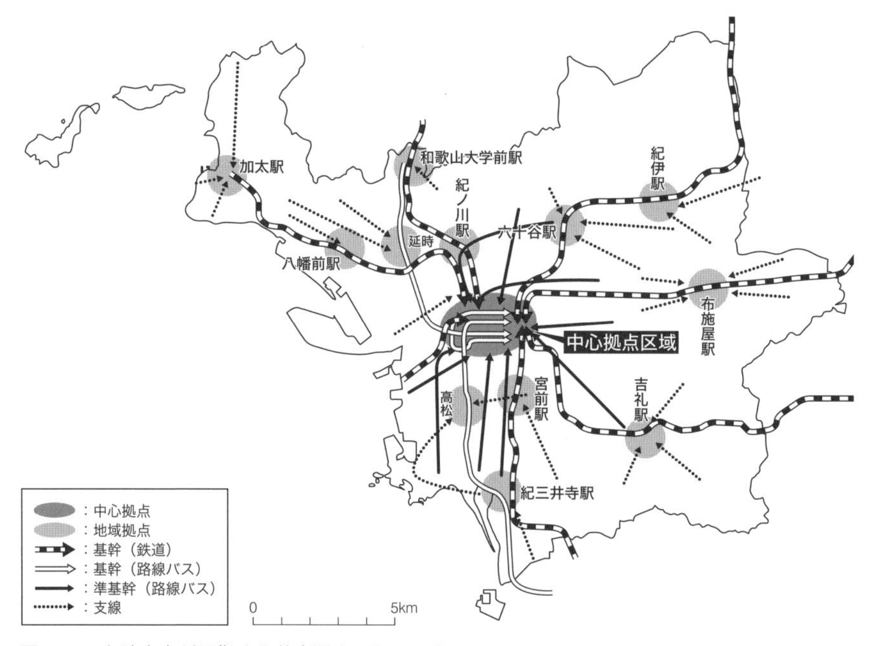

図11･2　和歌山市が目指す公共交通ネットワーク
出典：和歌山市（2019）『和歌山市地域公共交通網形成計画及び和歌山市都市・地域総合交通戦略』、p.68より作成

ローモビリティによる路線バスやタクシーの運行がなされ、細い坂道が多く、高齢化も進む地域の生活や観光の足として活躍している(図 11･3)。また、和歌山県太地町ではグリーンスローモビリティを用いた自動運転による公共交通サービスの本格実施が行われている[注3]（図 4･10、p.83）。

ここで和歌山市におけるコンパクト・プラス・ネットワークの 2022 年現在の取り組み状況を見ておきたい。図 11･4 は中心市街地での取り組み状況であ

路線バス　　タクシー

図 11･3　グリーンスローモビリティ（福山市鞆の浦、2021 年 12 月）

図 11･4　和歌山市中心市街地における取組

注：図には 3 大学誘致とあるが、計画を上回る 5 大学の誘致に至っている

出典：和歌山市「和歌山市立地適正化計画（概要版）」より作成。写真は 2022 年 5 月撮影

る。若者や子育て世代重視というコンセプトのもとで、こども園の開設、大学誘致、和歌山市駅再開発（愛称：キーノ和歌山。市民図書館や商業施設などが入居）、新しい市民会館（愛称：和歌山城ホール）の整備などが集中的に実施されつつある。とりわけ大学については5大学誘致に成功している。誘致された五つの大学はすべて小中学校などの公共施設の跡地をリノベーションしたものとなっている。リノベーションは和歌山市のコンパクト・プラス・ネットワークの特色となっており、和歌山城の北側の「シロキタ」と呼ばれるエリアなどでは古い建物の内部を活用した個性的なショップや飲食店が複数開業している。

中心市街地の再整備と合わせて、郊外の市街化調整区域では、開発基準の見直しがなされた。従来は市街化調整区域の建築物の立地を緩和する方向の政策がとられてきたのであるが、それをやめ、「郊外では宅地の拡散は防止しながら、鉄道駅周辺や小学校周辺等の地域拠点の維持と緩やかな誘導を図る」注4という方向となった。具体的には、市街化調整区域の全域で分譲住宅等を認めていた基準が廃止されるとともに、市街化調整区域内であっても小学校や支所等、複数の公共公益施設が存する区域や鉄道駅周辺などには特別に住宅、自己業務用の事業所などの立地を認めていくといった制度になっている。

こういった施策の展開により、中心部の昼間人口が2割増、空き家が3割減という効果が見込まれている。

図11·5は、交通ネットワークに関連する主な取り組み状況である。

主要ターミナル駅や県立医大病院などには据え置き型のバスロケーションシステムの情報提供設備が整備され、リアルタイムで遅延情報、バリアフリー型かどうかの車両情報などを含めた運行情報を得ることができる。また、併せてスマートフォンでも運行情報を確認できるようになっている。このバスロケーションシステムは国際的に広く利用されている「GTFSリアルタイム」という規格でつくられており、整備した情報がGoogle Mapsなどの普遍的な経路検索サービスにも反映されるようになっている。

加太さかな線プロジェクトは、南海本線からわかれて北西方向へのびる支線の南海加太線の活性化と、沿線地域の再生とが結びついたプロジェクトで、古い車両の内外装のリノベーションや駅の改修などがなされ、観光路線化に成功している。

基幹バス路線への連節車両投入の検討
(2021 年 3 月 7 日)

市民図書館・商業施設・ホテル併設の和歌山市駅
(2022 年 5 月 19 日)

地域バスの運行
(2021 年 3 月 5 日)

和歌山市駅前広場も再整備
(2022 年 6 月 13 日)

JR 和歌山線･きのくに線･紀和線の全普通･快速列車の新型車両化と県内全域の IC 対応
(2022 年 6 月 10 日)

歩きやすい空間の整備
(和歌山市役所前、2022 年 5 月 19 日)

駐車場の集約
(和歌山市役所北側、2022 年 5 月 19 日)

自転車通行環境の整備
(けやき大通り、2022 年 5 月)

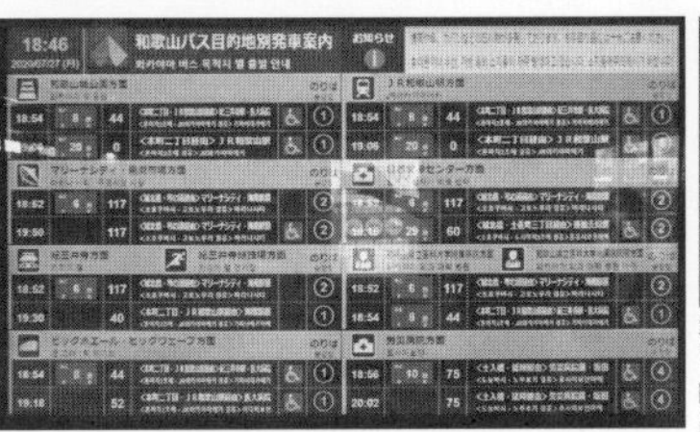

バスロケーションシステム。スマホでも利用可能。リアルタイムで運行情報を提供 (2020 年 7 月 27 日)

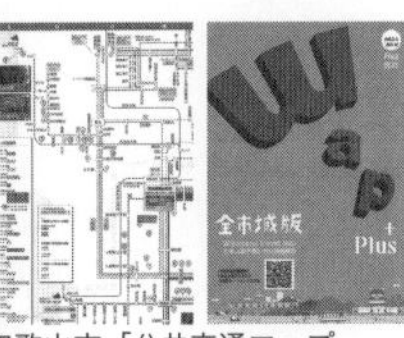

和歌山市「公共交通マップ『wap＋(ワッププラス)』」
http://www.city.wakayama.wakayama.jp/kurashi/douro_kouen_machi/1007740/1016143.html
(2023 年 1 月 23 日最終閲覧)

和歌山バス「IC カード・IC 定期『kinoca』」
https://www.wakayamabus.co.jp/rosen/kinoca/
(2023 年 1 月 23 日最終閲覧)

和歌山電鐵「スマホ定期券」
https://wakayama-dentetsu.co.jp/smaphoteiki/
(2023 年 1 月 23 日最終閲覧)

待合環境の向上
(和歌山城前バス停、2022 年 5 月)

加太さかな線プロジェクト
(2022 年 3 月 31 日)

和歌山電鐵貴志川線（民間力での再生）
(2020 年 11 月 14 日)

図 11･5　交通ネットワークに関する主な取組

注：日付は撮影日である。

和歌山電鐵貴志川線に関する取り組み状況は、8章で述べたとおりである。

「wap」は「和歌山の交通まちづくりを考える会（愛称：わかやま小町)」が和歌山都市圏の鉄道や路線バスの情報をまとめてマップ化したもので、デザイン性が高く、日本モビリティ・マネジメント会議のデザイン賞を受賞している。wapは、交通事業者の垣根を越えた総合的な情報掲載という点で、後述のMaaS（Mobility as a Service）の思想を先取りしたものとも言える。

これらのほか、基幹バス路線への連節バス投入の実証実験や、和歌山市駅前広場の再整備、10章で述べた地域バスの運行、JR和歌山線・きのくに線・紀和線の全普通･快速列車の新型バリアフリー車両化と県内全域のIC対応、和歌山城ホール前などでの歩きやすい空間の整備、フリンジパーキングシステムを念頭に置いた駐車場の集約化、自転車通行環境の整備、バス待合環境の整備、スマホ定期券など各業者独自のデジタル化といった取組が展開されてきた。

以上のような取組が実を結び、和歌山市は2017年に「コンパクト・プラス・ネットワークのモデル都市」に選定された。これは、市街化調整区域内の開発許可制度の大幅見直しや、民間事業者と連携した公共交通ネットワークの維持、都市機能誘導区域の公共交通沿線への集約、既存ストックを活用した都市機能の集約、空き店舗などの有効活用等を含む取組が評価されたものものである[注5]。さらに2021年には第3回コンパクトなまちづくり大賞（総合戦略部門）において国土交通大臣賞（最高賞）を受けるに至った。

11･2 スマートな交通まちづくりへの発展

しかしながら和歌山市のコンパクト・プラス・ネットワークは、中心市街地の活性化への貢献という点において、未だ道半ばの段階にある。図11･6は、全国的に行動制限なしとなった2022年のゴールデンウィークにおける和歌山市の中心部の状況である。同じ頃に阪和自動車道が白浜方面からの車で渋滞し（図11･7)、和歌山市の郊外型大規模商業施設が満車に近い状況となっていた（図11･8）のとはあまりに対照的な光景であったと言わざるを得ない。

交通ネットワークにも課題がある。先述のように和歌山市には3社7路線31駅の鉄道網と乗合バス網、地域バス、タクシー、フェリー、レンタサイクル等

図 11･6　2022 年ゴールデンウィークの和歌山市中心部（2022 年 5 月 4 日（水･祝）16 時 10 分頃）

図 11･7　2022 年ゴールデンウィークの阪和自動車道和歌山 IC ～和歌山北 IC 間
手前が大阪方面、奥が白浜方面（2022 年 5 月 4 日（水・祝）16 時 50 分頃）

図 11･8　2022 年ゴールデンウィークの郊外型大規模商業施設駐車場（2022 年 5 月 4 日（水・祝）15 時 50 分頃）

からなる公共交通体系があるが、利用者側から見て、これらが「ひとつの移動サービス」として有機的につながっているとはいい難い。

2021年5月に和歌山大学生を対象に実施したアンケートの結果によると、和歌山市内中心部にあまり行かない理由（n＝992、複数回答）の1位は「交通が不便」（59.3%）、2位は「魅力的な場所（行きたい場所）が少ない」（51.4%）、3位が「必要性を感じない」（36.4%）であった。要するに和歌山市の「交通」にも「まち」にも魅力を感じないというのが、和歌山大学生の率直な声である。

少子高齢化のさらなる進展、厳しい財政状況、感染症のまん延、その影響もあって壊滅的とも言える交通事業者の経営状況、脱炭素の要請など、交通まちづくりを取り巻く環境が激動する中において、従来型の取組を踏襲するのでは、その効果は限定されるものと推測される。

若者など車を運転できない人を含め、すべての人がより自由に、地球と健康に優しい手段で移動できる環境をつくるには、情報検索の煩雑さ、予約や決済の手間、接続の問題、待合環境の問題などを一つひとつスマートに解決し、シームレス（継ぎ目のない）で使いやすい革新的（イノベーティブ）な和歌山市公共交通体系を実現することが求められている。

そうした中で、一つの大きな方向性として考えられるのは、ICTやデータの利活用による、デジタル・トランスフォーメーション（DX）型の新しい交通まちづくりへのバージョンアップである。ICTやデータの利活用に関する技術の発展には著しいものがあり、その活用によって、さまざまな地域課題やビジネス上の課題の飛躍的な解決を図っていくという取組も盛んに行われるようにな

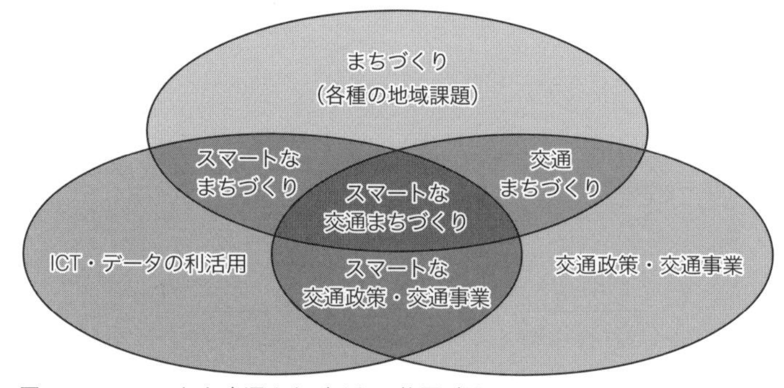

図11·9　スマートな交通まちづくりの位置づけ

ってきた。

図11・9は、交通政策・交通事業とまちづくり、ICT・データの利活用との関係を示したものである。在来型の交通政策・交通事業とまちづくりとの連携の上に交通まちづくりがあるとすると、それをICT・データの利活用によって推進するのがスマートな交通まちづくりである[注6]。たとえば中心市街地の活性化、観光地の振興、市民の暮らしやすさの向上といった、まちづくり上の目標達成のために、ICTやデータを活かし、交通やモビリティの利便性向上に取り組むのであれば、それは「スマートな交通まちづくり」であると言える。

わが国では、ICTやデータを利活用することで、これまでよりも効率的・効果的な「スマートな交通まちづくり」の推進が期待される。

11・3 スマートな交通まちづくりとMaaS

スマートな交通まちづくりでは、従来のコンパクトシティ・プラス・ネットワークを、ICTやデータの利活用によって、よりスマートに展開する方向となる。そしてその中心的な取組として位置づけうるのがMaaS（Mobolity as a Service）の導入である。

MaaSは国土交通省によると「地域住民や旅行者一人ひとりのトリップ単位での移動ニーズに対応して、複数の公共交通やそれ以外の移動サービスを最適に組み合わせて検索・予約・決済等を一括で行うサービス」[注7]である（図11・10）。

MaaSには五つのレベルがあるとされている（図11・11）。

モード別・事業者別の交通サービス提供がなされ、それぞれについて個別に検索・予約・決済しなければならないという原始的な状態がMaaSレベル0である。

2023年2月現在、和歌山市ではGoogle Mapsなどで乗り継ぎ経路検索ができ、和歌山電鐵等を除いて、ICカードの全国相互利用サービスでの決済もできる。MaaSとしてはレベル1であり、まだ入口段階と考えることができる。

後ほど説明する和歌山県高野山と高野山麓の「Kiipass Koyasan」は、実験段階ではあるものの、鉄道、路線バス、レンタサイクル、観光施設等がまとめてスマートフォンで予約・決済でき、沿線施設割引等の特典も付いていることか

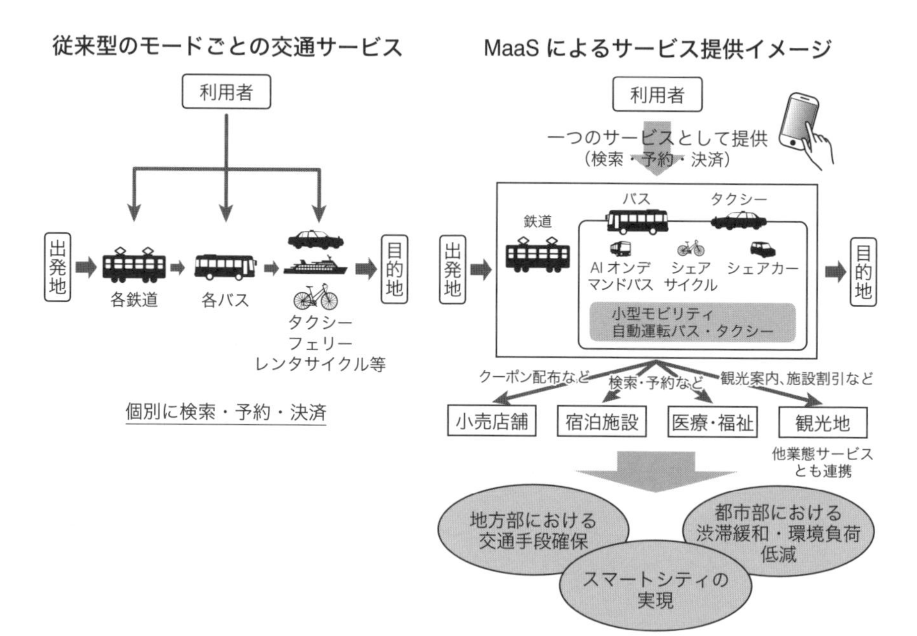

図 11･10　MaaS のイメージ

出典：国土交通省（2019）「第 8 回　都市と地域の新たなモビリティサービス懇談会　参考資料集」より作成
https://www.mlit.go.jp/sogoseisaku/transport/sosei_transport_tk_000108.html（2022 年 11 月 9 日最終閲覧）

MaaS レベル 0	MaaS レベル 1	MaaS レベル 2	MaaS レベル 3	MaaS レベル 4
統合なし	情報の統合（2023 年の和歌山市）	予約・支払の統合（Kiipass）	提供サービスの統合（Whim）	政策の統合（データ分析による政策）
個別のモード別・事業者別の交通サービス	・異なる交通サービスの情報が統合 ・マイカー以外の多様な選択肢の提供	チケットレス・キャッシュレスで移動をシームレス化	・サブスクよる移動の価値観やコスト意識の変革 ・移動需要の創出	さまざまな地域課題に対し、IoT･データを利活用してアプローチする「スマートな交通まちづくり」の実現
個別に検索・予約・決済せねばならない	Google Maps 等で乗継経路検索や沿線情報を取得可（一部 IC で決済可）	鉄道・バス・沿線施設等をまとめて予約決済	各種交通が使い放題	

図 11･11　MaaS のレベルと 2023 年の和歌山市

出典：Jana Sochor et al. (2018) “A topological approach to Mobility as a Service: A proposed tool for understanding requirements and effects, and for aiding the integration of societal goals”, Research in Transportation Business&Management, Volume 27, pp.3-14 および日高洋祐ほか（2018）『MaaS　モビリティ革命の先にある全産業のゲームチェンジ』日経 BP より作成。画像はすべて辻本が作成・取得・撮影

ら MaaS レベル 2 に相当する。

世界的に著名なフィンランドの「Whim」は、レベル 3 に相当する。同国の首都ヘルシンキでは、2023 年 2 月現在、ひと月 699 ユーロ（2022 年の平均レートで約 97500 円）で市内の地下鉄、路面電車、路線バス、シェアカーが使い放題になったり、5 km までのタクシーが 80 回まで使い放題となったりする、アンリミテッドというサブスクリプションのサービスが提供されている。ほかに使い放題の範囲が限定された廉価版や、学生向けのさらに安いチケットなどもある。こういったサービスにより車利用から公共交通利用へのシフトが起こったとされている。

MaaS の最高レベルは 4 で、この段階になると、国や自治体、事業者が、都市計画や政策レベルで交通の在り方について協調していく段階とされている。

わが国における MaaS の導入事例は、福岡市、北九州市、水俣市、宮崎市、日南市、横浜市、富山市などで展開されている「myroute」や、瀬戸内海沿岸地域で展開されている観光型 MaaS の「setowa」など、多数ある。国も MaaS や自動運転等の新しいモビリティサービスの社会実装を目的とする「スマートモビリティチャレンジプロジェクト」を 2019 年度から進めており、選定地域・事業数は同年度が大津市など 28、2020 年度が京都市など 50、2021 年度が大阪市など 26、2022 年度が奈良県川西町など 14 となっている。

関西では、2021 年 12 月に「関西 MaaS 推進連絡会議」が設置された。メンバーは関西地域の大手鉄道 7 社（大阪市高速電気軌道、近鉄グループホールディングス、京阪ホールディングス、南海電気鉄道、西日本旅客鉄道、阪急電鉄、阪神電気鉄道)、バス・タクシー業界、阪神高速道路、国、大阪府、大阪市、(公財)2025 年日本国際博覧会協会、関西観光本部、(公財)大阪観光局、(公財)関西経済連合会、大阪商工会議所等となっている。この会議では、1）関西で核となる MaaS を構築する、2）交通のみならず、観光商業などの幅広い分野と連携していく、3）万博が開催される 2025 年をターゲットに、核となる関西 MaaS の機能充実やさまざまな交通モードとの連携等を行う、といった方向性のもと、2022 年度内に各社横断で利用できる MaaS アプリを提供し、万博に向けて段階的に機能を充実することとしている[注 8]。

2022 年 11 月 8 日には、上述の鉄道 7 社が「関西 MaaS 協議会」の設立と、

「関西地域の交通事業者間の連携を前提としたMaaS（Mobility as a Service）システムを共同で構築し、関西地域にお住まい、またはご来訪されるお客様を中心にお使いいただける「(仮称) 関西MaaSアプリ」を2023年夏頃（予定）を目途にリリースする」ことでの合意を発表した。このアプリで提供される主な機能は、①マルチモーダル乗継経路検索（全国)、②チケットストア、③各社沿線の観光施設情報・着地型体験ツアー等の提供とされている。7社は「引き続き関西MaaS推進連絡会議の構成員である2025年日本国際博覧会協会等と連携して検討を進めるとともに、関西地域の交通事業者をはじめ、多種多様なサービス事業者等の皆様と幅広く連携し、スマートモビリティリージョン「One Kansai」を合言葉に、DXによる交通サービスの高度化や観光利用の促進等を中心に、大阪･関西万博以降も関西地域の更なる活性化に大きく貢献できるMaaSの実現に向けて邁進」するとしている[注9]。

和歌山県では2020年度より「KiiPass」の社会実験が行われている。和歌山県観光交流課によると、これは「高野山・熊野エリアにおいて、電車・バスや観光施設、アクティビティ等のチケットの予約・決済・利用がスマートフォン一つで可能となるWebシステム」[注10]である。初年度の対象地域は高野山内だけであったが、2021年度の対象地域は高野山麓へと拡大され、2022年度の対象地域は和歌山県熊野地域にまでさらに拡大されている。

2021年度の実施期間は10月から11月の2カ月間、実施主体は紀伊半島外国人観光客受入推進協議会高野山デジタル対応推進部会（和歌山県、橋本市、かつらぎ町、九度山町、高野町、南海電気鉄道、南海りんかんバス）であり、2572枚のデジタルチケットが販売された[注11]。

2022年度の実施期間は9月末から11月までの約2カ月間、上記部会を発展させた観光MaaS推進部会を実施主体とし、構成員には熊野地域に関係する交通事業者と市町が追加された。販売チケットは、高野山および同山麓用の「Kiipass Koyasan」では鉄道・バスチケット、金剛峯寺など10施設の観光チケット、レンタサイクルや手荷物配送などのアクティビティチケット、飲食店や土産物店など39施設のデジタルクーポンとされ、京都と関西空港〜高野山のバスチケットとのリンクも設定されている。熊野地域用の「Kiipass Kumano」ではバスチケット、アドベンチャーワールドほか12施設の観光チケット、レンタサイ

アプリの紹介　　交通・施設等の一括決済　　鉄道乗降用の QR コード

経路検索　　施設用デジタルチケット　　飲食店や土産物店用の特典クーポン

図 11・12　Kiipass Koyasan の機能の例（2022 年 11 月取得）

QRコードによる鉄道への乗車

デジタルチケットでのチェックイン
（施設側の許可を得て撮影）

図 11･13　Kiipass Koyasan の利用の様子（2022 年 11 月）

クルや熊野川舟下りなどのアクティビティチケット、飲食店や土産物店など 37 施設のデジタルクーポンと、JR 西日本のネット予約サイト等へのリンクも設定されている[注12]。2022 年度のデジタルチケットの販売枚数は 2538 枚（Kiipass Koyasan が 2488 枚、Kiipass Kumano が 50 枚）であった[注13]。

図 11･12 は、Kiipass Koyasan の機能の例である。MaaS アプリであるから、スマートフォン一つで鉄道・バスと各種施設等の予約・決済、経路検索ができ、鉄道は QR コードを改札口の読取り機にかざすことで乗降でき、バスや各種施設は予約内容を表示して見せるだけで利用可能となっている（図 11･13）。飲食店や土産物店の特典クーポンもアプリから取得して利用できる。

11･4　和歌山市におけるスマートな交通まちづくり

SDGs な和歌山市づくりに向けては、引き続きまちの魅力づくりと交通サービスの充実とを密接に連携させた取組が必要である。

2019 年に策定された「和歌山市地域公共交通網形成計画及び和歌山市都市・地域総合戦略」[注14]（以下、網形成計画）には、スマートな交通政策・交通事業に該当する施策として、バスロケーションシステムの導入やIC カードの導入が盛り込まれている。前者は和歌山バスで 2019 年 4 月に実現しており、後者は市内の南海電鉄および JR 西日本全線で 2020 年 3 月までに、また和歌山バスおよび和歌山バス那賀でも同年 4 月に実現している。また、同計画には IC カードやバスロケーションシステムで蓄積される利用や運行実績のデータを路線やダイヤ、運賃制度などの改善に活かすという施策も盛り込まれている。

つまり現行の網形成計画のもとで、利用実績や運行実績に関するデータを蓄積し、交通課題の改善につなげるための基盤は整いつつあると言える。そこで次のステップとして望まれるのが、これまでの取組を発展させ、交通データを地域の観光データ、商業データ、人口データなどと結びつけることで、「スマートな交通まちづくり」へとバージョンアップしていくという展開である。

そのような中、和歌山大学経済学部・観光学部、和歌山社会経済研究所と和歌山商工会議所で組織する和歌山地域経済研究機構には、2019年度より「シームレスで使いやすい和歌山市公共交通体系の実現に向けた研究会」が設置されている。この研究会は、共通目標に「SDGs未来都市の実現に向け、「和歌山市版MaaS」の展開を中心に、すべての公共交通関連サービスのシームレス化にチャレンジする」を掲げて、日本各地から講師を招き、勉強の場として、また情報交換の場としての機能を果たしてきた。その成果を踏まえ、2022年3月には和歌山市版MaaSの実現に向けた「和歌山市MaaS協議会」が設立された。

和歌山市版MaaSは、2022年度に小さな実証実験から開始し、翌年度以降に本格展開へと進む予定である。2022年度には、主な目的を「若者の誘致による中心市街地活性化」に置き、和歌山市MaaS協議会が主体となって、市などと連携しながらカーシェアリングの導入を中心とした実証実験を行っている（表11･1、図11･14）。実施時期は2022年12月～2023年1月であり、期間中に57件の利用があるなど好評であった。

対象者は和歌山市郊外に立地する和歌山大学および和歌山信愛短期大学の学生と教職員である。全国大学生活協同組合連合会が2021年に行った調査[注15]によると、大学の学部学生の1カ月の平均収入は、自宅生が約6.4万円、下宿生が約12.5万円である。このように収入が限定される中では、運転免許を取得していたとしても、自分の車を所

図11･14　和歌山市に導入されたシェアカー

表 11・1　和歌山市 MaaS 協議会による 2022 年度のカーシェアリング実証実験の概要

主な目的	若者の誘致による中心市街地の活性化
実施予定時期	2022 年 12 月～ 2023 年 1 月
対象者	和歌山大学生および和歌山信愛短期大学生と両学の教職員
対象エリア	和歌山市を中心とするエリア
実施体制	和歌山市 MaaS 協議会が主体となり、市、交通事業者、経済界、大学等と連携して実施
対象とする交通サービス	シェアカーの導入は 2023 年度以降に検討。そのためにシェアカーの鍵の新しい運用方法を導入
プラットフォーム	トヨタコネクティッド株式会社のシェアリングプラットフォーム 特色 1：ホワイトレーベル（MaaS の名称をカスタマイズ可） 特色 2：メーカーフリー（トヨタ関係以外もオープンに参加可）
協賛店（経済界との連携）	和歌山市内の賛同店舗より入場料割引、飲食代割引、プレミアムメニューなどの提供を検討
個人認証方式	マイナンバーカードとの連携を想定した設計
決済	各交通機関、店舗等の電子決済について 2023 年度以降の実現を目指す
本格展開に向けての将来構想	①関西の鉄道 7 社が 2023 年夏頃にリリース予定の「（仮称）関西 MaaS アプリ」との API 連携（和歌山市版のミニアプリとして機能）について検討 ②目的を「中心市街地の活性化」から「暮らしやすいまちづくり」や「訪れやすいまちづくり」へと拡大し、日常生活・観光の双方に対応できる和歌山市版 MaaS として本格展開

出典：令和 4 年度第 1 回和歌山市公共交通政策推進協議会資料をもとに 2023 年 1 月現在の状況を加味して作成

有できる学生は少数派であり、多くは原付などを利用するか、保護者などの車を空いている時間に借りるなどの方法をとっているものと考えられる。そこで、地方都市郊外に立地する大学生・短大生の行動範囲を拡げるという観点から、既存の公共交通網や自家用車等を補完する新たな選択肢として、シェアカーを提供したいと考えている。車をシェアするという生活スタイルは SDGs への貢献にもつながるものである。さらには実証実験で得られたデータを教育研究に活かすという方向への展開も構想できる。

利用する MaaS プラットフォームは、トヨタコネクティッドのものである。このプラットフォームは、ホワイトレーベル型（名称をカスタマイズ可能）であるとともに、トヨタ関連以外の複数事業者も参加しやすく、交通やモビリティ以外のサービス（例えばロッカーなど）も対象にできるという特色を持つ。

個人認証方式や決済方法については、マイナンバーカードとの連携を想定した設計がなされている。

また、2023 年 1 月に開催された「第 15 回わかやま城下町バル DX」（和歌山市中心市街地の72の飲食店が参加したまちを楽しむイベント）においては、路線バス・タクシー・飲食店のQRコードによるキャッシュレス決済や、ポイント購入時の個人認証をマイナンバーカードや運転免許証で行う実証実験がなされた。この実験は上記のカーシェアリングとは別立てで、広く一般市民を利用対象として行われたものである。この取組は、中心市街地の活性化に向け、タクシー会社11社とバス会社1社が垣根を越えてキャッシュレス決済の試験導入に協力した点や、個人認証にマイナンバーカードや運転免許証を活用するという新しい試みがあった点など、MaaSやスマートシティの実現に向けて見るべき点が多いものである。

2023年度以降には、先述の「(仮称) 関西MaaSアプリ」とのAPI連携を実現したい。つまり、(仮称) 関西MaaSアプリに利用登録した人が、新たな登録作業の手間なしに和歌山市版MaaSも使えるような状況を実現したい。要するに（仮称）関西MaaSをスーパーアプリとした場合、和歌山市版MaaSは和歌山独自の機能を付加するミニアプリの関係となる。また、先述のKiipassの和歌山市版（仮称：Kiipass Wakayama）の実現も併せて検討していきたい。

本格展開段階においては、解決したい地域課題を「暮らしやすいまちづくり」から「訪れやすいまちづくり」まで幅広く設定しながら、日常生活・観光の双方に対応できるMaaSとしていく予定である。

おわりに

本著が初校段階に入った2023年1月24日に、人類滅亡までの残り時間を示す世界終末時計が、これまでで最短の「あと90秒」にまで進められた。その理由には、2022年2月24日始まったロシアのウクライナ侵攻による核戦争リスクの増大や、北朝鮮による度重なる中・長距離ミサイル発射実験、国土の三分の一が浸水したパキスタンの事例に代表される激しい気候危機、COVID19のパンデミックをはじめとする感染症の発生数とその多様性の拡大などが挙げられている[注1]。前著『地方都市圏の交通とまちづくり　持続可能な社会をめざして』を出版した2009年の世界終末時計は「あと5分」であった。それからの14年間で世界は持続不可能な方向へと大きく進んでしまったことになる。

そういった状況の中でも、SDGsの達成に向けた交通面からの取組は着実に進められている。一例を挙げると、2021年度に開始された関西国際空港ターミナル1のリノベーションでは、多様な利用者に配慮したトイレの機能分散[注2]や、気持ちを落ち着かせるための場所であるカームダウン・クールダウンスペース[注3]の設置、案内板等のサイン環境のユニバーサルデザイン化、エレベーターの改善などが多様な障がい当事者の参画のもとで進められつつある。このリノベーションは2023年2月現在フェーズ1が終わったところであり、フェーズ4まで完了するのは2026年度の予定である。同空港に立ち寄られた際には、少し時間をつくって最新のバリアフリー施設を見学されることをおすすめしたい。

2022年11月8日には、MaaS関連の大きなニュースがあった。関西の鉄道7社が、「(仮称) 関西MaaSアプリ」を2023年夏頃を目途にリリースすることに合意したのである。7社とはOsaka Metro、近畿日本鉄道、京阪電気鉄道、南海電気鉄道、西日本旅客鉄道（JR西日本)、阪急電鉄、阪神電気鉄道であるが、こういった複数の大手鉄道事業者が連携して広域的にMaaSを展開するのは日本初となる。短期的には2025年の大阪・関西万博とも連携した取組が展開され、中長期的には各社のアプリや、スマートシティの基盤となる都市OS（オペレーティング・システム）などとの連携も視野に入ってくるものと予想される。「和歌山市版MaaS」の実現を念頭に活動している著者としても、関西の交通・観光基盤となりうる「(仮称) 関西MaaSアプリ」の動向を注視していきたい。

また、2023年2月10日には「地域公共交通の活性化及び再生に関する法律等の一部を改正する法律案」が閣議決定された[注4]。

そのもとでは、地域の関係者の連携と協働の促進や、ローカル鉄道の再構築に関する仕組みの創設・拡充、バス・タクシー等地域交通の再構築に関する仕組みの拡充がなされる。自治体と交通事業者が一定の区域・期間について交通サービス水準や費用負担等の協定を締結して行う「エリア一括協定運行事業」の創設も盛り込まれている。関係者が共創しながら、地域公共交通ネットワークの利便性や持続可能性、生産性の向上をはかる「地域公共交通の再構築（リ・デザイン）」の進展に期待したい。

本書出版予定の2023年3月にはJR東海道本線の支線の地下化と新駅・設置がなされる。通称「うめきた新駅」には、関西国際空港や和歌山方面への特急列車が新たに停車する予定である。その先には、この新駅とJR難波駅や南海新今宮駅を結ぶ「なにわ筋線」の開業（2031年春予定）も控えている。関西の公共交通体系の主軸である鉄道網のドラスティックな進化により、自動車に依存しなくても生活できる持続可能なまちづくりが大きく進展することを期待したい。

そして2025年には、「いのち輝く未来社会のデザイン」をテーマに大阪・関西万博が開催される。これに向けて2023年2月現在、「交通アクセスに関するユニバーサルデザインガイドライン」が当事者参画のもとで策定されつつある。インクルーシブな社会の形成に向けて、大阪・関西万博はどのようなレガシーを残すことになるのであろうか。

いずれにせよ、本書の出版を励みに、SDGsの達成に寄与する交通まちづくりに関する研究・教育・社会活動に引き続き尽力して参りたい。

本書の出版にあたっては、学芸出版社の前田裕資さんと古野咲月さんにひとかたならぬお世話になった。お二方の叱咤激励なくしては、とうてい脱稿はなし得なかった。著者に能楽など和の趣味が多いことから和風のデザインにもしてくださった。深く御礼申し上げる次第である。

最後になったが、本書は和歌山大学経済学部の出版助成を受けて執筆したものであり、感謝を申し上げたい。

2023年3月　辻本勝久

注

■はじめに

1　交通まちづくり研究会編（2006）『交通まちづくり』丸善、p.2

■序章

1　イギリス運輸省編、トヨタ自動車販売株式会社訳（1971）『都市のための自動車　とくに都市に使用される自動車の設計傾向に関する研究』鹿島研究所出版会、p.1

2　環境省（2020）「すべての企業が持続的に発展するために －持続可能な開発目標（SDGs）活用ガイドー［第2版］」p.2

3　国際連合広報局「我々の世界を変革する：持続可能な開発のための2030アジェンダ」
https://www.unic.or.jp/files/UNDPI_SDG_0707.pptx（2022年9月12日最終閲覧）

■1章

1　気象庁（2021）「気候変動に関する政府間パネル（IPCC）第6次評価報告書 第1作業部会報告書（自然科学的根拠）政策決定者向け要約（SPM）の概要」
https://www.env.go.jp/content/900501857.pdf（2023年2月21日最終閲覧）

2　環境省（2019）「IPCC「1.5℃特別報告書」の概要」
https://www.env.go.jp/content/900442309.pdf（2022年10月24日最終閲覧）

3　読売新聞、2022年10月26日付

4　読売新聞、2021年10月2日付

5　気象庁（2022）「WMO温室効果ガス年報の和訳」第18号

6　これらは「地球温暖化対策の推進に関する法律」において温室効果ガスとされているものである。

7　環境省（2021）『2019年度（令和元年度）の温室効果ガス排出量（確報値）について』

8　旅客輸送の2020年度のデータについては、国土交通省より、新型コロナの影響で各輸送機関の利用者数が減り、例年に比べて輸送量当たりの二酸化炭素排出量が極端に高く算出されているとの注意がなされた。
https://www.mlit.go.jp/sogoseisaku/environment/sosei_environment_tk_000007.html（2022年10月24日最終閲覧）

9　内閣府（2020）「気候変動に関する世論調査」
https://survey.gov-online.go.jp/r02/r02-kikohendo/index.html（2022年10月18日最終閲覧）

10　読売新聞、2021年12月24日付

11　林まゆみ（2010）『生物多様性をめざすまちづくり　ニュージーランドの環境緑化』学芸出版社、p.10

12　「生物多様性のホットスポット」の条件は、自生する植物種の0.5％以上が固有種であるか、1500種以上の固有種が自生していること、かつ、もともとあった植生の少なくとも70％が既に失われてしまったこととされている。出典：井田徹治（2010）『生物多様性とは何か』岩波書店、p.92

13　環境省（2021）『生物多様性及び生態系サービスの総合評価2021』

14　初宿成彦（2020）「大阪府におけるヒグラシの分布－市民調査「神社のヒグラシ」プロジェクトの結果報告－」『大阪市立自然史博物館研究報告』74、pp.45-50

15　環境省「環境アセスメント制度のあらまし（パンフレット）」
http://assess.env.go.jp/1_seido/1-2_aramashi/index.html（2022年11月9日最終閲覧）

16　環境省（2022）『令和4年版 環境・循環型社会・生物多様性白書』p.182

17　海上保安庁（2023）「令和4年の海洋汚染の現状（確定値）」
https://www.kaiho.mlit.go.jp/info/kouhou/r4/k230215_3/k230215_3.pdf（2023年2月25日最終閲覧）

18　環境省（2022）『令和4年版　環境・循環型社会・生物多様性白書』pp.193-194

19　日本植木協会によると、地域性苗木とは「その地域に自生している樹から採種され、採種場所や採種月日など履歴（トレーサビリティー）が確かな苗木」である。
https://www.ueki.or.jp/?catid=135&itemid=452（2022年10月24日最終閲覧）

20 上岡直見（2022）『自動車の社会的費用・再考』緑風出版、p.50
21 Molnár, P.K., Bitz, C.M., Holland, M.M. et al. (2020) “Fasting season length sets temporal limits for global polar bear persistence.”, Nature Climate Change, 10, pp.732-738
22 内閣府政府広報室（2022）「『生物多様性に関する世論調査』の概要」
https://survey.gov-online.go.jp/hutai/r04/r04-seibutsutayousei/gairyaku.pdf（2022年10月18日最終閲覧）

■ 2章
1 11.1は住宅等へのアクセスに関係するものであり、交通との関係性は小さいものと考えられる。
2 国土交通省編（2020）『令和2年版　国土交通白書』p.190
3 国立社会保障・人口問題研究所『日本の将来推計人口（平成29年推計）』
4 内閣府『令和4年版障害者白書』によると、身体障がい児・者が約436.0万人、知的障がい児・者が約109.4万人、精神障がい者が約419.3万人と推計される。内閣府『平成24年版障害者白書』では、順に366.3万人、54.7万人、323.3万人であった。
5 警察庁「令和2年改正道路交通法（高齢運転者対策・第二種免許等の受験資格の見直し）（2022年（令和4年）5月13日施行）」
https://www.npa.go.jp/bureau/traffic/r2kaisei_main.html（2022年9月30日最終閲覧）
6 国立長寿医療研究センター「運転寿命延伸プロジェクト・コンソーシアム」
https://www.ncgg.go.jp/ri/lab/cgss/department/gerontology/gold/index.html（2022年11月6日最終閲覧）
7 農林水産省「食料品アクセス問題に関する全国市町村アンケート調査」
https://www.maff.go.jp/j/shokusan/eat/access_genjo.html（2022年9月30日最終閲覧）
8 杉田聡（2008）『買物難民　もうひとつの高齢者問題』大月書店、pp.50-57
9 読売新聞、2021年11月14日付
10 高山和良「瀬戸内海の離島でドローン定期航路、まずは買い物弱者対策から」新・公民連携最前線｜PPPまちづくり、2022年6月28日付
https://project.nikkeibp.co.jp/atclppp/PPP/434148/061000111/?n_cid=emsl_157696（2022年11月9日最終閲覧）
11 ニュース和歌山、2021年10月23日付
12 高田邦道（2013）『日本交通政策研究会研究双書26　シニア社会の交通政策　高齢化時代のモビリティを考える』成山堂書店、p.156
13 金子勇（2016）『「地方創生と消滅」の社会学　日本のコミュニティのゆくえ』ミネルヴァ書房、p.186
14 日本経済新聞、2019年4月23日付
15 「千葉 八街 通学路で児童5人死傷事故 初公判【詳細】」NHK首都圏ナビ
https://www.nhk.or.jp/shutoken/newsup/20211006c.html（2022年9月30日最終閲覧）
16 日本経済新聞、2021年12月24日付
17 読売新聞、2022年4月14日付朝刊　岩手大学清水将准教授コメント
18 厚生労働省「データからわかる－新型コロナウイルス感染症情報－」
https://covid19.mhlw.go.jp/
19 JETRO（2021）『ジェトロ世界貿易投資報告2021年版』
20 読売新聞、2022年4月5日付
21 読売新聞、2022年4月9日付
22 センの言う福祉（well-being）とは、生活の良さのことであって、福祉サービスを指すものではない。
23 アマルティア・セン著、池本幸生ほか訳（1999）『不平等の再検討』岩波書店
24 前掲書、pp.59-60
25 前掲書、pp.77-78
26 国土交通省「鉄軌道の安全に関わる情報（令和3年度）」（https://www.mlit.go.jp/tetudo/tetudo_fr8_000051.html）（2013年2月25日最終閲覧）および『鉄道輸送統計年報』（令和3年度）より算出
27 内閣府（2017）「交通事故の被害・損失の経済的分析に関する調査」

https://www8.cao.go.jp/koutu/chou-ken/h28/index.html（2022年9月9日最終閲覧）
この調査では、非金銭的損失は、死亡や負傷の程度といった死傷区分ごとに、死傷者数に1名あたりの死傷損失額を掛け合わせて算出されている。また、死傷損失額は仮想的市場評価法（CVM）を用いて、死亡リスク削減などに対する支払意思額を尋ねる方法で算定されている。

28 「第1当事者」とは、最初に交通事故に関与した車両等（列車を含む）の運転者又は歩行者のうち、当該交通事故における過失が重い者をいい、また過失が同程度の場合には人身損傷程度が軽い者をいう。
出典：警察庁「交通事故統計における用語の解説」
https://www.npa.go.jp/publications/statistics/koutsuu/yougo.html（2023年1月23日最終閲覧）

29 内閣府『令和4年版高齢社会白書』

30 WHO “Noncommunicable diseases”
https://www.who.int/news-room/fact-sheets/detail/noncommunicable-diseases（2022年9月19日最終閲覧）

31 国立がん研究センターがん対策研究所予防関連プロジェクト「メタボリックシンドローム関連要因（メタボ関連要因）と循環器疾患発症との関連」
https://epi.ncc.go.jp/jphc/outcome/345.html（2022年10月29日最終閲覧）

32 鈴木克彦（2004）「運動と免疫」『日本補完代替医療学会誌』第1巻第1号、pp.31-40

33 World Economic Forum “Global Gender Gap Report 2022”
https://www3.weforum.org/docs/WEF_GGGR_2022.pdf（2022年9月20日最終閲覧）

34 これらのほか、道路貨物運送業が20.1%、水運業が16.7%、倉庫業が40.0%、運輸に附帯するサービス業が32.4%となっている。

35 資源エネルギー庁（2022）『エネルギー白書2022』p.74

36 前掲書、p.72およびp.80

37 資源エネルギー庁（2022）「エネルギー白書2022について」
https://www.enecho.meti.go.jp/about/whitepaper/2022/whitepaper2022.pdf（2023年1月23日最終閲覧）

■ 3章

1 軌道を含む。貨物鉄道と鋼索線、未開業線および後継事業者に継承された路線を除く。

2 土居靖範・可児紀夫・丹間康仁（2017）『地域交通政策づくり入門 人口減少・高齢社会に立ち向かう総合政策を』自治体研究社、pp.10-11

3 国土交通省「地域鉄道の現状」
http://www.mlit.go.jp/common/001573729.pdf（2023年2月21日最終閲覧）

4 中小の民営鉄道事業者と第三セクター鉄道事業者

5 読売新聞、2022年4月12日付

6 鉄道事業者と地域の協働による地域モビリティの刷新に関する検討会（2022）「地域の将来と利用者の視点に立ったローカル鉄道の在り方に関する提言　～地域戦略の中でどう活かし、どう刷新するか～」 https://www.mlit.go.jp/tetudo/content/001492230.pdf（2022年11月9日最終閲覧）

7 読売新聞、2022年11月9日付

8 総務省『令和2年度地方公営企業年鑑』

9 読売新聞、2021年11月24日付

10 運輸省編（1981）『長期展望に基づく総合的な交通政策の基本方向：試練のなかに明日への布石を』p.70

11 国土交通省『数字で見る自動車2022』
https://www.mlit.go.jp/jidosha/jidosha_fr1_000079.html（2022年11月1日最終閲覧）

12 太田和博・青木亮・後藤孝夫編者（2017）『総合研究　日本のタクシー産業　現状と変革に向けての分析』慶應義塾大学出版会、p.1

13 前掲書、p.209

14 国土交通省(2021)「地域旅客運送サービス継続事業に係る補助制度の創設について」

https://wwwtb.mlit.go.jp/tohoku/ks/newpage/ks-sanjihosei-5.pdf（2023 年 2 月 25 日最終閲覧）

15 DID とは、原則として人口密度が 4000 人 / km^2 以上の基本単位区が市区町村の境域内で隣接しており、かつ、それらの基本単位区の人口の合計が 5000 人以上の地域をいう。基本単位区とは国勢調査に用いられる地域の単位であって、原則として一つの街区が一つの基本単位区となる。一つの街区の面積は、3000 ～ 5000 m^2 が標準である。

16 山田浩之（2001）『交通混雑の経済分析　ロード・プライシング研究』勁草書房、p.26

17 前掲書、p.62

18 土木学会編（1992）『地区交通計画』国民科学社、p.89

19 杉恵頼寧（1989）「都市交通の研究と計画」『都市計画』156、pp.41-46

20 嘉名光市・増井徹（2011）「船場センタービル建設に至る経緯とその計画思想に関する研究」『都市計画論文集』46（3）、pp.685-690

21 杉恵頼寧（1984）「英国における交通管理政策の歴史的背景と最近の動向（上）」『高速道路と自動車』第 27 巻第 10 号、pp.61-64

22 井上堅太郎（2006）『日本環境史概説』大学教育出版、p.39

23 高橋清（1967）『道路の経済学』東洋経済新報社、p.20

24 今泉みね子（2008）『クルマのない生活　フライブルクより愛をこめて』白水社、p.65

25 川村健一・小門裕幸（1995）『サステイナブル・コミュニティ』学芸出版社、p.40

26 東京読売新聞、2007 年 4 月 17 日付

27 レイ・オルデンバーグ著、忠平美幸訳（2013）『サードプレイス　コミュニティの核になる「とびきり居心地よい場所」』みすず書房

■ 4 章

1 帝国データバンク（2022）「人手不足に対する企業の動向調査」。調査期間は 2022 年 7 月で、調査対象は全国 2 万 5723 社、有効回答率は 44.7%。
https://www.tdb.co.jp/report/watching/press/p220812.html（2022 年 10 月 27 日最終閲覧）

2 厚生労働省「一般職業紹介状況（令和 4 年 8 月分）について」
https://www.mhlw.go.jp/stf/newpage_28129.html（2022 年 10 月 14 日最終閲覧）

3 福本雅之（2015）「バス・タクシー業界における人材確保と自治体の関わり方」『運輸と経済』75（3）、pp.37-45、p.38

4 前掲書、pp.39-40

5 NHK「特設サイト　路線バス」
https://www3.nhk.or.jp/news/special/bus/index.html（2022 年 10 月 27 日最終閲覧）

6 SDGs 推進本部（2021）「SDGs アクションプラン 2022　～全ての人が生きがいを感じられる、新しい社会へ～」
https://www.mofa.go.jp/mofaj/gaiko/oda/sdgs/pdf/SDGs_Action_Plan_2022.pdf（2022 年 10 月 28 日最終閲覧）

7 IMF “World Economic Outlook Databases”（2022 年 4 月版）

8 国土交通省道路局監修『道路統計年報 2021』より、「一般道路事業費」「都市計画街路事業費」「災害復旧事業費」「失業対策事業費」「その他事業Ⅰ」「その他事業Ⅱ」と、道路 4 公団とその後継会社の事業費および指定都市高速道路公社の有料道路事業費を合計した。

9 和歌山県『令和 3 年度歳入歳出決算説明書』

10 和歌山県プレスリリース「都市計画道路西脇山口線の完成について～ 3 月 25 日に川永工区 4 車線完成～」2022 年 3 月 18 日付
https://www.pref.wakayama.lg.jp/prefg/130100/kaisou_d/fil/nishiwakiyamaguchi.pdf（2022 年 10 月 28 日最終閲覧）

11 国土交通省『資料　日本の道路　2001』。なお、ここに言う国道クラスとは、英：非自動車専用幹線道路と主要道路、仏：主要幹線道路 GLAT とその他国道、米：高速道路以外のその他主要幹線

道路、日：一般国道である。
12 国土交通省道路局監修『道路統計年報 2021』より幅員 19.5 m 以上を 4 車線化以上とみなして算出
13 関西経済連合会（2022 年 8 月）「関西創生のための高速道路ネットワークの早期整備に関する要望」
https://www.city.kobe.lg.jp/documents/10763/20220804.pdf（2022 年 10 月 29 日最終閲覧）
14 日本経済新聞、2001 年 6 月 14 日付
15 日本自動車工業会　http://www.jama.or.jp/
16 経済産業省・厚生労働省・文部科学省（2022）『2022 年版ものづくり白書』
17 読売新聞、2022 年 10 月 16 日付
18 日本経済新聞、2022 年 10 月 27 日付
19 読売新聞、2022 年 9 月 23 日付
20 福井新聞、2023 年 1 月 22 日付
21 読売新聞、2022 年 9 月 23 日付
22 読売新聞、2022 年 9 月 27 日付
23 読売新聞、2023 年 2 月 22 日付
24 日本離島センター「知る－基本情報」
https://www.nijinet.or.jp/info/faq/tabid/65/Default.aspx（2023 年 1 月 24 日最終閲覧）
25 総務省「連携中枢都市圏構想」
https://www.soumu.go.jp/main_sosiki/jichi_gyousei/renkeichusutoshiken/index.html（2023 年 2 月 25 日最終閲覧）
26 南聡一郎（2022）「地方都市圏におけるモード横断的な公共交通の財務についての調査研究」
https://www.mlit.go.jp/pri/kouenkai/syousai/pdf/research_p220607/03.pdf（2022 年 12 月 2 日最終閲覧）
27 日本経済新聞、2004 年 6 月 25 日付
28 マリアツェル鉄道に関する部分は、関西鉄道協会都市交通研究所（2020）『第 10 回海外交通事情視察・調査報告書』に所収の拙稿「マリアツェル鉄道にみる地域鉄道への集中投資とその効果」からの引用である。
29 財務省「令和 3 年度決算の説明」
https://www.mof.go.jp/policy/budget/budger_workflow/account/fy2021/ke_setsumei03.html（2023 年 2 月 23 日最終閲覧）
30 財務省「平成 27 年度決算の説明」
https://warp.ndl.go.jp/info:ndljp/pid/11445539/www.mof.go.jp/budget/budger_workflow/account/fy2015/ke_setsumei27.html（2022 年 10 月 14 日最終閲覧）
31 国土交通省都市局都市計画課都市計画調査室「令和 3 年度全国都市交通特性調査結果（速報版）」pp.8-10
https://www.mlit.go.jp/report/press/content/001573783.pdf（2023 年 3 月 5 日最終閲覧）
32 国土交通省中部運輸局交通支援室（2023）「地域公共交通関係施策について」地域公共交通関係予算等説明会配付資料、2023 年 2 月 27 日開催
33 遠藤俊太郎（2020）「地域交通の維持確保に向けて必要なこと：ドイツの事例にみる日本への示唆」『運輸と経済』80（7）、pp.93-99、p.93

■ 5 章

1 警察庁交通局（2022）「『ゾーン 30』の概要」
https://www.npa.go.jp/bureau/traffic/seibi2/kisei/zone30/pdf/zone30_r3.pdf（2022 年 11 月 2 日最終閲覧）
2 警察庁交通局（2022）「『ゾーン 30 プラス』の概要」
https://www.npa.go.jp/bureau/traffic/seibi2/kisei/zone30/pdf/zone30plus_r3.pdf（2022 年 11 月 2 日最終閲覧）
3 『広報　高野』2015 年 4 月号
4 スウェーデン第二の都市で、英語では Gothenburg。人口 58.8 万人（2019 年）の港町で、VOLVO

の本社がある。
5 天野光三・中川大編（1992）『都市の交通を考える　より豊かなまちをめざして』技報堂出版、p.82
6 太田勝敏（2001）「都市機能と環境の調和を目指して」東京都ロードプライシング検討委員会会長挨拶
https://www.kankyo.metro.tokyo.lg.jp/vehicle/management/price/report.html#cmstosikinou（2022年10月16日最終閲覧）
7 太田勝敏（2003）「ロードプライシングの展開－ロンドンでの事例を中心として」『運輸と経済』第63巻第7号、pp.14-20
8 シンガポールのエリアライセンス方式については、シンガポールの交通省（2005）"Implementing Road and Congestion Pricing : Lessons from Singapore"を参考に執筆した。
9 外務省「シンガポール共和国基礎データ」
https://www.mofa.go.jp/mofaj/area/singapore/data.html#section1（2022年10月10日最終閲覧）
10 シティと32の特別区の人口の計。出典：Office for National Statistics "Census 2021"
11 国土交通省高速道路のあり方検討有識者委員会第9回配布資料（2011）「諸外国における高速道路料金の動向」
https://www.mlit.go.jp/road/ir/ir-council/hw_arikata/pdf9/6.pdf（2022年10月11日最終閲覧）
12 人口は2022年現在。出典：Statistics Norway　https://www.ssb.no/en（2022年10月11日最終閲覧）
13 Land Transport Authority "Land Transport Master Plan 2040"
https://www.lta.gov.sg/content/ltagov/en/who_we_are/our_work/land_transport_master_plan_2040.html（2022年10月10日最終閲覧）
14 自治体国際化協会シンガポール事務所（2021）「シンガポールの政策　陸上交通政策編」
http://www.clair.org.sg/j/wp-content/uploads/2022/04/e6a0af046c7b8b1ca2b3c3fa77687481.pdf（2022年10月22日最終閲覧）
15 三菱重工 PRESS INFORMATION（2016年3月9日）「次世代型電子式道路課金システム（次世代ERP）を受注　シンガポール陸上交通庁（LTA）から」
https://www.mhi.com/jp/news/1603095733.html（2023年2月24日最終閲覧）
16 シンガポールのERPについては、Land Transport Authorityの"Electronic Road Pricing（ERP）"を参照した。
https://onemotoring.lta.gov.sg/content/onemotoring/home/driving/ERP/ERP.html（2022年10月11日最終閲覧）
17 中村徹（2010）「欧州における道路課金の最新の動向」『道路新産業』（93）、pp.13-20
18 産経新聞（大阪版）、2007年8月31日付
19 阪神高速道路「環境ロードプライシング割引」
https://www.hanshin-exp.co.jp/drivers/etc/etc_waribiki/after/etc_waribiki3.html（2022年10月16日最終閲覧）
20 ITSとは、「人と道路と自動車の間で情報の受発信を行い、道路交通が抱える事故や渋滞、環境対策など、様々な課題を解決するためのシステム」である。
出典：ITS Japan「ITSとは」https://www.its-jp.org/about/（2023年2月24日最終閲覧）
21 山田浩之編（2001）『交通混雑の経済分析　ロード・プライシング研究』勁草書房、p.14
22 東京都環境局「ロードプライシング」
https://www.kankyo.metro.tokyo.lg.jp/vehicle/management/price/index.html（2022年11月2日最終閲覧）
23 毎日新聞、2021年8月9日付
24 鎌倉市「（仮称）鎌倉ロードプライシングの検討内容と検討経緯等について」
https://www.city.kamakura.kanagawa.jp/koutsu/road-pricing-soan.html（2022年11月2日最終閲覧）
25 内閣府（2021）「道路に関する世論調査」
https://survey.gov-online.go.jp/r03/r03-douro/index.html（2022年10月18日最終閲覧）
26 内閣府（2012）「道路に関する世論調査」

https://survey.gov-online.go.jp/h24/h24-douro/index.html（2022年10月18日最終閲覧）
27 シェアリングエコノミー協会　https://sharing-economy.jp/ja/（2023年2月24日最終閲覧）
28 三菱総合研究所編著（2020）『移動革命　MaaS、CASEはいかに巨大市場を生み出すか』NHK出版、p.40
29 交通エコロジー・モビリティ財団編・発行（2020）『2020年版　運輸・交通と環境』p.42
30 土木学会（2005）『モビリティ・マネジメントの手引き』丸善、p.1
31 太田勝敏（2007）「交通粛要マネジメント（TDM）の展開とモビリティ・マネジメント」『IATSS Review』Vol.31、No.4、pp.31-37
32 前掲書、p.10
33 柏木千春（2018）『観光地の交通需要マネジメント』碩学舎、p.15
34 藤井聡・谷口綾子（2005）「職場モビリティ・マネジメントの現状と課題：『個人プログラム』を含めた『組織的プログラム』への本格的展開に向けて」『土木計画学研究・講演集』Vol.32（CD-ROM）
35 藤井聡・谷口綾子（2008）『モビリティ・マネジメント入門 「人と社会」を中心に据えた新しい交通戦略』学芸出版社、p.18
36 日本モビリティ・マネジメント会議「令和3年度JCOMM賞の受賞者」
https://www.jcomm.or.jp/award/award-r3/（2022年11月10日最終閲覧）
37 日本モビリティ・マネジメント会議「『令和4年度JCOMM賞の受賞者」
https://www.jcomm.or.jp/award/award-r4/（2022年11月10日最終閲覧）
38 日本モビリティ・マネジメント会議「平成29年度JCOMM四賞の各受賞者」
https://www.jcomm.or.jp/award/h29/（2022年11月10日最終閲覧）
39 本書8章や、辻本勝久（2012）「和歌山電鐵貴志川線の再生と今後の課題」『運輸と経済』第72巻8号、pp.82-92などを参照されたい

■6章

1 三船康道・まちづくりコラボレーション（2002）『まちづくりキーワード事典　第二版』学芸出版社、p.24
2 青山吉隆編（2001）『図説　都市地域計画』p.4
3 中村英夫（1994）『21世紀ヨーロッパ国土づくりへの選択』p.122
4 Frey, H. (1999) *Designing the City Towards a More Sustainable Urban Form*, Taylor&Francis
5 市川嘉一・久保田尚（2012）「欧州におけるサステイナブル都市促進に向けた実践的な評価指標に関する考察－『自治体への貢献性』に着目して－」『土木学会論文集D3（土木計画学）』Vol.68、No.5、pp.I_479～I_49
6 海道清信（2001）『コンパクトシティ　持続可能な社会の都市像を求めて』学芸出版社、p.117
7 2018年の人口は1793万人、面積は3万4082 km²で、州都はデュッセルドルフである。主な都市としてケルン、ドルトムント、エッセン、ボン、アーヘンなどがある。
8 Statistisches Bundesamt　https://www.destatis.de/DE/Home/_inhalt.html（2022年10月12日最終閲覧）
9 中野恒明（2014）「都市計画は誰のためにあるか－建築と都市のはざま」『建築ジャーナル』2014年1月号、pp.32-34
10 海道清信（2001）『コンパクトシティ　持続可能な社会の都市像を求めて』学芸出版社、p.126
11 エルファディング ズザンネ・浅野光行・卯月盛夫（2012）『シェアする道路　ドイツの活力ある地域づくり戦略』技報堂出版、pp.35-38
12 中村文彦・国際交通安全学会都市の文化的創造的機能を支える公共交通のあり方研究会（2022）『余韻都市　ニューローカルと公共交通』鹿島出版会、p.37
13 宇都宮浄人・服部重敬（2010）『LRT －次世代型路面電車とまちづくり－』成山堂書店、p.50
14 松田雅央（2004）『環境先進国ドイツの今　緑とトラムの街カールスルーエから』学芸出版社、p.57

15 塚本直幸編著（2019）『路面電車レ・シ・ピ　住みやすいまちと LRT』技報堂出版、p.37
16 大阪市（2021）「御堂筋の道路空間再編に向けたモデル整備について」
https://www.city.osaka.lg.jp/kensetsu/page/0000378248.html（2022 年 10 月 12 日最終閲覧）
17 神戸市都市再生本部（2020）「都心・三宮の再整備について〜『人が主役のまち』『居心地の良いまち』〜」『都市と交通』117 号、pp.9-12
18 国立社会保障・人口問題研究所（2018）『日本の地域別将来推計人口（平成 30（2018）年推計）』
https://www.ipss.go.jp/pp-shicyoson/j/shicyoson18/t-page.asp（2022 年 10 月 12 日最終閲覧）
19 日本経済新聞、2005 年 8 月 14 日付
20 谷口守編著（2019）『世界のコンパクトシティ　都市を賢く縮退するしくみと効果』学芸出版社、p.4
21 中活法の目的は「少子高齢化、消費生活等の社会経済情勢の変化に対応して、中心市街地における都市機能の増進及び経済活力の向上を総合的にかつ一体的に推進」、基本理念は「地域における社会的・経済的及び文化的活動の拠点となるにふさわしい魅力ある市街地の形成を図ることを基本とし、地方公共団体、地域住民及び関係事業者が相互に密接な連携を図りつつ主体的に取り組むことの重要性にかんがみ、その取組に対して国が集中的かつ効果的に支援を行う」とされている。
22 この認定を受けると、中心部への都市機能集積策などに国が 5 年間の財政支援を行うことになる。ただし、もしも計画期間の途中で人口や通行量などの数値目標が達成不可能な状況になれば、認定取り消しとなる場合もある。
23 国土交通省「地域公共交通計画の作成状況一覧」
https://www.mlit.go.jp/sogoseisaku/transport/content/001587612.pdf（2023 年 2 月 24 日最終閲覧）
24 国土交通省（2020）『令和 2 年版国土交通白書』p.153
25 家田仁・小嶋光信監修（2021）『地域モビリティの再構築』薫風社、p.256
26 コンパクトなまちづくり研究会（2004）『コンパクトなまちづくり事業調査研究報告』p.44
27 富山ライトレール記録誌編集委員会編（2007）『富山ライトレールの誕生　日本初本格的 LRT によるコンパクトなまちづくり』富山市、p.41
28 前掲書、p.58
29 わかやま新報、2013 年 2 月 6 日付
30 富山市（2016）「コンパクトシティ戦略による富山型都市経営の構築〜公共交通を軸としたコンパクトなまちづくり〜」
http://wwwtb.mlit.go.jp/hokkaido/bunyabetsu/tiikikoukyoukoutsuu/66shinpojiumu/281004/03toyama.pdf（2022 年 10 月 13 日最終閲覧）
31 富山県交通政策研究グループ（2006）『Love me ってんだぁ〜富山ライトレールのブランド戦略〜』および、毎日新聞、2006 年 10 月 2 日付
32 松中亮治編著（2021）『公共交通が人とまちを元気にする　数字で読みとく！富山市のコンパクトシティ戦略』学芸出版社
33 家田仁・小嶋光信監修（2021）前掲書、p.258
34 矢作弘ほか（2020）『コロナで都市は変わるか　欧米からの報告』学芸出版社、pp.54-55

■ 7 章

1 高齢者・障がい者等の主な特性と移動上の困難さについては、国土交通省の「公共交通機関の旅客施設・車両等・役務の提供に関する移動等円滑化整備ガイドライン」にまとめられている。
https://www.mlit.go.jp/sogoseisaku/barrierfree/sosei_barrierfree_mn_000001.html（2023 年 1 月 24 日最終閲覧）
2 この計画は、障害者の自立および社会参加の支援等のための施策の総合的かつ計画的な推進を図ることを目的に、政府が策定する計画である（「障害者基本法」第 11 条）。2023 年 1 月現在の計画は第 4 次計画である。

3　三星昭宏・高橋儀平・磯部友彦（2014）『建築・交通・まちづくりをつなぐ共生のユニバーサルデザイン』学芸出版社

4　阪急伊丹駅の設備の説明は、神谷昌平（2002）「鉄道事業とバリアフリー化－阪急伊丹駅での整備をふりかえって」『運輸と経済』第62巻第4号、pp.27-37を参照した。

5　国土交通省「バリアフリー法の改正について」
https://wwwtb.mlit.go.jp/hokushin/content/000168392.pdf（2022年8月26日最終閲覧）

6　秋山哲男編著（2001）『都市交通のユニバーサルデザイン』学芸出版社、p.28

7　バリアフリー法第二十四条の二および第二十五条に、市町村は、国が定める基本方針に基づき、単独でまたは共同して、当該市町村の区域内にある日常生活または社会生活において高齢者、障がい者等が利用する生活関連施設（駅等の旅客施設や官公庁施設、福祉施設など）が集まった地区について、移動等円滑化の促進に関する方針（移動等円滑化促進方針）または移動等円滑化に係る事業の重点的かつ一体的な推進に関する基本的な構想（移動等円滑化基本構想）を作成するよう努めるものとするとの規定がある。

8　国土交通省「移動等円滑化促進方針・基本構想」
https://www.mlit.go.jp/sogoseisaku/barrierfree/sosei_barrierfree_tk_000012.html（2022年8月27日最終閲覧）

9　国土交通省総合政策局安心生活政策課ニュースリリース、2020年11月20日付
https://www.mlit.go.jp/report/press/content/001373466.pdf（2022年8月26日最終閲覧）

10　国土交通省「バリアフリー整備状況」
https://www.mlit.go.jp/sogoseisaku/barrierfree/sosei_barrierfree_mn_000003.html（2022年11月10日最終閲覧）

11　国土交通省「鉄軌道駅及び鉄軌道車両のバリアフリー化状況」
https://www.mlit.go.jp/tetudo/tetudo_fr7_000003.html（2022年9月2日最終閲覧）

12　国土交通省「鉄道駅バリアフリーの加速」
https://www.mlit.go.jp/tetudo/tetudo_tk6_000008.html（2023年1月20日最終閲覧）

13　日本バス協会（2022）『2021年度（令和3年度）日本のバス事業』

14　国土交通省「駅の無人化に伴う安全・円滑な駅利用に関するガイドライン策定の経緯」
https://www.mlit.go.jp/tetudo/content/001491832.pdf　（2023年2月24日最終閲覧）

15　国土交通省（2022）「駅の無人化に伴う安全・円滑な駅利用に関するガイドライン」
https://www.mlit.go.jp/tetudo/content/001491831.pdf（2023年1月24日最終閲覧）

■8章

1　トリップとは人や物の、ある地点からある地点への移動のことで、通勤トリップ、買い物トリップ、業務トリップ、帰宅トリップ、観光トリップといった風に使われる。

2　中山隆・井上六郎・原慧（1980）『新体系土木工学68 鉄道（Ⅲ）　都市鉄道、特殊軌道』技報堂出版、p.14

3　国土交通省『令和2年度　鉄道統計年報』による。ここでは、変動費を人件費を除く運輸費と動力費、固定費を営業費－変動費として計算している。なお、2019年度は84.0%である。

4　京都市（2005）「新しい公共交通システム調査報告書」
https://www2.city.kyoto.lg.jp/tokei/trafficpolicy/lrt/lrtpdf/lrt-all.pdf（2022年9月21日最終閲覧）

5　大阪府（2016）「南海本線（泉大津市）の高架化による効果」
https://www.pref.osaka.lg.jp/otori/jigyouinfo/04_nankai_otsu_kouka.html（2022年9月22日最終閲覧）

6　大阪府（2022）「南海本線・高師浜線（高石市）連続立体交差事業」
https://www.pref.osaka.lg.jp/otori/jigyouinfo/04karute08.html（2022年9月22日最終閲覧）

7　長峯（2014）によると、費用便益分析のことを、国土交通省などの中央官庁では通常「費用対効果分析」という。

8　長峯純一（2014）『費用対効果』ミネルヴァ書房、p.115

9 国土交通省鉄道局（2012）『鉄道プロジェクトの評価手法マニュアル（2012年改訂版）』
10 辻本勝久・WCAN貴志川線分科会（2005）『貴志川線存続に向けた市民報告書－費用対効果分析と再生プラン」Working paper series 5（1）
11 千葉県（2007）「いすみ鉄道のあり方に関する過去の検討経緯」
http://www.pref.chiba.lg.jp/koukei/shingikai/isumi/sonpaikentou.html（2022年11月7日最終閲覧）
12 パシフィックコンサルタンツ（2011）『公共交通に係る費用便益分析等調査及び施策検討等委託業務概要報告書』
13 茨城県（2004）『日立電鉄線事業の費用対効果分析の結果について』
14 詳細は辻本勝久（2005）「貴志川線の社会的価値と住民運動の展開」『運輸と経済』65（11）、pp.72-81を参照のこと。
15 たとえば竹内健蔵（2021）「都市地域交通の社会的便益に関する諸課題の整理」『交通学研究』第64号、pp.11-18、武藤慎一（2021）「費用便益分析の発展経緯と論点」『交通学研究』第64号、pp.27-34
16 受賞者は和歌山電鐵貴志川線・地域公共交通活性化再生協議会
17 近代社格制度では官国幣大社が71社、官国幣中社が70社あったが、これらのうち4社が貴志川線沿線に鎮座している。
18 貴志川線から半径500mに中心が入る4分の1メッシュの人口の計。国勢調査の地域メッシュ統計より算出。
19 国勢調査および『和歌山県統計年鑑』より算出。
20 毎日新聞、2021年5月11日付、および毎日新聞、2021年10月5日付
21 読売新聞、2020年11月29日付
22 読売新聞、2016年3月7日付
23 毎日新聞、2021年10月15日付
24 小嶋光信（2012）『日本一のローカル線をつくる　たま駅長に学ぶ公共交通再生』学芸出版社、pp.89-90
25 以下二つの資料より。
和歌山県（2014）「和歌山市内の道路整備について」
https://www.pref.wakayama.lg.jp/prefg/020100/ zuhyokensei/kenshi_d/fil/06douro.pdf
和歌山市（2022）「主な都市計画道路の整備状況について」
http://www.city.wakayama.wakayama.jp/_res/projects/default_project/_page_/001/002/327/r4seibijokyo.pdf
（いずれも2022年11月8日最終閲覧）
26 貴志川線の未来を“つくる”会（2022）会報Vol.18
27 中川大（2005）「正便益不採算問題への対応－採算神話が阻んできた公共交通の改善－」『運輸と経済』65（1）、pp.40-42
28 正司健一（2019）「第三セクターの今後」『運輸と経済』79（2）、pp.2-3
29 国土交通省「地域鉄道事業者一覧（2022年4月1日現在）」
https://www.mlit.go.jp/common/001259399.pdf（2022年11月9日最終閲覧）
30 総務省（2021）「第三セクター等の状況に関する調査結果（2021年3月31日時点）」
https://www.soumu.go.jp/main_content/000784114.pdf（2022年11月9日最終閲覧）
31 山内弘隆・竹内健蔵（2022）『交通経済学』p.309
32 原潔（2011）「地域鉄道における上下分離導入の効果と可能性」『運輸と経済』71（5）、pp.65-78
33 「第14回逆都市化と公共交通の維持運営委員会」（2018年7月13日開催）における配付資料
34 家田仁・小嶋光信監修（2021）『地域モビリティの再構築』薫風社、p.221
35 財務省『減価償却資産の耐用年数等に関する省令』
36 鉄道整備の累積資金収支の黒字転換には20～40年を要するが、1999年に制定された金融庁の金融検査マニュアルでは黒字転換まで5年超のものは「要注意先」として不良債権扱いされる。また、有利子負債は企業の格付けに影響し、資金調達を困難化させる。出典：金山洋一「欧州の上

下分離政策の評価と日本版上下分離への知見」『運輸と経済』第 63 巻第 3 号、2003、pp.42-49
37 天野光三編（1988）『都市の公共交通　よりよい都市動脈をつくる』技報堂出版、pp.269-271
38 高津俊司（2008）『鉄道整備と沿線都市の発展』成山堂、pp.58-59
39 土方まりこ（2017）「ドイツにおける地域公共交通の維持に向けた枠組みと課題への対処」第 4 回都市自治体のモビリティに関する研究会
http://www.toshi.or.jp/app-def/wp/wp-content/uploads/2017/04/mobility04_3.pdf（2022 年 10 月 19 日最終閲覧）
40 家田仁・小嶋光信監修（2021）『地域モビリティの再構築』薫風社、p.69
41 家田仁・岡並木・国際交通安全学会都市と交通研究グループ（2002）『都市再生　交通学からの解答』学芸出版社
42 青木亮・湧口清隆（2020）『路面電車からトラムへ　フランスの都市交通政策の挑戦』晃洋書房、p.35
43 南聡一郎（2012）「フランス交通負担金の制度史と政策的含意」『財政と公共政策』52、pp.122-137
44 和歌山市「令和 4 年度　予算内示資料」
http://www.city.wakayama.wakayama.jp/_res/projects/default_project/_page_/001/042/692/naiji.pdf（2022 年 10 月 21 日最終閲覧）
45 国土交通省（2023）「地域公共交通の活性化及び再生に関する法律等の一部を改正する法律案」を閣議決定　～地域公共交通「リ・デザイン」（再構築）に向けて～」
https://www.mlit.go.jp/report/press/sogo12_hh_000292.html（2023 年 2 月 26 日最終閲覧）
46 国土交通省（2023）「斉藤大臣会見要旨」
https://www.mlit.go.jp/report/interview/daijin230106.html（2023 年 3 月 5 日最終閲覧）

■ 9 章

1 土木学会編（1980）『新体系土木工学　68 鉄道（Ⅲ）』技報堂出版、p.182
2 民営鉄道協会「鉄道用語事典」
https://www.mintetsu.or.jp/knowledge/term/16439.html（2022 年 11 月 3 日最終閲覧）
3 フランスの都市の人口は *Les collectivités locales en chiffres 2021* による。
4 パリ都市圏のトラムの路線図は、RATP の Tramway map を参照した。
https://www.ratp.fr/en/plan-tramway（2022 年 8 月 7 日最終閲覧）
5 青木亮・湧口清隆（2020）『路面電車からトラムへ－フランスの都市交通政策の挑戦－』晃洋書房、pp.30-31
6 「路面電車サミット '97」における運輸省鉄道局山下廣行氏講演より
7 GOOD DESIGN AWARD 2005
https://www.g-mark.org/award/describe/31697（2023 年 1 月 24 日最終閲覧）
8 塚本直幸編著（2019）『路面電車レ・シ・ピ　住みやすいまちと LRT』技報堂出版
9 青木真美（2019）『ドイツにおける運輸連合制度の意義と成果』日本経済評論社、pp.17-18
10 西村幸格・服部重敬（2000）『都市と路面公共交通』学芸出版社、p.206
11 アンドレ・ヴォン・デ・マルク（2006）「ストラスブール市のトラム～躍進する都市のプロジェクト～」『国際シンポジウム 2006　環境・都市・交通の未来戦略／資料』pp.27-33
12 谷口守編著（2019）『世界のコンパクトシティ　都市を賢く縮退するしくみと効果』学芸出版社、p.135
13 Baggersee（バガルゼー）など、ほかの総合電停の中には、「FLEX' HOP」というデマンド交通が発着するものもある。
14 塚本直幸編著（2019）『路面電車レ・シ・ピ　住みやすいまちと LRT』技報堂出版、p.9
15 ヴァンソン藤井由実・宇都宮浄人（2015）『フランスの地方都市にはなぜシャッター通りがないのか　交通・商業・都市政策を読み解く』学芸出版社、p.49
16 ヴァンソン藤井由実（2011）『ストラスブールのまちづくり』学芸出版社、p.73
17 青木亮・湧口清隆（2020）『路面電車からトラムへ　フランスの都市交通政策の挑戦』晃洋書房、p.91
18 塚本直幸編著（2019）『路面電車レ・シ・ピ　住みやすいまちと LRT』技報堂出版、p.6

19　国土交通省鉄道局監修『数字でみる鉄道 2021』pp.72-73
20　谷口守編著（2019）『世界のコンパクトシティ　都市を賢く縮退するしくみと効果』学芸出版社、p.149
21　ヴァンソン藤井由実・宇都宮浄人（2015）『フランスの地方都市にはなぜシャッター通りがないのか　交通・商業・都市政策を読み解く』学芸出版社
22　日本経済新聞「広島駅新駅ビル 25 年春開業　2 階に路面電車乗り入れ」、2019 年 3 月 15 日付
23　芳賀・宇都宮 LRT 公式ウェブサイト「MOVE NEXT UTSUNOMIYA」
https://u-movenext.net/（2023 年 1 月 24 日最終閲覧）
24　交通まちづくり研究会編『交通まちづくり』丸善、2006 年、p.2
25　国土交通省（2013）「BRT 導入促進に向けて」『第 1 回 BRT の導入促進等に関する検討会資料』
https://www.mlit.go.jp/common/001020736.pdf（2022 年 11 月 5 日最終閲覧）
26　中村文彦・牧村和彦・外山友里絵（2016）『バスがまちを変えていく～ BRT の導入計画作法～』計量計画研究所、p.12 より引用。なお、中村は「わが国では、乗車定員の多い連節バス車両の導入、バス専用レーンの確保、PTPS の導入をもって BRT と称する場合があるが、それらは必要条件ではなく、（中略）「連節バス＝ BRT」という理解は大きな誤りである」とも述べている。
出典：中村文彦（2017）「最近、LRT や BRT という言葉をよく聞くようになりました。LRT、BRT ってそもそもなんですか？」『運輸と経済』第 77 巻第 4 号、pp.9-16
27　前掲書、p.2
28　海外で運用されている連節バス車両には、3 車体連節で全長 30 m、定員 300 名というものもある。たとえば Volvo Buses の車両がある。詳しくは同社ウェブサイトを参照のこと。
https://www.volvobuses.com/en/news/2016/nov/volvo-launches-the-world-largest-bus.html
29　海外で運用されている LRV の中には、ブダペストの 9 車体連節・全長 55.9 m の車両のように、わが国の LRV の 2 倍近い定員を有するものも存在する。
30　詳しくは、中村文彦（2006）『バスでまちづくり　都市交通の再生をめざして』学芸出版社、1 章を参照のこと。
31　基幹バスには、従来の専用・優先レーンと同様、最も外側の車線を走るものもある。中央を走るのは新出来町線のみである。

■ 10 章

1　公共交通空白地有償運送制度を活用し、コミュニティバスやデマンド交通等として運行されている事例は多数ある。ごく一例を挙げると和歌山県の田辺市住民バス、太地町じゅんかんバス、那智勝浦町営バス、串本町コミュニティバス、大阪府の岬町コミュニティバスは公共交通空白地有償運送である。
2　国土交通省（2022）『令和 4 年版交通政策白書』p.47
3　国土交通省「数字でみる自動車 2022」　https://www.mlit.go.jp/jidosha/jidosha_fr1_000079.html
および「鉄道統計年報　令和元年度版」https://www.mlit.go.jp/tetudo/tetudo_tk2_000053.html
4　国土交通省（2020）「令和元年度乗合バス事業の収支状況について」
https://www.mlit.go.jp/report/press/jidosha03_hh_000326.html（2022 年 10 月 20 日最終閲覧）
5　国土交通省（2022）「令和 3 年度乗合バス事業の収支状況について」
https://www.mlit.go.jp/jidosha/content/001574163.pdf（2023 年 2 月 25 日最終閲覧）
6　日本バス協会（2022）『2021 年度版　日本のバス事業』p.10
7　運転区間の距離÷(走行時間＋停車時分)
8　国土交通省自動車交通局監修（2005）『平成 17 年版　数字でみる自動車』および東京都交通局（2018）『見える化改革報告書』
9　国土交通省「地域公共交通確保維持改善事業の概要」
https://www.mlit.go.jp/sogoseisaku/transport/content/001474568.pdf（2023 年 2 月 25 日最終閲覧）
10　国土交通省近畿運輸局「トランジットモール導入による歩行者にやさしい駅前整備」

https://wwwtb.mlit.go.jp/kinki/torikumi/himejishi.pdf（2022 年 11 月 8 日最終閲覧）

11 道路交通法第 44 条は「乗合自動車の停留所又はトロリーバス若しくは路面電車の停留場を表示する標示柱又は標示板が設けられている位置から十メートル以内の部分（当該停留所又は停留場に係る運行系統に属する乗合自動車、トロリーバス又は路面電車の運行時間中に限る。）」を「停車及び駐車を禁止する場所」としている。

12 杉山康博（2003）「うべこくにおける公共交通支援－バス停のユニバーサルデザイン化に向けて－」平成 15 年度国土交通省国土技術研究会

13 警察庁「警察における ITS」https://www.npa.go.jp/bureau/traffic/seibi2/annzen-shisetu/utms/utms.html（2023 年 2 月 26 日最終閲覧）

14 日本バス協会『日本のバス事業』および国土交通省『数字でみる自動車』

15 和歌山バスへの問い合わせによる（2022 年 9 月 8 日実施）。

16 国土交通省自動車局（2003）「全国のバス再生事例集」
https://www.mlit.go.jp/jidosha/topics/bus_saisei/bus.html（2022 年 9 月 7 日最終閲覧）

17 原田昇（2003）「わが国に適した交通需要管理とは」『運輸と経済』63（7）、pp.21-28

18 神戸市道路公社　http://kobe-toll-road.or.jp/parking/minotani.html（2022 年 7 月 28 日最終閲覧）

19 データは 2022 年 7 月現在。箕谷駐車場の利用料金は、5 時間未満ならより安くなる

20 神戸市道路公社『令和元年度事業計画』

21 兵庫地区渋滞対策協議会
https://www.kkr.mlit.go.jp/hyogo/jyutai/jyutai/index.html（2022 年 7 月 28 日最終閲覧）

22 国土交通省『数字でみる自動車』各年版による

23 紀伊半島における案内改善の事例は、辻本勝久（2022）「外国人観光客誘致に向けた統一的な二次交通案内－紀伊半島における取り組み事例より－」『KANSAI 空港レビュー』No.520、pp.26-29 を踏まえて執筆した。

24 紀ノ川と櫛田川を結ぶ中央構造線以南の部分（出典：日本大百科全書）

25 この協議会の目的は「当該地域の複数の路線バス事業者、鉄道事業者の連携した取組による多言語表記等の整備を進め、紀伊半島全体で公共交通を活用した観光ルートの情報発信をすることにより、より一層の外国人観光客の誘客と再訪を促進する」（同協議会ウェブサイト）とされている。事務局は和歌山県観光交流課であり、筆者は幹事会座長や二次交通部会長を務めてきた。

26 中辺路とは田辺から本宮、新宮、那智に至る熊野古道のメインルートである。

27 2022 年 11 月 10 日開催の同協議会二次交通部会において、この方向で合意している。

28 国土交通省（2022）『令和 4 年版交通政策白書』p.49

29 青木亮編著（2020）『地方公共交通の維持と活性化』成山堂書店、p.3

30 土木学会（2006）『バスサービスハンドブック』丸善、pp.8-9

31 橋本市の地域公共交通再編に関する情報の主な出典は以下二つ（いずれも 2022 年 11 月 10 日最終閲覧）。
近畿運輸局資料　https://wwwtb.mlit.go.jp/kinki/content/hyousyou_hashimoto.pdf
橋本市生活交通ネットワーク協議会資料　https://www.city.hashimoto.lg.jp/guide/sogoseisakubu/seisaku_kikaku/koutsuu/koutuunet/index.html

32 利用状況等のデータは、和歌山市「和歌山市地域バス」（http://www.city.wakayama.wakayama.jp/kurashi/douro_kouen_machi/1007740/1002185.html）による

33 「和歌山市地域バス紀三井寺団地線の定期券終了と運賃改定について」和歌山市地域公共交通会議配付資料、2023 年 2 月 10 日

34 2022 年 9 月 7 日開催の第 21 回和歌山市地域公共交通会議の配付資料と協議結果による

35 中村文彦（2006）『バスでまちづくり』学芸出版社、p.41

36 日高新報、2020 年 6 月 2 日付

37 日高新報、2022 年 4 月 28 日付

38 2022 年 8 月 30 日開催の同町との会合による。

39 国土交通省「四万十市（高知県）：中村まちバス　ITS の技術を活用したデマンドバス」
https://www.mlit.go.jp/sogoseisaku/transport/pdf/089_shimanto.pdf（2022 年 8 月 15 日最終閲覧）
40 Osaka Metro Group　オンデマンドバス専用ウェブサイト
https://maas.osakametro.co.jp/odb/（2022 年 8 月 15 日最終閲覧）
41 「生野区・平野区・北区・福島区における社会実験」令和 4 年度第 2 回大阪市地域公共交通会議会議概要
https://www.city.osaka.lg.jp/toshikotsu/cmsfiles/contents/0000587/587580/OsakaMetro_syakaijikken_1.pdf（2023 年 2 月 25 日最終閲覧）
42 元田良孝・宇佐見誠史「バス 110 番と自治体の公共交通問題」『土木計画学研究発表会論文集』Vol.35（CD-R）
43 鈴木文彦（2013）『デマンド交通とタクシー活用－その計画策定と運行と評価 ブームに流されず、地域の実状に合った生活交通とするために』地域科学研究会、pp. iii～iv

■ 11 章

1 2040 年の人口は和歌山市（2020）『第 2 期和歌山市人口ビジョン』、ほかの都市の人口は国勢調査による
2 国土交通省「グリーンスローモビリティ」
https://www.mlit.go.jp/sogoseisaku/environment/sosei_environment_fr_000139.html（2022 年 11 月 9 日最終閲覧）
3 内閣府地方創生推進事務局（2022）「未来技術社会実装事業（令和 3 年度選定）事例集」
https://www.chisou.go.jp/tiiki/kinmirai/pdf/01_mirai-r3jireishu.pdf（2022 年 11 月 9 日最終閲覧）
4 和歌山市「市街化調整区域の開発基準の見直し（平成 28 年 7 月 1 日より）」
http://www.city.wakayama.wakayama.jp/kurashi/douro_kouen_machi/1009501/1010641.html（2022 年 11 月 9 日最終閲覧）
5 国土交通省「コンパクト・プラス・ネットワークのモデル都市」
https://www.mlit.go.jp/common/001295517.pdf（2022 年 6 月 17 日最終閲覧）
6 まちづくりの目標に縛られることなく、ICT・データの利活用によって推進する「スマートな交通政策・交通事業」も考えられる。例えばドローンを活用した橋梁のメンテナンスなどがこれに当たる。また、ICT・データの利活用によって推進する交通以外の「スマートなまちづくり」としては、災害コミュニケーションツールの導入や、公園管理の高度化などが考えられる。
7 国土交通省「日本版 MaaS の推進」
https://www.mlit.go.jp/sogoseisaku/japanmaas/promotion/index.html（2023 年 1 月 23 日最終閲覧）
8 産経新聞、2022 年 5 月 24 日付、自動車新聞社 News、2022 年 1 月 5 日付
9 大阪市高速電気軌道、2022 年 11 月 8 日付ニュースリリース「関西・鉄道 7 社共同による MaaS の構築について　～国内初の鉄道事業者連携による広域型 MaaS を関西一円で展開～」
https://subway.osakametro.co.jp/news/news_release/20221108_kansai_maas.php（2022 年 11 月 11 日最終閲覧）
10 和歌山県観光交流課「紀伊半島における交通・観光のデジタル化事業『KiiPass』について」
https://www.pref.wakayama.lg.jp/prefg/062500/KiiPass.html（2022 年 11 月 11 日最終閲覧）
11 令和 3 年度紀伊半島外国人観光客受入推進協議会第 2 回高野山デジタル対応推進部会（2021.12.23）配付資料
12 和歌山県「紀伊半島における交通・観光のデジタル化事業概要」
https://www.pref.wakayama.lg.jp/prefg/062500/KiiPass_d/fil/02siryoubessi.pdf（2022 年 11 月 11 日最終閲覧）
13 令和 4 年度紀伊半島外国人観光客受入推進協議会第 2 回観光 MaaS 推進部会熊野エリア分科会資料、2023 年 1 月 11 日
14 和歌山市（2019）「和歌山市地域公共交通網形成計画及び和歌山市都市・地域総合戦略」

http://www.city.wakayama.wakayama.jp/_res/projects/default_project/_page_/001/022/036/wakayamasi.pdf（2022 年 11 月 11 日最終閲覧）

15　全国大学生活協同組合連合会（2022）『第 57 回学生生活実態調査概要報告』。サンプルは全国の 30 大学 1 万 813 名である。

■おわりに

1　Bulletin of the Atomic Scientists "PRESS RELEASE: Doomsday Clock set at 90 seconds to midnight", 2023.1.24
https://thebulletin.org/2023/01/press-release-doomsday-clock-set-at-90-seconds-to-midnight/（2023 年 2 月 6 日最終閲覧）

2　従来は、さまざまな機能が詰め込まれた多機能トイレがひとつしか用意されておらず、そこに高齢者、子ども連れ、車いす利用者、オストメイト利用者、視覚障がい者など多様な人々の利用が集中し、混雑していた。こういった問題を解消するために、一般トイレ内に広めのブースを設置し、簡易型の多機能トイレとしたり、ベビーシート、オストメイトなどの個別の機能を備えたりすることで、トイレ全体に利用を分散することで多くの利用者の満足度を上げようという考え方である。

3　発達障がいや知的障がい、精神障がい等の人等が慣れない移動や人混み等の中で不安やストレスを覚えたときや、パニックを予防するため等に使う小部屋のようなスペースである。

4　中部運輸局交通支援室（2023）「地域公共交通関係施策について」地域公共交通関係予算等説明会、2023 年 2 月 27 日開催

索引

■か

■さ

■な

◆著者紹介

辻本勝久（つじもと　かつひさ）

和歌山大学経済学部教授
1971年　三重県名張市生まれ
1990年　三重県立名張西（現・名張青峰）高等学校卒業
1994年　広島大学総合科学部卒業
1999年　広島大学大学院国際協力研究科博士課程後期修了。博士（学術）
広島大学経済学部附属地域経済システム研究センター講師（研究機関研究員）、和歌山大学経済学部講師、同助教授、同准教授を経て、2011年より現職。2014年より大学院観光学研究科教授を兼担。2021年4月より和歌山大学評議員。専門は、交通政策・交通計画。

■主な著作

・辻本勝久(2022)「能に登場する文化財のアクセシビリティに関する研究」、『交通学研究』第65号、pp.99-106
・辻本勝久(2019)「文化財建造物の公共交通アクセシビリティに関する研究」、『交通学研究』第62号、pp.61-68
・辻本勝久(2018)「多彩な電車でめぐる貴志川線と沿線の神々」、神田孝治・加藤久美・大浦由美編著『大学的和歌山ガイド―こだわりの歩き方―』昭和堂、第4章
・辻本勝久(2011)『交通基本法時代の地域交通政策と持続可能な発展』白桃書房
・辻本勝久(2009)『地方都市圏の交通とまちづくり　持続可能な社会をめざして』学芸出版社

■主な公職（2023年1月現在）

伊賀市地域公共交通活性化再生協議会会長、関西国際空港第1ターミナルビルリノベーション工事バリアフリー検討会委員、紀伊半島外国人観光客受入推進協議会二次交通部会長、国土交通省移動等円滑化評価会議近畿分科会委員、新宮市地域公共交通活性化協議会会長、貝塚市地域公共交通活性化協議会委員、トラック輸送における取引環境・労働時間改善和歌山協議会座長、2025年日本博覧会協会ユニバーサルデザイン検討会委員、日本交通学会評議員、橋本市生活交通ネットワーク協議会会長、岬町地域公共交通会議会長、みなべ町長期総合計画審議会会長、和歌山県大規模小売店舗立地審査会委員、和歌山県国土利用計画審議会会長職務代理者、和歌山県地域公共交通活性化協議会委員、和歌山市公共交通政策推進協議会会長、和歌山市地域公共交通会議会長、和歌山市 MaaS 協議会共同代表

SDGs時代の地方都市圏の交通まちづくり

2023年 3 月 31 日　第 1 版第 1 刷発行
2023年 4 月 10 日　第 1 版第 2 刷発行

著　者　辻本勝久

発行者　井口夏実
発行所　株式会社 学芸出版社
京都市下京区木津屋橋通西洞院東入
電話 075－343－0811　〒 600－8216
http://www.gakugei-pub.jp/
info@gakugei-pub.jp
編集担当　前田裕資・古野咲月

装　丁　KOTO DESIGN Inc. 山本剛史
印　刷　イチダ写真製版
製　本　山崎紙工

ISBN 978－4－7615－2845－4

本書の関連情報を掲載
https://book.gakugei-pub.co.jp/gakugei-book/9784761528454/